AF317570

PRÉCIS ÉLÉMENTAIRE

DE PHYSIQUE

ET DE CHIMIE

A L'USAGE DES INSTITUTIONS ET AUTRES ÉTABLISSEMENTS
D'INSTRUCTION PUBLIQUE

PAR M. ZELLER

Auteur du *Précis élémentaire d'histoire naturelle*

AVEC UNE INTRODUCTION

Par M. l'abbé DRIOUX

Auteur des *Cours complet et abrégé d'histoire et de géographie*, etc.

OUVRAGES APPROUVÉS POUR LA PLUPART

PAR I.L. EE. LES CARDINAUX ARCHEVÊQUES
DE BESANÇON, TOURS, ET NN. SS. LES ÉVÊQUES DE CHALONS, CHARTRES,
DIJON, LANGRES, LUÇON, MONTAUBAN, NANCY ET TOUL,
PERPIGNAN, SAINT-DENIS (RÉUNION), ETC.

QUINZIÈME ÉDITION

Contenant un grand nombre de figures intercalées dans le texte

PARIS

LIBRAIRIE CLASSIQUE EUGÈNE BELIN

Vve EUGÈNE BELIN ET FILS
RUE DE VAUGIRARD, No 52

INTRODUCTION

Dans le sens le plus général, la *physique* est la science du monde extérieur. Ce mot vient du grec φύσις, *nature*. La physique embrasserait donc l'étude de la nature entière, la description des êtres animés et des corps inertes, la connaissance de leurs propriétés diverses, de leurs actions réciproques, enfin l'étude de tous les phénomènes qu'ils présentent à notre perception. Tel fut en effet, dans l'origine, l'immense cadre de la physique ; mais les connaissances nouvelles que l'homme acquit sur les divers objets soumis à son attention, et l'inégalité des progrès qu'il fit dans cette vaste étude de la nature nécessitèrent le partage de la physique générale en plusieurs branches, qui furent ensuite elles-mêmes ramifiées, suivant le besoin, en un nombre plus ou moins grand de sciences nouvelles.

Une première division sépara de l'étude des phénomènes inorganiques celle des êtres organisés, c'est-à-dire : 1° la *zoologie*, qui nous montre les animaux doués d'une force vitale et pourvus de facultés parfaitement en harmonie avec leur destination : elle s'attache à faire connaître leurs mœurs et ce qu'il y a de merveilleux dans leurs instincts si variés ; 2° la *botanique*, qui nous initie à tous les mystères que présente à l'observateur le règne végétal : elle ne se contente pas de classer les plantes et les fleurs, mais elle nous montre leur reproduction et les lois de leur développement.

De la physique générale, ainsi réduite aux phénomènes de la nature inerte, on sépara encore *l'astronomie*, ou « étude des phénomènes célestes » qui, procédant de lois moins complexes, faisait des progrès plus rapides. Alors l'étude de la nature inorganique put être nettement divisée en trois sciences distinctes : la *minéralogie*, la *chimie* et la *physique*. La minéralogie observe les corps bruts, expose leurs caractères et leurs modes de formation, et nous raconte, avec le secours de la géologie, les différentes révolutions qui ont eu lieu à la surface du globe, avant qu'il ait pu être habité par l'homme et qu'il lui ait fourni les moyens de subsister. La chimie, qui combine et décompose les corps de la nature, en étudie les éléments et recherche les lois qui président à leurs actions réciproques. Enfin, la physique considère spécialement les phénomènes naturels dont il ne résulte pas d'altération permanente pour les corps qui y sont soumis.

On attache aujourd'hui une grande importance à l'étude de ces différentes connaissances, et l'on veut que chacun ait quelques notions générales sur la minéralogie, la botanique et la zoologie. Mais le livre de la nature, si éloquent pour celui qui le sait entendre, devient lettre morte pour qui n'a pas cherché à comprendre le langage que la divinité nous adresse par ses œuvres. Quand on étudie chrétiennement ces sciences, ce n'est pas en vue de satisfaire une vaine curiosité, mais afin que notre foi trouve dans cette étude un précieux aliment : nous comprenons que, suivant la parole d'un grand philosophe de l'antiquité, rien ne grave plus profondément dans le cœur de l'homme les sentiments religieux que la méditation de toutes les merveilles répandues par Dieu dans la nature.

C'est pour ce motif que nous avions toujours désiré voir notre *Cours d'histoire et de littérature* complété par quelques traités scientifiques conçus dans un esprit chrétien, et capables de faire voir aux jeunes gens, dans le spectacle de l'univers, l'action permanente de la Providence, action dont nous nous étions efforcé de leur faire suivre les traces au sein de l'humanité à travers toutes les révolutions dont le monde a été le théâtre.

Le *Précis élémentaire d'histoire naturelle* de M. Zeller avait réalisé une partie de nos désirs. Mais nous sentions qu'indépendamment de cette étude générale de la nature, il fallait encore pénétrer, au moyen de la physique et de la chimie, dans le domaine des arts et de l'industrie, et exposer du moins les principales découvertes que l'homme a faites, en s'appliquant à rechercher les propriétés des corps et à expliquer les phénomènes principaux qu'ils présentent.

Etudier la physique, c'est suivre de la pensée le développement d'un des côtés les plus beaux de l'activité humaine. Cette science commença à former un ensemble régulier de faits et de principes grâce aux efforts du philosophe grec Thalès, qui vivait au sixième siècle avant J.-C. Il prédit l'éclipse de soleil qui arriva en 609, chose prodigieuse à cette époque, si l'on songe aux calculs et à l'étendue des observations qui ont dû précéder cette prédiction. Aristote essaya ensuite de donner une explication générale des phénomènes naturels, mais son école fit dégénérer la science en substituant des sympathies et des antipathies aux forces réelles, et il nous faut arriver à Archimède, pour voir le calcul et l'expérience prévaloir enfin. Ce puissant génie enrichit la physique d'une foule de découvertes. Il imagina la vis d'épuisement pour dessécher les marais du Nil; il créa l'hydrostatique par la solution du problème de la couronne d'or d'Hiéron. On lui attribue encore l'invention de la poulie mobile, des moufles, de la vis sans fin, des roues dentées. Il parait avoir eu la première idée de la réfraction de la lumière, et l'histoire nous fait connaître quelles puissantes machines et quels miroirs ardents il sut fabriquer pour défendre Syracuse, sa patrie, assiégée par les Romains! Héron d'Alexandrie a laissé une description curieuse d'appareils au moyen desquels on tire parti de la force élastique des vapeurs et des gaz chauffés ou comprimés, et de leur action sur l'équilibre et le mouvement des liquides. Tout ce que l'antiquité avait produit dans cette science fut conservé par les Arabes et accru d'observations importantes. Le calife Al-Mamoun fit mesurer en Mésopotanie un degré du méridien, opération délicate qui suppose des connaissances très-étendues en physique, et qui n'a été renouvelée que beaucoup plus tard, sous Louis XIV, sous Louis XV et au commencement de ce siècle. Après tant d'efforts et de si beaux succès, la science a acquis plus d'éclat encore dans les temps modernes. Galilée démontra que la pesanteur est la même pour tous les corps; il inventa le pendule et la lunette astronomique. Torricelli, son disciple, compléta les observations du maître par ses expériences sur les corps graves; il construisit aussi le baromètre, appliqué bientôt par Pascal à la mesure des hauteurs. On doit à Descartes la loi de la réfraction de la lumière dans les milieux diaphanes, une explication générale des phénomènes atmosphériques et la théorie de l'arc-en-ciel. Cet homme illustre attribuait le mode de propagation de la lumière à des ondulations d'une substance éthérée; et sa théorie, éclipsée quelque temps par celle de Newton sur l'émission solaire, parait devoir rallier aujourd'hui de nombreux savants parce qu'elle s'accorde mieux avec les phénomènes observés depuis Newton. A cette époque et à l'aide d'instruments ingénieux, les physiciens étendaient encore le domaine de la science et facilitaient les expérimentations. Le thermomètre était construit par Drebbel, la machine pneumatique par Otto de Guerike, et l'électricité dégagée de diverses substances par Musschenbroëck. Denis Papin, dont le génie fut nié par ses contemporains, essayait déjà d'appliquer la force élastique de la vapeur à l'impulsion des navires. Alors parut Newton, qui assit le système du monde sur la gravitation universelle, justification des lois admirables de Kepler. Il décomposa la lumière, inventa le prisme et construisit le télescope à réflexion. Le dix-huitième siècle féconda toutes ces grandes découvertes. Franklin appliqua les propriétés du fluide électrique à la construction des paratonnerres, Montgolfier prépara la navigation aérienne, Galvani et Volta attachèrent leurs noms à une nouvelle branche de l'électricité, et Lavoisier dota la théorie du calorique de ses belles expériences. Plus récemment, Malus a constaté la polarisation de la lumière : on doit à Œrstedt, Ampère et Arago l'identité des courants magnétiques et de l'électricité ; à Daguerre et à Niepce la photographie ; enfin à une foule de savants, qu'il serait trop long de citer, des travaux qui ont fait prendre à la physique expérimentale un immense développement, et ont donné une rigueur mathématique à l'expression de ses lois.

Il n'entre pas dans notre pensée que les jeunes élèves doivent parcourir ce champ immense. Mais aujourd'hui la physique et la chimie sont devenues des sciences usuelles, et il est difficile de rester étranger à leurs découvertes. Nous ne pouvons faire un pas sans voir des locomotives destinées à nous transporter d'un lieu à un autre ; les chemins de fer ont leurs télégraphes, leurs horloges électriques ; le gaz éclaire presque toutes les villes ; l'industrie, s'emparant des métaux, les a, depuis longtemps, transformés pour les faire servir aux principaux usages de la vie ; les ateliers enfin sont remplis de machines destinées à simplifier le travail de l'homme, et à substituer, autant que possible, l'intelligence à la force physique ; la photographie récemment venue en aide aux arts a multiplié les chefs-d'œuvre en les reproduisant ; les aéronautes s'élevant dans les airs cherchent à s'y frayer une route, comme les premiers nautonniers se sont risqués autrefois sur la mer ; l'électricité produit les effets les plus variés au point de vue de la physiologie, de la chimie, de la mécanique, de la lumière et de la chaleur, et le progrès dans ces différentes branches de nos connaissances se développe chaque jour avec une rapidité surprenante.

Sans vouloir approfondir la manière dont tous ces phénomènes s'opèrent, il n'est personne qui ne désire en avoir une notion générale. En voyant passer un bateau à vapeur ou un convoi de chemin de fer, on éprouve le besoin de se rendre compte de la rapidité de ce mouvement et de la force de la machine qui entraîne après elle cette série de wagons. On entend trop souvent parler du télégraphe et de la rapidité avec laquelle il transmet la pensée d'un lieu à un autre, pour ne pas se demander comment on peut ainsi franchir instantanément l'espace. La photographie donne des images rigoureusement exactes des objets, mais, en assistant à cette merveille, on ne peut s'empêcher de rechercher par quels moyens l'homme arrive à des résultats aussi prodigieux.

Et si nous quittons tout ce qui est du ressort de l'industrie humaine pour nous élever aux phénomènes que présentent la nature, notre curiosité n'est pas sollicitée d'une manière moins pressante ! Les effets de la pesanteur sur les corps liquides, solides ou gazeux, nous offrent une foule de phénomènes que nous avons sans cesse sous les yeux et dont l'explication est pleine d'intérêt. La chaleur et l'influence qu'elle exerce sur nous-mêmes et sur les objets qui nous environnent sont des choses qu'il serait trop naïf d'ignorer. La lumière, vie et charme de la nature, cause mystérieuse de la visibilité et de la coloration de tous les corps, a encore pour nous plus d'un secret, mais du moins faut-il savoir les applications principales que l'on a faites de ses propriétés extraordinaires.

Pour avoir une connaissance suffisante de tous ces phénomènes, il n'est pas nécessaire d'entrer dans des théories laborieuses et de se fatiguer à la poursuite de certaines formules scientifiques qui supposent des calculs élevés et abstraits. Les *Éléments de physique* de M. Zeller nous ont paru parfaitement répondre à cette pensée, à cause de leur simplicité même.

M. Zeller a eu soin d'écarter toutes les démonstrations trop compliquées, et de se borner à donner la raison des phénomènes que l'élève étudie. Il a mis de côté les détails qui n'ont d'intérêt que pour les hommes spéciaux, afin de s'attacher de préférence à tous les faits qui peuvent nous frapper; et, quand il a donné des exemples, il a eu soin de les tirer des faits mêmes que nous avons chaque jour sous les yeux, au lieu d'exposer certaines expériences connues seulement des hommes qui fréquentent les laboratoires de chimie.

Ce volume ne renferme donc que l'explication des phénomènes que nous avons perpétuellement devant nous, et il n'y a de principes théoriques ou abstraits, dans ces quelques chapitres, qu'autant qu'il en faut pour rendre compte des faits usuels. Ainsi, à l'occasion de la pesanteur, l'auteur explique les effets du levier, de la balance, de la brouette, de la charrette à deux roues, du peson, et il rend compte des avantages et des inconvénients relatifs que présentent ces divers instruments. En traitant des effets de la pesanteur sur les liquides, il en montre l'application dans la presse hydraulique, dans les fontaines publiques et les puits artésiens. Il entre dans des détails pleins d'intérêt sur l'usage du baromètre et sur les différentes formes qu'on lui a données, sur les aérostats ou montgolfières, sur les machines pneumatiques, les siphons, la cloche à plongeon et le thermomètre.

Quand il traite des météores aqueux, il développe les explications que les savants ont données de la rosée, des brouillards, des nuages, de la pluie, du givre, du verglas, de la neige, du grésil et de la grêle. Dans la partie consacrée à l'électricité *atmosphérique*, et, après avoir parlé de la foudre, des éclairs et du tonnerre, il indique quels moyens ont été imaginés pour la préservation des édifices. Partout il a cherché à donner à son travail un caractère simple et pratique, et c'est là surtout ce qui l'a fait apprécier des maîtres.

Pour bien comprendre les phénomènes, il importe de les observer soi-même. Ainsi s'il s'agissait d'un *Cours de physique* plus étendu, il serait indispensable de faire les expériences de physique en présence des élèves, ce qui nécessiterait l'achat d'instruments très-dispendieux. Mais quand on se borne aux notions élémentaires, et qu'on se renferme dans l'explication des phénomènes les plus ordinaires, il n'est pas nécessaire que ces faits soient reproduits : on les voit chaque jour et à chaque instant se manifester dans la nature. Il suffit de se les rappeler pour en avoir une idée nette. Cependant s'il s'agit des machines ou des instruments que l'on emploie dans l'industrie, il faut, pour les comprendre, en avoir sous les yeux une description assez complète. C'est pour aider les jeunes élèves dans cette étude, que M. Zeller a joint des figures au texte, toutes les fois que cela lui a paru utile. Ces figures ont été exécutées avec soin, afin de dispenser le maître de se procurer les instruments qu'elles représentent. On pourra donc saisir facilement toutes les explications que renferme ce petit ouvrage, sans avoir besoin d'autre étude que celle du texte même.

ÉLÉMENTS DE PHYSIQUE

PRÉLIMINAIRES

CHAPITRE PREMIER

DES CORPS. — PROPRIÉTÉS GÉNÉRALES.

1. Objet de la physique. — La physique est une science qui a pour objet d'étudier chacune des propriétés des corps et d'en déterminer les effets. Elle considère leurs *propriétés les plus générales*, et les *actions mécaniques* que, sous différents états, ils exercent les uns sur les autres : elle constate enfin les divers *phénomènes* qu'ils offrent dans leurs *mouvements*. Elle diffère sous ce dernier rapport de la chimie, qui s'occupe particulièrement des phénomènes qui *altèrent* d'une manière plus ou moins profonde la nature des corps.

2. De la matière. — La *matière* est ce qui tombe sous les sens, c'est-à-dire tout ce qui peut être vu, entendu, senti, goûté, ou touché. Toute matière n'est pas susceptible d'être perçue par chacun des sens, car certaines sont incolores, d'autres inodores, d'autres insipides, et ne peuvent par conséquent impressionner la vue, l'ouïe, le goût, ou l'odorat ; mais il suffit qu'elles soient tangibles pour que nous connaissions leur existence. En se fondant sur cette propriété, on pourrait définir la matière en général : tout ce qui peut être touché.

3. Corps. — Atomes. — Molécules. — On appelle *corps* toute portion de matière qui est limitée, et qui forme un tout distinct, comme une pierre, une goutte d'eau, un morceau de bois.

Les corps doivent être considérés comme composés d'une foule d'éléments infiniment petits, que l'on ne peut diviser physiquement, et qui sont juxtaposés. Ces éléments indivisibles reçoivent le nom d'*atomes*, mot qui signifie indivisible. Leur réunion forme de petits groupes qu'on appelle *molécules* ou petites masses. La réunion ou l'agrégation de ces molécules constitue les corps particuliers que nous voyons dans la nature.

4. États des corps. — Les corps se présentent sous trois états différents : l'état solide, l'état liquide et l'état gazeux.

L'*état solide* est l'état des corps composés de parties qu'on ne peut séparer les unes des autres que par un effort plus ou moins grand. Tels sont le bois, la pierre, les métaux. Les corps solides tendent, pour ce motif, à conserver leur première forme, et l'on ne peut en enlever des parties sans les déformer.

L'*état liquide* est l'état que présentent l'eau, le mercure, l'huile, etc. Dans les corps à l'état liquide, les molécules ont si peu d'adhérence entre elles, qu'elles glissent les unes sur les autres avec la plus grande facilité. De là vient que ces corps prennent la forme des vases qui les renferment, à l'exception de la surface, qui est toujours horizontale.

L'*état gazeux* est l'état des corps dont les molécules tendent continuellement à s'écarter. Dans ces corps, les molécules sont douées d'une mobilité extrême, et leur répulsion mutuelle tend à accroître continuellement le volume du corps lui-même. Tel est l'état de l'air qui nous environne, et d'une foule d'autres corps qu'on nomme *gaz* ou *fluides aériformes*.

Le même corps peut se présenter sous ces trois états suivant les divers degrés de température. Ainsi l'eau est à l'état solide quand elle est gelée; elle passe à l'état liquide si la température s'élève, et de l'état liquide elle arrivera à l'état de gaz ou de vapeur, si on la fait chauffer.

Néanmoins l'eau et quelques autres liquides se présentent aussi, dans certaines circonstances que nous étudierons plus tard, sous deux autres états : l'état *globulaire* et l'état *sphéroïdal*.

On désigne sous le nom général de *fluides* les liquides et les gaz.

Les propriétés des corps sont leurs diverses « manières d'être. » Ces propriétés sont *générales* ou *particulières*.

5. Propriétés générales des corps. — Les propriétés générales des corps sont celles qui sont communes à tous, sous quelque état qu'ils se présentent, c'est-à-dire solides, liquides ou gazeux, et quelle que soit leur nature.

Ces propriétés sont : l'étendue, l'impénétrabilité, la porosité, la compressibilité, l'élasticité, la divisibilité, la mobilité et l'inertie.

6. Étendue. — L'*étendue* est la propriété que tout

corps possède d'occuper une portion de l'espace, ou, en d'autres termes, c'est la propriété d'avoir toujours trois dimensions limitées et distinctes : *longueur, largeur, épaisseur.*

Tout corps, quelque petit qu'il soit, a ces trois dimensions, et ses proportions variables constituent ce qu'on appelle la *forme* ou la *figure* du corps. La disposition des surfaces étant susceptible d'être variée à l'infini, il en résulte cette heureuse diversité que nous admirons dans la nature.

La portion d'espace qu'un corps occupe est ce qu'on appelle son *volume.*

7. **Impénétrabilité.** — L'*impénétrabilité* est cette propriété que possède tout corps d'occuper une portion de l'espace exclusivement à tout autre corps, ou, plus simplement, c'est ce qui fait que deux corps, quel que soit leur état (solide, liquide ou gazeux), ne peuvent occuper en même temps le même espace.

Ainsi, quand on enfonce un clou dans du bois, ce clou chasse devant lui ou déplace les fibres du bois dans lequel il pénètre, et l'espace qui précédemment était occupé par le bois, l'est maintenant par le fer.

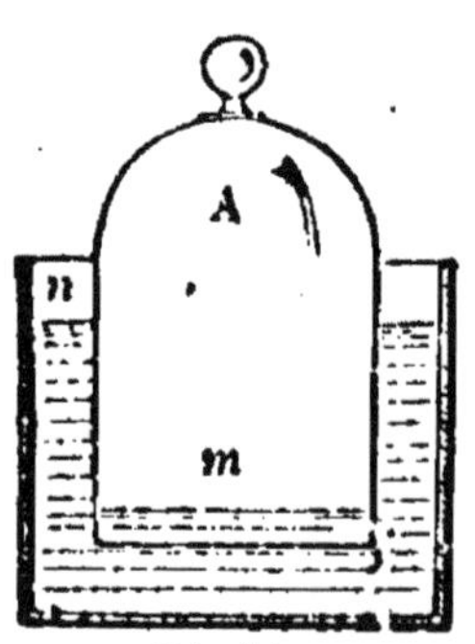

Fig. 1.

Si l'on plonge une cuiller dans une tasse remplie jusqu'aux bords d'une liqueur quelconque, on voit aussitôt la partie du liquide dont la cuiller a pris la place s'épancher au dehors, ce qui est une preuve de son déplacement.

L'air même qui nous entoure, et au milieu duquel

nous nous déplaçons si aisément, n est pas pénétrable; on n'a, pour s'en convaincre, qu'à plonger dans l'eau un verre, une cloche renversée (*fig.* 1), et l'on verra l'eau ne s'élever qu'à une faible hauteur dans le verre, l'air que celui-ci contient lui faisant obstacle.

8. **Porosité.** — Les corps sont composés, comme nous l'avons dit, d'atomes juxtaposés, mais ces atomes laissent entre eux des intervalles. Ces intervalles, plus ou moins grands, reçoivent le nom de *pores*, et leur existence dans les corps constitue ce qu'on appelle la *porosité*.

Ex. : Prenons un tube de verre, soit AB (*fig.* 2), muni à sa partie supérieure d'un morceau de peau M. Si l'on verse dans ce tube une certaine quantité de mercure, et qu'on fasse ensuite le vide dans l'intérieur, à l'aide de la machine pneumatique, on voit le mercure tomber sous la forme d'une pluie fine : les *pores* de la peau lui ont livré passage.

Tous les corps sont plus ou moins *poreux*. Les boiseries exposées à l'humidité se gonflent par l'action de l'eau qui, s'infiltrant dans les pores du bois, en écarte les fibres et en augmente le volume; un morceau de sucre ou de craie plongé dans l'eau fait naître à la surface de petites bulles, par le déplacement de l'air qui était renfermé dans les pores et qui a été chassé par l'eau à mesure que ce liquide a pris la place de l'air. Les trous d'une éponge sont des pores

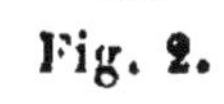

Fig. 2.

de grande dimension. L'ivoire, qui est très-serré, est cependant poreux, car l'encre, l'huile, par exemple, y pénètrent profondément.

C'est d'après ce principe que sont construits les filtres en papier, en feutre, en pierre ou en charbon, dont on fait usage dans l'économie domestique. Les pores de ces substances sont assez grands pour laisser passer le liquide, mais ils le sont trop peu pour livrer passage aux substances étrangères qui s'y trouvent mêlées.

Cette propriété a encore fourni à l'industrie d'autres applications. Si l'on mouille une corde sèche, par exemple, l'eau pénètre dans les pores de la corde ; le diamètre de cette corde augmente et sa longueur diminue. On a souvent eu recours à ce moyen pour soulever d'énormes fardeaux. C'est de cette manière que l'on a achevé de dresser le fameux obélisque qui orne la place de la Concorde, à Paris. Dans les carrières, on enfonce dans des blocs de pierre des coins de bois bien sec que l'on humecte ensuite, et l'eau, en pénétrant dans leurs pores, les gonfle et oblige les rocs les plus durs à se diviser.

9. **Compressibilité.** — La *compressibilité* est la propriété qu'ont les corps de pouvoir être réduits à un volume moindre par l'effet de la pression. Cette propriété est une conséquence directe de la porosité, car les molécules des corps ne peuvent être ainsi rapprochées qu'en raison des vides ou des pores qui existent entre elles.

Les éponges et certaines étoffes sont très-compressibles, car on peut les réduire facilement au tiers, au quart, au dixième de leur volume. *Tous les corps étant poreux, on peut dire qu'ils sont tous compressibles.*

Les gaz surtout sont doués de cette propriété au plus haut degré.

Ex. : Prenons un tube AB, rempli d'air (*fig.* 3) : fermons-le au moyen d'un piston *c* qui s'y adaptera

Fig. 3

parfaitement. Si l'on enfonce vivement ce piston, on le voit pénétrer dans le tube AB.

Substituons à l'air un solide ou un liquide, et il sera impossible de réaliser notre expérience. Le piston ne pénétrera plus dans le tube aussi profondément qu'auparavant.

Les solides sont cependant compressibles, mais à des degrés très-différents. Quant à la compressibilité des liquides, elle est si faible qu'on a cru pendant longtemps qu'ils ne possédaient pas cette propriété. Ainsi un ballon rempli d'air, que l'on comprime, reprend sa forme si l'on cesse de le comprimer; un arc qui est tendu, se détend aussitôt que l'on détache la corde; une lanière de caoutchouc revient à sa longueur première quand la force qui l'étirait la laisse en liberté.

C'est cette réaction qui fait qu'une bille d'ivoire lancée avec force sur un bloc de marbre rejaillit à une très-grande hauteur, ou que des gouttes de mercure qu'on laisse tomber sur une table rebondissent comme de petites balles.

10. Élasticité. — *L'élasticité* est la propriété qu'ont certains corps de reprendre leur état primitif, sans se rompre ni se désagréger, dès qu'a cessé d'agir la cause mécanique qui en avait changé le volume ou la forme. Ainsi une lame d'acier que l'on a recourbée, se redresse dès qu'on l'abandonne à elle-même. Les corps les plus parfaitement *élastiques* sont les gaz et les liquides. Les solides sont également élastiques, mais au delà de certaines limites, ils se brisent. L'élasticité est à peine sensible dans les graisses, les argiles et le plomb; elle est très-apparente dans le caoutchouc, l'ivoire, le marbre et le zinc.

11. Divisibilité. — La *divisibilité* est la propriété qu'ont les corps de pouvoir être séparés en plusieurs parties, et ces parties elles-mêmes en particules de plus en plus petites, jusqu'à ce qu'enfin elles échappent à nos sens et à nos instruments.

On est parvenu à porter très-loin la divisibilité des corps. Ainsi avec un gramme d'or on peut obtenir un fil de plusieurs lieues de longueur, et l'on a calculé qu'avec cinq centigrammes de ce même métal on peut produire 480 millions de parties parfaitement visibles. Un grain de carmin suffit pour colorer un vase rempli d'eau. Une faible parcelle de musc peut remplir de ses émanations tout un appartement, pendant des années, sans perdre sensiblement de son poids.

Et cependant là ne s'arrête pas la nature. Dans la goutte d'eau la plus petite, à l'aide du microscope, on découvre des animalcules qui vivent, se meuvent et s'agitent comme des poissons qui, ayant besoin d'une nourriture, la cherchent et la saisissent. Ils sont pourvus de tous les organes nécessaires à la nutrition et aux autres phénomènes de la vie. Et, dans chacun de ces objets découverts par le microscope, combien d'autres merveilles échappent à l'observation ! que ne verrions-nous pas si nous pouvions encore perfectionner nos instruments !

12. Mobilité. — La *mobilité* est la propriété qu'ont les corps de pouvoir être mis en mouvement.

Un corps est *en mouvement* quand il change successivement de lieu, et il est *en repos* quand il reste à la même place.

On distingue le repos *absolu* et le repos *relatif*, le mouvement *absolu* et le mouvement *relatif*. Le repos *absolu* serait la privation complète de tout mouvement ; il n'existe pas dans la nature, puisque les arbres, les maisons et tous les objets qui nous paraissent en repos, à la surface de la terre, participent à son double mouvement de rotation et de translation autour du soleil. On ne peut observer que le repos *relatif*, qui consiste en ce qu'un corps conserve la même position par rapport à d'autres corps que nous jugeons fixes, quoique en réalité ils soient en mouvement. C'est ainsi que, dans un bateau en mouvement, les objets sont en repos par rapport au bateau lui-même, quoiqu'il n'en soit pas de même par rapport aux rives qu'ils abandonnent.

Le mouvement *absolu* d'un corps serait son déplacement par rapport à un autre corps qui serait à l'état de repos absolu. Comme il n'y a pas de corps réduit à cet état, on ne peut mesurer cette espèce de mouvement. On ne parle donc jamais que du repos et du mouvement relatifs.

13. Inertie. — L'*inertie* pourrait être définie « impuissance de la matière relativement au repos et au mouvement spontanés. » Cette propriété est toute négative; elle fait que les corps ne peuvent d'eux-mêmes passer du repos au mouvement, ni altérer le mouvement qu'ils ont reçu.

L'expérience nous apprend qu'un corps ne se meut jamais de lui-même, et que, s'il est en mouvement, il obéit à l'impulsion d'un corps étranger; de plus, il ne peut changer de lui-même sa direction ou la vitesse de son mouvement : si son mouvement est altéré, il faut attribuer ce fait à l'action de la pesanteur, au frottement, ou à la résistance des milieux qu'il traverse.

Ainsi, une bille d'ivoire qui roule sur un billard est ralentie, dans son mouvement, par les aspérités du tapis. La balle qui sort du fusil est attirée vers la terre par son propre poids, et elle rencontre d'autre part une résistance énergique dans l'air qu'elle traverse. Sans ces causes d'arrêt, la bille et la balle, par leur inertie même, continueraient à se mouvoir *à l'infini*, dans la même direction et avec la même vitesse.

QUESTIONNAIRE.

1. Quel est l'objet de la physique?

2 et 3. Qu'est-ce que la matière? Qu'appelle-t-on corps ? — atomes? — molécules ?

4. Quels sont les différents états des corps? En quoi consiste l'état solide? — liquide? — gazeux ? — Qu'entend-on par fluides?

5. Qu'entend-on par « les propriétés générales des corps ? » Quelles sont ces propriétés ?

6. En quoi consiste l'étendue ? Quelles sont les dimensions des corps? — Qu'entend-on par la forme? — par le volume?

7. Qu'est-ce que l'impénétrabilité? — Par quelles expériences se démontre-t-elle ?

8. Qu'est-ce que la porosité ? Tous les corps sont-ils poreux ? Quelles applications fait-on de la porosité des corps?

9. Qu'est-ce que la compres-

sibilité ? — Quels sont les corps les plus compressibles ? — Quels sont ceux qui le sont le moins ?

10. Qu'est-ce que l'élasticité ? Quels sont les corps les plus élastiques ? — Par quels phénomènes cette propriété se manifeste-t-elle ?

11. En quoi consiste la divisibilité ? — Donnez les exemples les plus frappants de la divisibilité.

— Que remarque-t-on dans le monde des infiniment petits ?

12. Qu'est ce que la mobilité ? — le mouvement ? — le repos absolu ? — le repos relatif ? — Peut-on mesurer le mouvement absolu ?

13. Qu'est-ce que l'inertie ? — Par quelles expériences se prouve-t-elle ? — Pourquoi le mouvement que les corps ont reçu s'altère-t-il ? — Citez des exemples.

CHAPITRE II

FORCES ET MOUVEMENTS.

1. Des forces. — Toute cause qui fait passer un corps du repos au mouvement, ou qui modifie le mouvement d'un corps, prend le nom de *force*.

Quand une force tend à accélérer le mouvement d'un corps, on lui donne le nom de *force accélératrice*; si elle tend à produire l'effet contraire, on l'appelle *force retardatrice*.

La force est *instantanée* si elle n'agit sur le mobile que pendant un temps très-court, comme un choc, ou l'explosion de la poudre; elle est *continue* quand elle agit pendant toute la durée du mouvement; telle est la « pesanteur », à l'action de laquelle tous les corps terrestres sont soumis.

2. De la vitesse et du mouvement. — La *vitesse* est la rapidité plus ou moins grande avec laquelle s'effectue le mouvement. Pour s'en faire une idée exacte, on l'apprécie par le chemin que parcourt un corps pendant un certain espace de temps pris pour unité.

Cette unité de temps est tout à fait arbitraire, mais on choisit ordinairement la *seconde* ; et le *mètre* est l'unité d'étendue qui sert à mesurer l'espace parcouru. Ainsi, pour déterminer la vitesse d'un corps, on mesure le nombre de mètres qu'il parcourt par seconde.

Sous le rapport de la vitesse, on peut diviser les mouvements des corps en trois classes : le mouvement uniforme, le mouvement varié, et le mouvement uniformément varié.

3. **Mouvement des corps.** — Le mouvement *uniforme* est celui dans lequel le mobile parcourt des espaces égaux pendant des temps égaux. Ainsi, quand le mouvement d'un corps est uniforme, il parcourt dans des temps deux, trois, quatre fois plus grands, des espaces doubles, triples ou quadruples ; c'est ce qu'on exprime en disant que *les espaces parcourus sont proportionnels aux temps, c'est-à-dire croissent comme les temps.* Ex. : le mouvement d'une montre bien réglée est un mouvement uniforme ; il en serait de même d'un wagon qui parcourrait à chaque instant la même distance dans le même temps.

Le mouvement *varié* est celui qui se compose de mouvements d'une vitesse différente. Ainsi, le mouvement d'un chemin de fer varie suivant que l'impulsion donnée aux wagons diffère en intensité ; il en est de même du mouvement d'un navire, qui sera plus ou moins entravé dans sa marche par la force du vent. Cette espèce de mouvement peut être modifiée par une foule de causes et d'une infinité de manières, aussi n'est-elle pas ordinairement l'objet d'une étude spéciale : la physique ne s'occupe que du mouvement *uniformément varié*.

On appelle mouvement *uniformément varié*, le mouvement dans lequel les espaces parcourus augmentent ou diminuent dans des temps égaux suivant une certaine loi fixe et invariable.

Si le mouvement augmente, on dit qu'il est *uniformément accéléré*; tel est le mouvement d'un corps qui tombe librement. S'il diminue, comme nous le montre une pierre lancée en l'air, on dit qu'il est *uniformément retardé*.

4. Direction du mouvement. — Sous le rapport de la direction, on distingue deux sortes de mouvement : le mouvement *rectiligne* et le mouvement *curviligne*.

Le mouvement est *rectiligne* quand la direction suivie par le mobile est une ligne droite. Si ce mouvement est uniforme, il est toujours produit par une force instantanée ; car cette force n'agissant que pendant un temps très-court, le mobile abandonné à lui-même conserve, en raison de son inertie, la vitesse et la direction qu'il a reçues.

Le mouvement est *curviligne* quand la direction suivie par le mobile est une ligne courbe. Pour qu'un corps ne suive pas une ligne droite, il faut qu'il en soit empêché par une force nouvelle qui le détourne de sa direction primitive ; et, pour qu'il décrive une ligne courbe, il faut qu'il soit continuellement sous l'action d'une force nouvelle différente de la première impulsion qu'il a reçue ; par conséquent, tout mouvement curviligne suppose l'action continue de deux forces au moins.

5. Force centrifuge. — Quand un corps en mouvement décrit une ligne courbe, il se développe, à chaque instant de son mouvement, une force en vertu de laquelle le corps tend sans cesse à s'éloigner du centre de son mouvement. Cette force se nomme *force centrifuge*.

L'intensité de cette force est proportionnelle au poids du mobile, c'est-à-dire qu'elle est deux, trois, quatre fois plus grande, si le poids du mobile est double, triple ou quadruple.

De plus, elle augmente avec la vitesse du mobile, dans la proportion du carré de cette vitesse. Ainsi, quand la vitesse du mobile est 3 fois plus grande, la force centrifuge devient 9 fois plus intense ; si la vitesse est 4 fois plus considérable, l'intensité de la force centrifuge le sera 16 fois.

On peut se rendre compte de cet accroissement en attachant un corps à l'extrémité d'un fil, et en le faisant tourner rapidement. A mesure que la vitesse du mobile augmente, la tension que le fil éprouve devient plus forte, et il peut même finir par se rompre. S'il se brisait, ou si à un moment quelconque de sa rotation l'on abandonnait le mobile à lui-même, il s'échapperait en suivant la tangente à la circonférence qu'il décrit. C'est le cas de la fronde, au moyen de laquelle on peut lancer des pierres avec une grande force et à une grande distance.

6. Effets de la force centrifuge. — Un des effets les plus remarquables de la force centrifuge, c'est l'aplatissement de notre globe vers les pôles et son renflement à l'équateur. Par suite du mouvement de rotation de la terre autour de son axe, les corps placés à l'équateur décrivent une circonférence plus grande que ceux qui se trouvent vers les pôles. Comme tous les points de la masse terrestre ont à accomplir leur révolution dans le même espace de temps, il s'ensuit que la vitesse de leur mouvement diminue graduellement, à mesure que l'on s'avance de l'équateur aux pôles .Cette vitesse atteint son plus haut degré à l'équateur, tandis qu'elle est nulle aux pôles. En supposant que la terre ait été originairement fluide ou seulement molle, ses molécules ont dû tendre à s'éloigner d'autant plus de l'axe qu'elles se trouvaient plus près de l'équateur, ce qui a produit le phénomène que nous indiquons.

Il n'est d'ailleurs personne qui n'ait vu ou qui n'ait éprouvé les effets de la force centrifuge. Ainsi, quand on fait tourner sur elle-même une toupie mouillée, la force centrifuge lui fait projeter autour d'elle l'eau dont elle est couverte. Lorsqu'une voiture est en mouvement, c'est aussi cette force qui lance la boue des roues à une distance plus ou moins grande, suivant la vitesse de la rotation.

Dans les jeux de bague, dans la balançoire, et dans tous les autres jeux où l'on tourne, les étourdissements que l'on éprouve ont encore la même cause, parce qu'alors le sang tend à se porter loin du centre de rotation. Dans les manéges, pour neutraliser cette force, qui les repousse, les écuyers s'inclinent vers le centre du cercle qu'ils décrivent, et leur attitude est d'autant plus penchée dans cette direction que le mouvement de leurs chevaux est plus rapide.

7. Divisions générales de la physique. — Nous divisons la physique en cinq parties, qui forment presque autant de sciences indépendantes. Ces cinq parties, que nous traiterons successivement, sont : 1° l'*attraction* et la *pesanteur* ; 2° le *calorique* ou *chaleur* ; 3° l'*électricité* et le *magnétisme* ; 4° l'*acoustique* ; 5° l'*optique*.

QUESTIONNAIRE.

1. Qu'est-ce qu'une force ? Qu'appelle-t-on force accélératrice ? — retardatrice ? — instantanée ? — continue ?

2. Qu'est-ce que la vitesse ? Comment s'apprécie-t-elle?

3. Qu'est-ce qu'un mouvement uniforme? varié? —uniformément varié ?

4. Quelle est la loi des mouvements uniformes? — Qu'est-ce qu'un mouvement rectiligne? — Par quoi est-il produit? — Qu'est-ce qu'un mouvement curviligne ?

— Quelles forces suppose-t-il ?

5. Qu'est-ce que la force centrifuge ? Dans quels cas et dans quelles proportions augmente-t-elle ? Comment peut-on se rendre compte de son accroissement ?

6. Quel est l'effet le plus remarquable de la force centrifuge? Comment ce phénomène est-il produit? Donnez des exemples d'autres faits se rattachant à la même cause.

7. En combien de parties se divise la physique?

PREMIÈRE PARTIE.

DE L'ATTRACTION ET DE LA PESANTEUR

CHAPITRE PREMIER.

DE L'ATTRACTION.

1. De l'attraction. — On désigne sous le nom générique d'*attraction* cette force secrète en vertu de laquelle tous les éléments matériels tendent sans cesse les uns vers les autres. Ainsi c'est par l'effet de l'attraction que deux gouttes d'eau, placées à une petite distance, se rapprochent et se réunissent; c'est aussi en vertu de la même cause qu'un corps, placé en l'air et abandonné à lui-même, se meut en se portant vers le centre de la terre.

Cette force naît et s'exerce partout où deux fragments de matière sont en présence. Elle agit sur les corps qui sont en repos aussi bien que sur ceux qui sont en mouvement, et elle s'exerce entre les masses les plus considérables, comme entre les moindres molécules de matière.

L'attraction prend divers noms suivant les divers genres d'action qu'elle exerce. Ainsi, quand on la considère dans l'action qu'elle exerce sur les astres et dans l'ensemble du système du monde, on lui donne le nom de *gravitation céleste*.

Si on la considère dans son action à de très-petites distances, pour unir entre elles les différentes molécules constitutives des corps, on l'appelle *attraction moléculaire*.

Quand on étudie les effets résultant de son action entre la terre et les corps qui en ont été séparés, on lui donne le nom de *pesanteur*.

2. De la gravitation céleste. — La *gravitation céleste* est la grande force qui maintient l'ordre établi entre les corps célestes; elle produit et règle leurs divers mouvements dans l'orbite qu'ils doivent parcourir.

Les anciens avaient eu un pressentiment de cette attraction universelle, car Démocrite et Épicure supposent que la matière tend vers des centres communs, la terre et certains astres. Pline lui-même attribue les marées aux influences lunaires (1). Képler reconnut une attraction réciproque entre le soleil, la terre et les autres planètes. Bacon et Galilée ont également admis ce fait ; mais ce fut Newton qui le premier établit les lois de la gravitation. Il les déduisit des lois de Képler sur le mouvement des planètes, et il les formula en disant que *l'intensité de la gravitation est en raison directe des masses et en raison inverse du carré des distances*, c'est-à-dire que si la masse ou quantité de matière est double ou triple, l'intensité de la gravitation est

---

(1) *Luna trahit HAUSTU maria*, dit le texte latin.

double ou triple, et que si la distance à laquelle elle s'exerce est 2, 3 ou 4 fois plus grande, l'intensité de l'attraction est 4, 9 ou 16 fois moindre.

3. De l'attraction moléculaire. — L'*attraction moléculaire* est cette force inconnue qui tend à rapprocher les molécules de la matière. Elle ne s'exerce qu'à des distances infiniment petites, et sous ce rapport elle diffère de la gravitation et de la pesanteur, qui s'exercent à toutes les distances.

Ainsi, quand on applique l'un sur l'autre deux morceaux de verre quelconques, généralement ils n'adhèrent pas l'un à l'autre. Au contraire, lorsqu'on les polit et qu'ensuite on juxtapose leurs surfaces, il en résulte une adhérence parfois très-forte ; et même il arrive que des glaces adhèrent si fortement entre elles qu'on ne peut les séparer sans les rompre. La raison de cette différence provient de ce que, dans le premier cas, les surfaces étant imparfaitement planes, la distance entre les molécules des deux glaces était trop grande pour que l'attraction moléculaire pût s'exercer, tandis que, dans le second, les surfaces ayant été plus rapprochées, il n'en a plus été de même.

4. Cohésion et affinité. — L'attraction moléculaire peut s'exercer entre des molécules de même nature ou de nature différente. Quand elle s'exerce entre des molécules de même nature, on lui donne le nom de *cohésion*. Si elle s'exerce entre des molécules de nature différente, elle prend le nom d'*affinité*.

Ainsi, c'est la *cohésion* qui unit entre elles les molécules qui forment une barre de fer. Dans un corps composé de soufre et de plomb, c'est l'*affinité* qui unit les molécules de soufre aux molécules de plomb.

La combinaison de ces deux forces et leur variation d'intensité produisent cette prodigieuse diversité que l'on admire dans la nature. Car si la cohésion existait toute seule, il n'y aurait que des corps formés d'une seule substance, comme le fer, l'or, l'argent, etc., et le nombre en serait très-limité. D'un autre côté, si l'affinité n'était combattue par la cohésion, il n'y aurait pas de stabilité dans la composition des corps; ils pourraient continuellement changer de nature et de propriétés.

La force de cohésion se mesure par l'effort qu'on est obligé de faire pour séparer ou désunir les molécules d'un corps. Elle est très-considérable dans les corps solides, elle l'est moins dans les liquides, et elle est nulle dans les gaz. La viscosité de certains liquides, la sphéricité plus ou moins parfaite de leurs gouttes résultent de cette force.

5. Cristallisation. — La *cristallisation* et la *capillarité* sont deux phénomènes qui dépendent de l'attraction moléculaire.

On entend par *cristallisation* la propriété qu'ont certains corps d'affecter naturellement certaines formes géométriques, constantes pour le même corps, et qu'ils prennent dès que, par une cause quelconque (comme la dissolution ou la fusion), leurs atomes deviennent libres de se grouper selon certaines lois.

Les sels dissous dans l'eau, et qui reprennent l'état solide quand l'eau s'évapore, forment des *cristaux* en passant à cet état. Tel est le sel marin, qui cristallise en forme de cube.

Les corps cristallisés se trouvent fréquemment dans la nature. On peut citer, par exemple, le cristal de roche, le sel gemme, le diamant, etc.

6. Capillarité. — La *capillarité* embrasse une certaine classe de phénomènes qui se produisent au contact des solides et des liquides. Ces phénomènes sont appelés *capillaires*, parce qu'on les observe principalement dans des tubes percés d'un trou si étroit qu'un cheveu (en latin *capillus*) y passe à peine.

Pour observer ces phénomènes, il suffit de plonger dans l'eau un tube de verre, d'un très-petit diamètre (*fig.* 4). On remarquera que le liquide s'é-

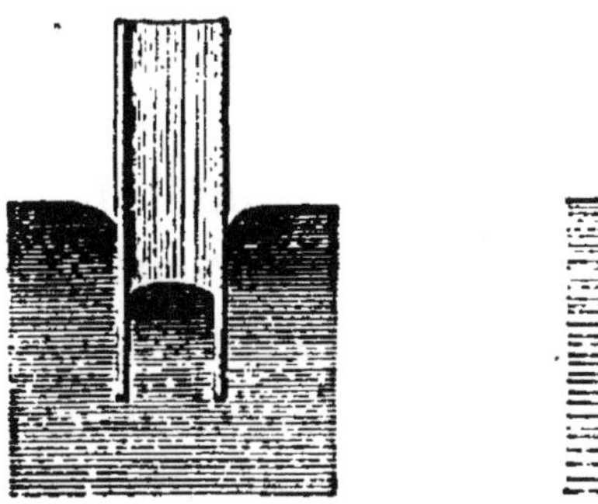

Fig. 4

lève dans le tube au-dessus de son niveau extérieur, et qu'il se termine par une surface courbe concave. Si, au lieu de plonger ce tube dans un liquide susceptible de le mouiller, on le plonge dans du mercure, par exemple, on remarquera au contraire que le liquide reste au-dessous du niveau extérieur, et qu'il présente une surface courbe convexe.

2.

Ces phénomènes apparaissent également autour des parois des vases qui renferment les liquides, quel que soit leur diamètre; seulement ils sont plus sensibles dans des tubes étroits, et c'est pour cela qu'on les a observés tout d'abord dans des tubes capillaires.

On a reconnu que les phénomènes capillaires sont produits par l'attraction moléculaire de la surface du tube sur les éléments du liquide, et par l'attraction des molécules entre elles.

7. Ascension et dépression. — D'après Gay-Lussac, l'ascension et la dépression des liquides dans les tubes capillaires sont soumises à trois lois :

1° *Il y a ascension, si le liquide mouille les tubes, et dépression, s'il ne les mouille pas.*

2° *Cette ascension et cette dépression sont en raison inverse des diamètres des tubes, tant que ces diamètres ne dépassent pas deux à trois millimètres.*

3° *L'ascension et la dépression varient avec la nature du liquide et avec la température; mais elles sont indépendantes de la substance des tubes et de l'épaisseur de leurs parois, si celles-ci ont été préalablement mouillées.*

8. Phénomènes capillaires. — Les phénomènes capillaires jouent un très-grand rôle dans la nature. Toutes les fois que des corps poreux sont mis en contact avec un liquide, leurs pores remplissent l'office de tubes capillaires, par où le liquide s'élève quelquefois à une hauteur surprenante pour ceux qui n'en comprennent pas la raison.

Il suffit, par exemple, que la base d'un pain de

sucre soit mise en contact avec l'eau pour que celle-ci monte assez rapidement jusqu'au sommet. Une maison sera humide, même dans les étages supérieurs, si les fondations sont trop rapprochées d'un étang, d'un lac ou d'une rivière.

C'est aussi par un effet capillaire que l'huile s'élève dans la mèche des lampes, ou que les éponges et les bois s'imbibent des liquides avec lesquels ils sont en contact.

Ce phénomène aide aussi à la circulation de la sève dans les plantes, et se manifeste dans une multitude d'autres effets que nous avons continuellement sous les yeux.

QUESTIONNAIRE.

1. Qu'est-ce que l'attraction ? Quels sont les divers noms qu'on lui donne ?

2. Qu'appelle-t-on gravitation céleste ?. Par qui fut-elle découverte? Quelle en est la loi?

3. Qu'est-ce que l'attraction moléculaire ? A quelle condition s'exerce-t-elle ?

4. Qu'est-ce que la cohésion, Qu'est-ce que l'affinité? Quel rôle jouent ces forces dans la nature ?

5. Qu'appelle-t-on cristaux ?

Qu'est-ce que la cristallisation? Citez-en des exemples dans la nature.

6. Qu'est-ce que la capillarité? Par quelle expérience constate-t-on l'ascension et la dépression des liquides?

7. A quelles lois ces phénomènes sont-ils soumis ?

8. Les phénomènes capillaires sont-ils fréquents? Citez-en des exemples? Quel rôle joue, dans les plantes le phénomène de la capillarité ?

CHAPITRE II

DE LA PESANTEUR. — SES EFFETS GÉNÉRAUX;
LOIS DE LA CHUTE DES CORPS; INTENSITÉ
DE LA PESANTEUR; PENDULE.

1. De la pesanteur. — La *pesanteur* est cette force d'attraction qui, s'exerçant entre la terre et les corps placés à sa surface, attire ceux-ci vers le centre du globe. Ce phénomène n'est qu'un cas particulier de l'attraction universelle, car il résulte de l'attraction réciproque qui existe entre la matière de la terre et celle des corps qui sont à sa surface.

Cette force s'exerce sur tous les corps, quel que soit leur état, et en quelques conditions qu'ils se trouvent. Ainsi, quoique la fumée, les nuages et les ballons s'élèvent dans l'air, ces corps n'en sont pas moins soumis à l'action de la pesanteur.

Elle s'exerce aussi à de très-grandes élévations et à de très-grandes profondeurs. C'est elle qui fait tomber la pluie, la grêle et la neige, et qui maintient la lune dans son orbite. On en remarque les effets jusque dans les puits et les mines.

2. Direction de la pesanteur. — Tous les corps sont attirés vers le centre de la terre. Les inégalités de sa surface, la non-homogénéité de ses parties, l'aplatissement des pôles, peuvent faire varier l'intensité de cette attraction, mais cette variation est peu sensible.

La direction de la pesanteur est la ligne droite que suivent les corps en tombant, et on lui donne le nom de *verticale*. On la détermine par le *fil à plomb*. On appelle ainsi un fil auquel est suspendue une petite balle de plomb (*fig. 5*). Ce fil, étant fixé à son extrémité supérieure, prend naturellement la direction de la verticale une fois qu'il est abandonné à lui-même, puisque la balle de plomb, qui est à son extrémité inférieure, n'est sollicitée par aucune autre force que par la pesanteur elle-même.

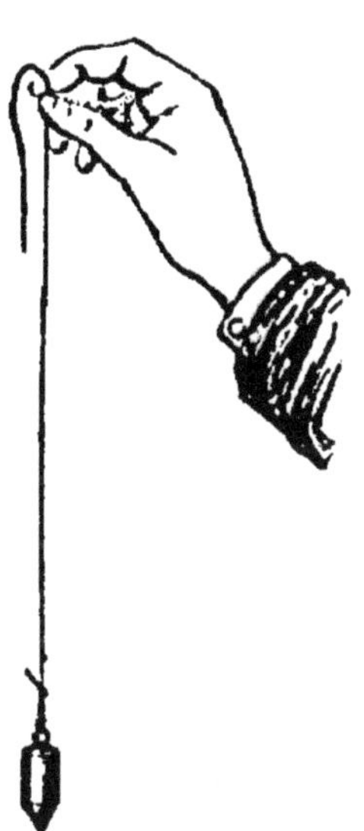

Fig. 5.

La verticale est perpendiculaire à la surface des eaux tranquilles, et la surface des eaux tranquilles est dite « horizontale » ou « surface de niveau ». La verticale d'un lieu coïncide avec le rayon de la terre mené par ce lieu. D'où il suit que les verticales de deux points différents du globe forment entre elles un angle, puisqu'elles concourent vers un même point, le *centre terrestre*; mais cet angle peut être regardé comme nul si les deux points sont peu distants l'un de l'autre.

3. Lois de la chute des corps. — Si l'on suppose que les corps tombent dans le vide, ou que l'air ne leur oppose aucune résistance, l'expérience et le calcul établissent à l'égard de leur chute les trois lois suivantes :

1° *Tous les corps tombent également vite quelle que*

soit leur nature. Si l'on voit des corps qui tombent moins vite que d'autres, ce n'est pas que la pesanteur exerce sur eux une moindre action, cela provient uniquement de ce que l'air qu'ils traversent oppose aux uns une résistance qu'il n'oppose pas aux autres. On en obtient la preuve en mettant dans un tube de verre privé d'air des corps de différente nature, comme du plomb, du liége ou du duvet. Si l'on retourne ce tube, ces corps tombent avec une vitesse égale, c'est-à-dire qu'ils parcourent ensemble le même espace dans le même temps (*fig.* 6).

Si l'on étend une balle de plomb en une feuille mince et bombée, cette lame tombera beaucoup moins vite que la balle elle-même. Cette différence ne provient pas de la pesanteur, puisque leur poids est le même ; elle provient donc de la forme de la lame elle-même, qui trouve plus de résistance dans l'air, sa surface étant beaucoup plus étendue. Sans cette résistance de l'air, qui divise l'eau dans sa chute et qui en ralentit le mouvement, l'eau en tombant produirait un choc très-violent. Si, après avoir rempli à moitié un tube de verre dans lequel on fait le vide au moyen de la machine pneumatique, on vient à le retourner vivement, l'eau, en tombant sur le fond, produit un coup sec comme le ferait un corps solide. C'est ce qui a fait donner à cet appareil le nom de *marteau d'eau.*

Fig. 6.

2° *La vitesse acquise par un corps qui tombe dans le vide est proportionnelle au temps pendant lequel il est tombé,* c'est-à-dire que dans un temps deux, trois, quatre fois plus considérable, la vitesse acquise est deux, trois, quatre fois plus grande.

3° *Les espaces parcourus par un corps qui tombe dans le vide sont proportionnels aux carrés des temps pendant lesquels ils ont été parcourus,* c'est-à-dire que si un corps tombe pendant 2, 3, 4 et 5 secondes, les espaces qu'il aura parcourus seront 4 fois plus considérables après la deuxième seconde, 9 fois après la troisième, 16 fois après la quatrième, et 25 fois après la cinquième. Ainsi, en supposant qu'un corps qui tombe librement ait parcouru 4ᵐ,9 dans la première seconde de sa chute, si l'on veut savoir quel espace il parcourra en 6 secondes, il suffira de multiplier 4ᵐ,9 par le carré de 6, qui est 36, et l'on obtiendra le nombre 176ᵐ,4 qui représentera l'espace parcouru.

Galilée découvrit ces lois de la chute des corps, à la fin du seizième siècle, et les exposa dans ses cours à l'université de Pise. On vérifie ces lois au moyen de deux appareils, qui sont : le plan incliné de Galilée et la machine d'Atwood.

4. Plan incliné de Galilée. — On appelle *plan incliné* tout plan qui fait avec un plan horizontal un angle moindre qu'un angle droit, comme la surface AB (*fig.* 7). Si le

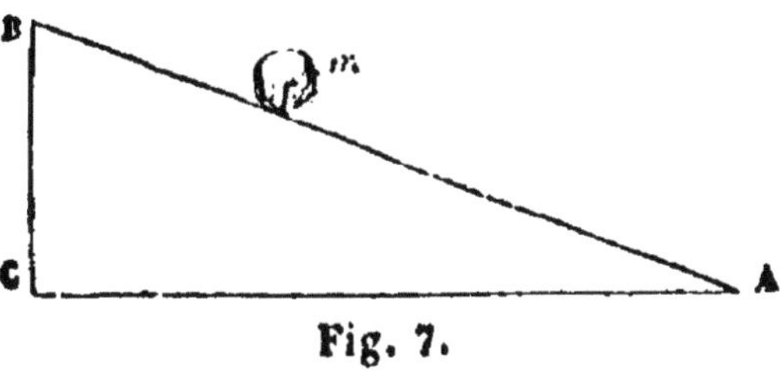

Fig. 7.

plan était horizontal, comme AC, un corps mobile

placé dessus, comme une boule, par exemple, resterait en repos ; si l'on faisait suivre au mobile la ligne verticale BC, sa vitesse aurait toute son intensité ; mais si le mobile *m* s'appuie sur le plan CAB, l'expérience démontre que la vitesse se ralentit d'autant plus que l'angle BAC est plus aigu. Toutefois, quoique le mobile soit ainsi soustrait à une partie de l'action de la pesanteur, la partie restante de cette action qui le sollicite à descendre est la même dans tous les instants, et les lois de la chute ne sont point altérées. C'est pourquoi Galilée eut recours à ce moyen ; parce qu'en ralentissant ainsi la vitesse de la chute, il put en observer plus facilement les lois. Il reconnut que le mobile parcourt, dans 2 secondes, un espace 4 fois plus grand que dans la première ; dans 3 secondes, 9 fois ; dans 4 secondes 16 fois plus grand.

5. Machine d'Atwood. — Les lois de la chute des corps s'observent encore mieux au moyen de la machine d'Atwood, ainsi appelée du nom de son inventeur, qui fut professeur de chimie à Cambridge, vers la fin du siècle dernier. Nous donnons (*fig.* 8), les pièces essentielles de cette machine.

On passe un fil très-fin sur une poulie extrêmement mobile, et on attache aux deux extrémités de ce fil deux poids P, Q, parfaitement égaux, de manière qu'ils se fassent équilibre dans toutes leurs

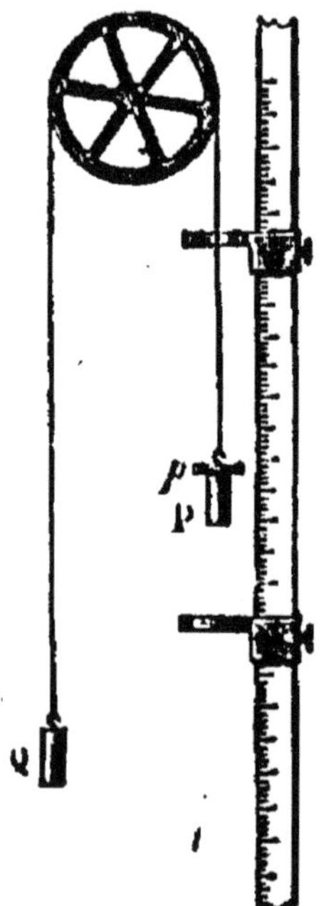

Fig. 8.

positions, qu'ils soient de niveau, ou que l'un soit plus élevé que l'autre. Si l'on ajoute à l'un d'eux une petite masse p, elle rompt cet équilibre ; mais, comme ce poids additionnel doit entraîner dans sa chute le poids sur lequel elle repose et faire mouvoir en même temps l'autre poids en sens contraire, il en résulte que son mouvement est très-ralenti, et qu'on peut plus facilement comparer les espaces parcourus avec les temps employés à les parcourir. Pour avoir le moyen de faire cette comparaison, il suffit de laisser descendre le poids chargé de la petite masse additionnelle devant une règle verticale, divisée en parties d'égale longueur. On trouve que si l'on prend sur cette règle des distances successives qui soient entre elles comme les nombres 1, 4, 9, 16, 25, etc., les temps correspondants marqués par le chronomètre seront entre eux comme les nombres 1, 2, 3, 4, 5, etc., ce qui est la vérification de la troisième loi.

Pour vérifier la deuxième loi, on donne à la masse additionnelle une forme allongée, de telle façon qu'elle reste sur un anneau, que le poids sur lequel elle repose traversera à une époque déterminée dela chute. Comme cette masse seule était soumise à la pesanteur, les poids, lorsqu'on l'enlève, se trouvent soustraits à cette force accélératrice, et ne peuvent plus avoir d'autre mouvement que celui qui leur vient de la vitesse précédemment acquise. Or, si l'on décharge le mobile après la première seconde de sa chute, on voit qu'après 2 nouvelles secondes il a parcouru un espace double ; après 3 autres secondes, un espace triple; et ainsi de suite : ce qui est conforme à la seconde loi, relative à la vitesse.

6. Intensité de la pesanteur. Causes de ses variations. — L'intensité de la pesanteur n'est pas la même pour tous les lieux de la terre. Les causes qui la font varier sont :

1° *L'élévation au-dessus du sol,* car l'attraction terrestre agissant en raison inverse du carré des distances, l'intensité de la pesanteur, qui est un effet de l'attraction, doit décroître ou croître selon que les corps sont plus ou moins éloignés du centre de la terre;

2° *La force centrifuge,* qui est contraire à la force active, puisqu'elle tend à éloigner les corps de l'axe de la terre, et qu'agissant en sens contraire de la pesanteur, elle affaiblit dans une certaine proportion les effets résultant de l'attraction terrestre; et comme cette force centrifuge diminue à mesure qu'on avance vers les pôles, l'intensité de la pesanteur augmente;

3° *L'aplatissement des pôles,* parce qu'à cet endroit, les corps étant plus rapprochés du centre de la terre qu'à l'équateur, l'attraction est nécessairement plus forte. L'instrument au moyen duquel on observe les variations de la pesanteur à la surface de la terre se nomme *pendule.*

7. Du pendule. — Tout corps solide, suspendu à un point ou à un axe horizontal autour duquel il peut osciller, reçoit le nom de *pendule.* Le pendule *simple* (*fig.* 9) serait formé d'un point matériel suspendu à un fil inextensible qui n'aurait pas de pesanteur. Ce pendule est idéal, car il est impossible de le réaliser dans la pratique. On s'en approche le plus possible en suspendant un corps d'une grande masse et d'un petit volume à un fil très-léger.

Tout autre pendule prend le nom de pendule *composé* ; tels sont les balanciers d'horloge (*fig.* 10). Dans le pendule simple, si le corps grave A (*fig.* 9), suspendu librement à un fil mobile autour d'un point fixe C, est dans la direction verticale de ce fil, suivant la ligne CA, il restera immobile. Si l'on vient à l'écarter de la ligne verticale, et qu'on le porte par exemple en B pour l'abandonner ensuite à lui-même, il ne restera plus immobile, mais la pesanteur le fera redescendre avec une certaine vitesse au point A. Arrivé à ce point, en raison de son inertie, il devra continuer de se mouvoir ; c'est ce qu'il fait en s'élevant en B'. Toutefois la pesanteur qui agissait sur le moteur comme force accélératrice, quand il est descendu de B en A, agit sur lui comme force retardatrice avec la même énergie, quand il monte de A en B'. C'est pour cela qu'au moment où le mobile a atteint une hauteur égale à celle d'où il est descendu, il a perdu toute sa vitesse. Mais la pesanteur, continuant d'agir, le fait descendre de la même manière de B' en A, et monter de A en B : ce mouvement serait indéfini si le frottement au point de suspension, et surtout si la résistance de l'air ne ralentissaient insensiblement le mouvement. On appelle *oscillation* le mouvement du mobile de B en B' et réciproquement. La grandeur de l'arc BAB'. dé-

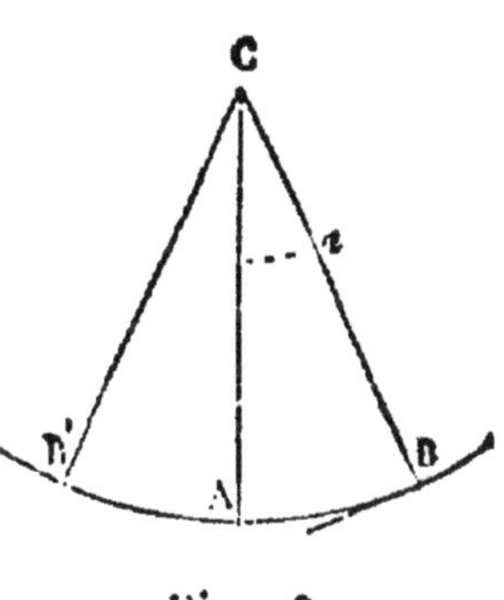

Fig. 9.

crit dans ce mouvement, est l'*amplitude* de l'oscillation.

8. **Lois du pendule.** — Les oscillations du pendule simple sont soumises aux quatre lois suivantes :

1° *Pour un même pendule, les petites oscillations sont isochrones,* — c'est-à-dire qu'elles se font dans le même temps, pourvu que l'amplitude ne dépasse pas 4 à 5 degrés. Galilée decouvrit le premier l'*isochronisme* des oscillations du pendule, et on dit qu'il fut conduit à cette découverte en examinant les mouvements d'une lampe suspendue dans la cathédrale de Pise.

2° *Pour des pendules de même longueur, la durée des oscillations est la même, quelle que soit la substance dont le pendule est formé.* — Ainsi, que les corps suspendus à des fils soient du fer, du liége, du plomb ou de l'or, la durée des oscillations sera la même, si les fils sont d'égale longueur. Ce fait prouve que la pesanteur agit également sur tous les corps, puisque, si son action n'était pas identique, elle ne communiquerait pas la même vitesse à des pendules de substance différente.

3° *Pour les pendules inégaux, la durée des oscillations est proportionnelle à la racine carrée de leur longueur.* (On appelle racine carrée d'un nombre celui qui, multiplié par lui-même, donnerait pour produit le nombre proposé.) — Ainsi des pendules dont les longueurs respectives seraient représentées par les nombres 1, 4, 9, 16, exécuteraient des oscillations dont les durées seraient 1, 2, 3, 4 fois plus grandes. Par conséquent, le pendule qui serait 4 fois plus long n'exécuterait qu'une oscillation, pendant que le premier en exécuterait 2 ; celui qui serait 9 fois plus long n'en exécuterait qu'une, tandis que le premier en exécuterait 3 ; et ainsi de suite.

4° En différents lieux de la terre, la durée des oscillations pour des pendules de même longueur est en raison inverse de la racine carrée de l'intensité de la pesanteur, — c'est-à-dire que si l'intensité de la pesanteur

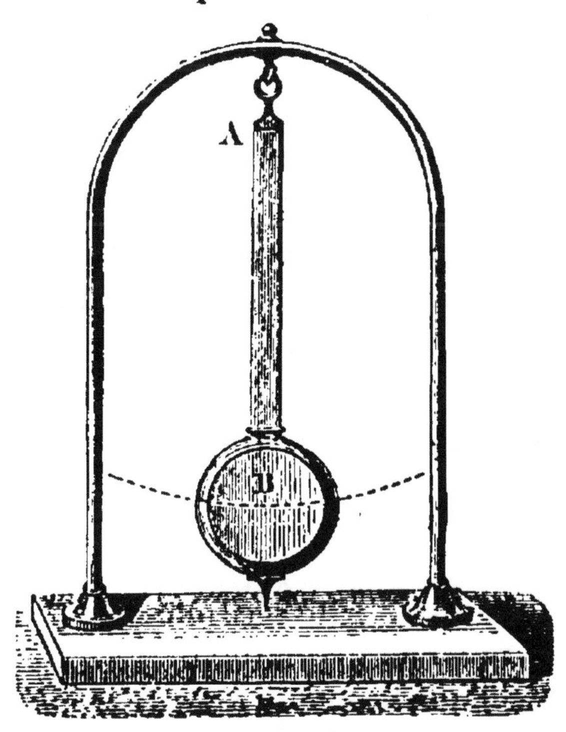

Fig. 10.

était représentée par les nombres 4, 9, 16, 25, etc., le pendule battrait 2, 3, 4, et 5 fois plus vite, c'est-à-dire ferait 2, 3, 4, 5 fois plus d'oscillations dans le même temps, et leur durée serait, par suite, 2, 3, 4 et 5 fois plus petite.

9. Applications du pendule. — Le pendule sert

à mesurer l'intensité de la pesanteur sur les différents points du globe. Il prouve qu'elle croît de l'équateur aux pôles, car on trouve que le même pendule bat d'autant plus vite que l'on s'éloigne davantage de l'équateur. L'intensité de la pesanteur varie aussi, selon que les lieux où l'on est sont plus ou moins élevés au-dessus du niveau de la mer. On a observé à Quito et sur le mont Pichincha (république de l'Équateur), qu'un même pendule bat d'autant plus lentement qu'on s'élève davantage.

Les oscillations isochrones du pendule donnèrent à Galilée l'idée de le faire servir à la mesure du temps. Mais ce fut un physicien hollandais, Huyghens, qui, en 1657, l'appliqua le premier, pour le faire servir de régulateur aux horloges, et qui, en 1673, imagina le ressort spiral des montres.

Tout récemment M. Foucault a fait servir le pendule à démontrer expérimentalement le mouvement de rotation de la terre.

QUESTIONNAIRE.

1. Qu'est-ce que la pesanteur ? Sur quels corps s'exerce-t-elle ? A quelles distances et à quelles profondeurs ?

2. Où tendent tous les corps ? Comment détermine-t-on la verticale ?

3. Quelle est la première loi de la chute des corps? — la seconde? — la troisième? Par qui ces lois ont-elles été découvertes ?

4. Qu'est-ce que le plan incliné de Galilée? A quoi sert-il ?

5. Décrivez la machine d'Atwood ? Comment démontre-t-elle la troisième loi de la chute des corps? Comment vérifie-t-elle la seconde ?

6. Quelles sont les causes qui font varier sur les divers points du globe l'intensité de la pesanteur? A l'aide de quel instrument étudie-t-on ces variations?

7. Qu'est-ce que le pendule sim-

ple? — le pendule composé? Quels sont les mouvements du pendule? Qu'appelle-t-on oscillation? Quelle est l'amplitude des oscillations?

8. Quelle est la première loi des oscillations du pendule? — la secon-de?—la troisième?—la quatrième?

9. A quoi sert le pendule? Quel usage en fit Galilée? Par qui fut-il appliqué comme régulateur? Quelle démonstration en a tirée récemment M. Foucault?

CHAPITRE III.

POIDS DES CORPS. — CENTRE DE GRAVITÉ. — LEVIER, BALANCE ET PESON ; POIDS SPÉCIFIQUE.

1. Poids des corps. — La *pesanteur* est la force générale qui attire tous les corps vers la terre. Le *poids* d'un corps est l'action qu'exerce sur lui la pesanteur, ou la pression que ce corps exerce sur l'obstacle qui le supporte et qui l'empêche de tomber.

Le poids d'un corps est proportionne l à la quantité de matière qu'il renferme. L'inégalité de pesanteur qui existe entre les corps provient de ce qu'ils sont plus ou moins denses, c'est-à-dire de ce qu'ils contiennent plus ou moins de matière sous le même volume, parce qu'il renferme plus de matière. La différence de densité détermine seule la différence de pesanteur qui existe entre les divers corps.

2. Centre de gravité. — Le centre de gravité d'un corps est un point intérieur tel que si l'on pouvait l'appuyer ou le soutenir, le corps resterait en équilibre. Toutes les molécules d'un corps étant soumises à l'action de la pesanteur, toutes les forces qui les sollicitent peuvent être conçues comme remplacées par une force unique qu'on appelle leur *somme* ou leur *résultante*, qui produirait à elle seule le même effet, et c'est le point par lequel passerait cette résultante qu'on nomme le *centre de gravité*.

3. Détermination du centre de gravité. — La position du centre de gravité dépend de la nature même des corps et de leur forme. Quand un corps est homogène et géométrique, son centre de gravité est assez facile à déterminer. Ainsi, dans une ligne droite, il est au milieu de la longueur ; dans un cercle ou une sphère, il est au centre ; dans un cylindre, il est au milieu de l'axe. Mais il n'en serait pas de même pour un corps composé de matières différentes. Ainsi, dans une boule qui serait partie en bois et partie en fer, le centre de gravité ne serait pas au milieu. La différence de forme produit aussi un changement, et c'est pour cela que, dans les êtres animés, le centre de gravité varie avec les attitudes qu'ils prennent.

La stabilité d'un corps dépend de la hauteur du centre de gravité et de la largeur de la base qui lui sert de point d'appui. Plus la base est large et plus le corps est stable, parce qu'il est plus difficile d'entraîner hors de son appui la verticale qui passe par le centre de gravité. De même, plus le centre de gravité est bas, c'est-à-dire rapproché de la base, moins la déviation est facile. C'est d'après ce principe qu'on charge fortement le fond des navires, et c'est ce qui explique pourquoi les chariots chargés de foin versent si facilement. Plus ils sont longs et hauts, plus le centre de gravité est élevé et, à la moindre inclinaison, la verticale tombe en dehors des roues et la voiture verse (*fig.* 11).

Si un homme est entraîné d'un côté par une impulsion quelconque ou par un poids accidentel, il se

Fig. 11.

rejette en sens contraire, pour ramener la verticale au centre de la base qu'il occupe et éviter une chute. Le vieillard courbé par l'âge et dont le centre de gravité se projette en avant des pieds, s'appuie sur un bâton pour étendre la base qui lui sert d'appui. C'est en vertu du même principe qu'on se penche en avant pour gravir une montagne, et que, portant un fardeau d'une main, on incline le corps du côté opposé.

Le *maximum de stabilité* pour un corps se présente lorsque son centre de gravité est enfermé dans sa base ; plus il s'en rapproche, plus l'équilibre est parfait, comme dans une pyramide. Quand une colonne penche d'un côté, on peut, en chargeant le côté opposé, ramener le centre de gravité dans la verticale qui passe par la base et consolider l'édifice. C'est ainsi que les tours penchées de Pise et de Bologne sont très-solides, quoiqu'elles aient été construites dans une position inclinée.

Le centre de gravité d'un corps peut se déterminer approximativement par l'expérience, de la manière suivante. On suspend à l'aide d'un fil, et par un point quelconque A de sa surface (*fig.* 12), le corps dont on veut déterminer le centre de gravité, puis, quand il est en repos, on trace sur lui une ligne AA suivant la direction du fil. Le centre de gravité

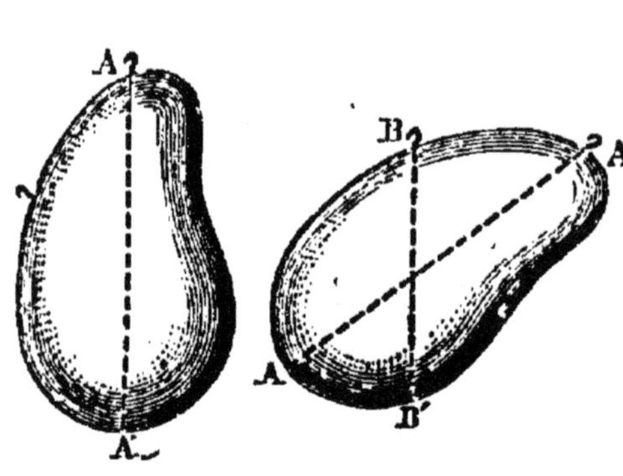

Fig. 12.

doit être sur cette ligne, car puisque le corps était en repos, c'est que son centre de gravité doit être soutenu, et par suite se trouver sur la direction du fil. On suspend alors le corps par un autre point B, et l'on trace de même la direction BB' du nouveau fil, direction sur laquelle doit encore se trouver le centre de gravité, qui, dès lors, est évidemment placé au point G d'intersection des deux lignes tracées sur le corps. Il est vrai de dire que ce procédé ne peut être réellement employé que pour les corps très-peu épais, car

on ne saurait prolonger dans l'intérieur du corps la
direction du fil, ce qu'il faudrait pourtant faire pour
opérer avec exactitude.

Les principales machines qui servent à déterminer le poids des corps ou à les équilibrer sont le levier, la balance et le peson.

4. Leviers. — Le *levier* est une machine dont on
se sert pour mouvoir ou soulever des fardeaux. Il
faut dans le levier distinguer trois choses : 1° un point

Fig. 13.

fixe, qui forme le *point d'appui*; 2° la *puissance* du levier, qui est constituée par l'effort que l'on fait pour
mouvoir le levier ; 3° la *résistance*, qui est le poids
que l'on veut soulever.

Le levier se modifie suivant la position respective
du point d'appui, de la puissance et de la résistance.
Il y a trois genres de leviers.

5. Leviers du premier genre. — Le premier
genre comprend tous les leviers dont le point d'appui
se trouve entre la puissance et la résistance. Dans la
figure 13, l'homme qui fait effort sur la barre est la
puissance, la pierre à soulever est la résistance, et le

tas de pierres sur lequel la barre s'appuie est le point

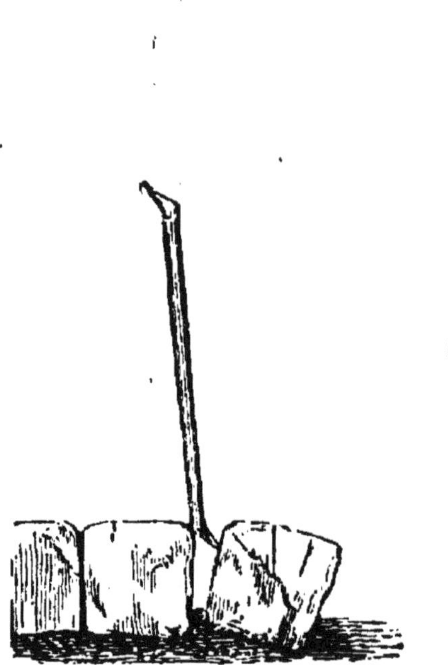

Fig. 14.

Fig. 15.

d'appui. C'est là le genre de levier le plus en usage

Fig. 16.

tels sont la balance, les tenailles et les ciseaux.
Dans ces derniers instruments (*fig.* 15), la charnière
est le point d'appui, l'objet qu'ils divisent est la résis-

tance, et la main qui les fait mouvoir est la puissance.
Nous parlerons plus loin de la balance, autre application du levier.

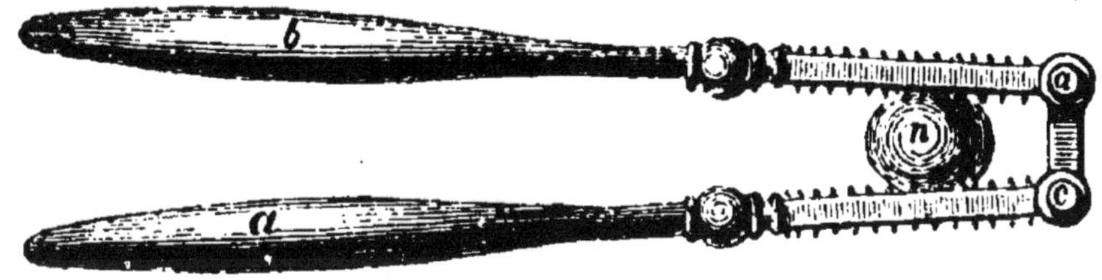

Fig. 17.

6. **Leviers du second genre.** — Le second genre
embrasse les leviers dans lesquels la résistance est entre le point d'appui et la puissance. Dans la figure 16,
qui représente un cas de ce genre, l'homme est la
puissance, la borne est le point d'appui, et la pièce de
bois soulevée (dont le poids porte, comme on le voit,
entre l'homme et la borne) est la résistance. Un levier

Fig. 18.

de ce genre exige plus de force que le précédent, mais
en revanche il agit plus vite. On peut classer dans
les leviers de ce genre les rames des bateliers, le
casse-noisettes (*fig.* 17), les brouettes (*fig.* 18) et les
charrettes à deux roues. Pour les bateliers, la résistance se trouve dans les bateaux qu'ils font mouvoir;
la puissance, dans l'effort de leurs bras; et leur point

d'appui, dans l'eau sur laquelle s'appuient leurs rames. Dans la brouette, le point d'appui est le sol

Fig. 19.

sur lequel elle roule, la puissance est dans les bras de celui qui la pousse, et la résistance est produite par l'objet qu'il s'agit de transporter. Plus le bran-

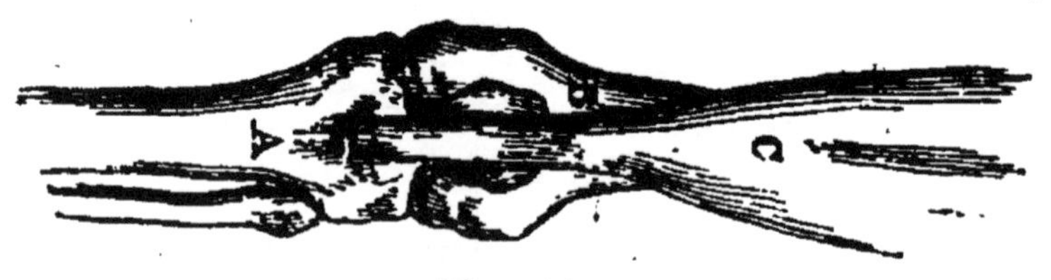

Fig. 20.

card de la brouette est long, et plus il est facile de lever le fardeau qu'on y a mis; mais la roue se trouvant par là même plus chargée, si le terrain est fangeux ou montant, on a plus de peine à la mouvoir.

7. Leviers du troisième genre. — Le troisième

genre comprend les leviers dans lesquels la puissance
est placée entre le point d'appui et la résistance.
Dans la figure 19, l'homme représente la puissance,
le sol est le point d'appui, et le poids de la pièce de
bois est la résistance; c'est de tous les leviers celui

Fig. 21.

qui exige le plus de dépense de force, c'est néanmoins
celui que la nature a employé dans la construction des
articulations de nos membres (*fig.* 20), dans l'attache
des tendons qui les font mouvoir, parce que c'est aussi
le système de leviers qui produit les mouvements les
plus étendus. Tels sont : les pinces (*fig.* 21), un loquet
de porte, la pédale d'une roue à filer. On se sert peu
de cette dernière sorte de leviers, parce qu'elle exige
une puissance plus grande que la résistance à vaincre. On n'emploie ces leviers que pour modifier ou
régler le mouvement de certaines pièces.

8. **Balances.** — La *balance* est un appareil destiné à comparer les poids des corps. Une balance ordinaire se compose d'un *fléau métallique a b* (*fig.* 22)
qui peut osciller librement autour d'un axe horizontal passant par son milieu, et de deux *plateaux* ou
bassins AB suspendus à ses deux extrémités. Ces bassins sont destinés, l'un à recevoir le corps que l'on
veut peser, et l'autre, les poids qui doivent lui faire
équilibre.

Pour qu'une balance soit juste, il faut que le fléau reste horizontal lorsque les plateaux sont vides. Il est nécessaire en second lieu que le *couteau*, ou *point d'appui*, soit exactement au milieu de la distance qui sépare les deux points de suspension des bassins, et que

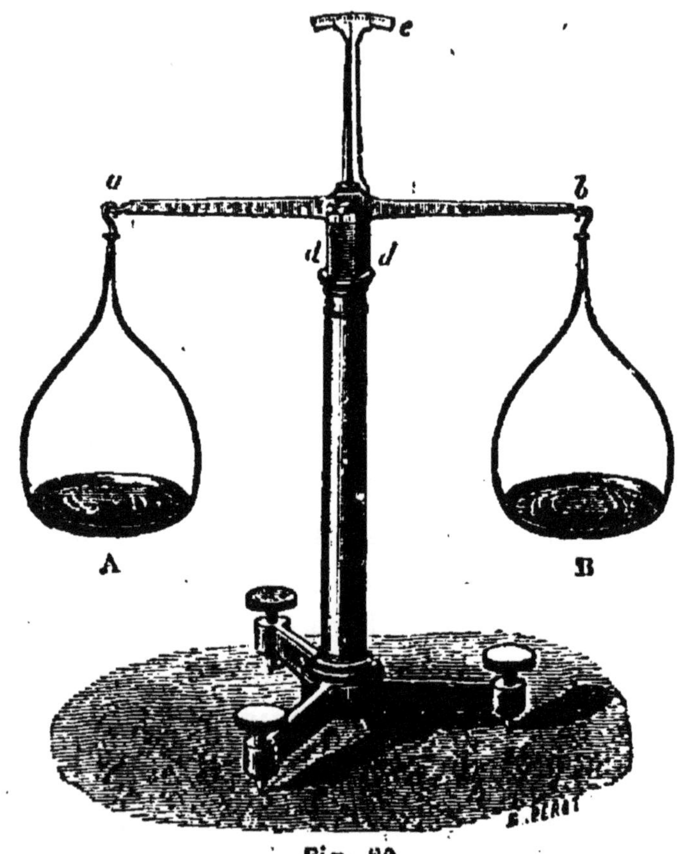

Fig. 22.

les deux bras de la balance soient ainsi d'égale longueur. Enfin, en troisième lieu, la balance doit être *sensible*, c'est-à-dire perdre facilement son équilibre du moment où il y a le plus léger excès de poids d'un côté ou de l'autre.

9. Double pesée de Borda. — Pour s'assurer de la

justesse d'une balance, on pèse d'abord la substance dont on veut connaître le poids ; on change ensuite les poids de bassin, c'est-à-dire qu'on les met dans le bassin où se trouvait la substance pesée, et réciproquement. Si la balance est exacte, l'équilibre doit se reproduire. Mais comme une balance parfaite est très-rare, on obvie à tous les inconvénients par la *méthode des doubles pesées*, imaginée par Borda. D'après cette méthode, on place dans l'un des bassins le corps que l'on veut peser, et on lui fait équilibre avec de la grenaille de plomb ou d'autres substances. Quand l'équilibre est bien établi, on retire le corps qu'on voulait peser, et on le remplace par des poids marqués, jusqu'à ce que l'équilibre s'établisse de nouveau. La somme de ces poids indique le vrai poids

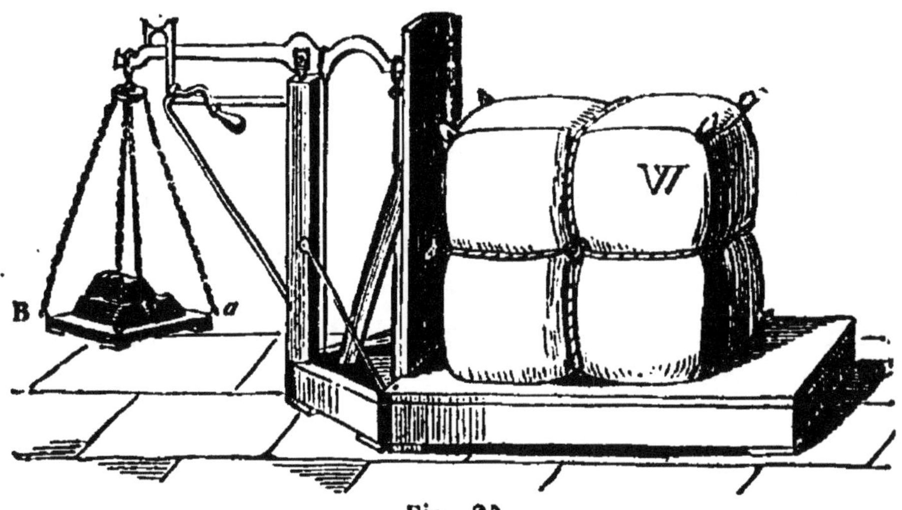

Fig. 23.

du corps, puisque, dans les mêmes circonstances, ils produisent le même effet que lui.

10. Balance de Quintenz. — Pour peser des corps très-lourds, on se sert dans les maisons de commerce et dans les gares des chemins de fer de la balance-bascule appelée *balance de Quintenz* (*fig.* 23).

La longueur inégale du levier permet de faire, avec des poids peu considérables, équilibre à d'autres poids qui sont bien supérieurs. La proportion que l'on observe dans ces balances est celle du dixième. Ainsi 4 kilog., placés dans le plateau *ab*, représentent un poids de 40 kilog. Ces balances sont d'un usage commode, parce que, faciles à transporter et n'occupant que peu de place, il est aisé de mettre dessus les objets que l'on veut peser, et qu'on n'a besoin que d'un très-petit nombre de poids pour peser les plus lourds fardeaux.

11. Balance romaine. — Dans les ménages on se sert de la *romaine*, qui n'est qu'un levier du premier genre à bras inégaux. Le petit bras est muni d'un crochet pour suspendre l'objet dont on veut connaître le poids, et d'un anneau par lequel on tient l'instrument. Le grand bras est divisé en parties égales, et porte un petit poids appelé *curseur*, chargé de tenir en équilibre le corps que l'on veut peser. La division à laquelle le curseur répond, quand l'équilibre est établi, indique le poids du corps suspendu au crochet.

12. Pesons. — On peut aussi apprécier la pesanteur respective des corps d'après la diversité des effets qu'ils produisent sur un même ressort. C'est d'après ce principe que sont construites les balances à ressort appelées *pesons*. La forme de ces instruments est très-variée, mais ils se composent tous d'un ressort d'acier que le poids du corps que l'on veut peser fait fléchir plus ou moins. On a indiqué sur un cercle gradué le poids que représente chacun des mouvements de ce ressort, mais on ne peut obtenir par le peson qu'une *évaluation approximative* qui ne permet pas d'apprécier de petites différences, comme celles qu'il importe de constater quand il s'agit, par exemple, de métaux précieux.

13. Poids spécifique des corps. — L'unité de poids adoptée en France est le *gramme*, qui est le poids d'un centimètre cube d'eau distillée prise à la température de 4°.

Le *poids spécifique*, ou *densité* d'un corps, est le nombre qui exprime combien de fois le poids d'un certain volume de ce corps est inférieur ou supérieur au poids d'un même volume d'eau. La masse d'un corps est proportionnelle à son poids spécifique ; car les divers corps n'ont des poids spécifiques inégaux que parce qu'ils contiennent, sous le même volume, des quantités inégales de matière. Voici la table des densités des corps les plus usuels, calculées par rapport à l'eau, dont on suppose la densité égale à 1, pour les solides et liquides, et par rapport à l'air, pour les gaz.

TABLE DES DENSITÉS.

Corps solides.

Eau	1,00	Cuivre	8,88
Platine écroui	23,00	Fer	7,21
Platine forgé	20,34	Diamant	3,53
Or forgé	19,36	Quartz	2,61
Or fondu	19,25	Verre blanc	2,50
Plomb	11,35	Glace fondante	0,93
Argent	10,47	Liége	0,24

Corps liquides.

Eau	1,00	Vin de Bourgogne	0,99
Mercure	13,59	Huile d'olive	0,91
Acide sulfurique	1,84	Alcool absolu	0,79
Acide azotique	1,51	Éther sulfurique	0,72

Corps gazeux.

Air	1,00	Oxygène	1,10563
Chlore	2,44	Azote	0,97137
Acide sulfureux	2,234	Hydrogène	0,06926
Acide carbonique	1,529	Vapeur d'eau	0,622

QUESTIONNAIRE.

1. Qu'est-ce que la pesanteur ? Qu'entend-on par le poids d'un corps ? D'où provient l'inégalité de la pesanteur des corps ?

2. Qu'appelle-t-on centre de gravité ? Qu'est-ce qui le détermine ?

3. De quelles causes dépend la stabilité des corps ? Faites l'application de ces principes à quelques faits usuels.

4. Qu'est-ce que le levier ? Que distingue-t-on dans le levier ?

5, 6 et 7. Combien y en a-t-il de genres ? En quoi consistent les leviers du premier genre ? — du second genre ? — du troisième genre ?

8. Qu'est-ce que la balance ? Quelles sont les conditions que doit remplir une bonne balance ? Comment vérifie-t-on une balance ?

9, 10, 11. En quoi consiste la méthode des doubles pesées ? Qu'est-ce que la balance-bascule ? Quels en sont les avantages ? Décrivez la romaine.

12. Qu'est-ce que le peson ? Donne-t-il une évaluation exacte ?

13. Quelle est l'unité de poids en France ? Qu'entend-on par le poids spécifique d'un corps ? Quelle est la pesanteur spécifique des principaux corps solides ? — des principaux corps liquides ? — des principaux corps gazeux ?

CHAPITRE IV.

EFFETS DE LA PESANTEUR SUR LES LIQUIDES.

1. Caractères généraux des liquides. — Un des caractères principaux des liquides, c'est la mobilité de leurs molécules, qui cèdent au plus léger effort et tendent sans cesse à se déplacer. C'est ce qui les rend fluides, et qui leur fait prendre avec la plus grande facilité la forme des vases qui les contiennent.

On a cru longtemps que les liquides étaient complétement incompressibles; mais diverses expériences faites en Angleterre par Canton, en 1761, par Perkins, en 1819; à Copenhague par Œrstedt, en 1823, ont démontré le contraire. Toutefois leur compressibilité est si peu sensible qu'on peut les considérer comme pouvant changer de forme sans changer de volume.

2. Principe d'égalité de pression. — C'est en partant de l'incompressibilité des liquides, qu'on a été conduit au *principe d'égalité de pression*, appelé aussi *principe de Pascal*, parce qu'il a été formulé pour la première fois par ce grand homme. Ce principe peut être ainsi énoncé : *Lorsqu'on exerce une pression en un point quelconque d'un liquide, cette pression se transmet sur tous les points, dans tous les sens, et avec une même intensité.*

Pour le démontrer, supposons (*fig.* 24) un vase

ABCD d'une forme quelconque, muni, perpendiculairement à sa paroi AD, d'un cylindre EFGH fermé par un piston mobile ; et admettons qu'on ait rempli

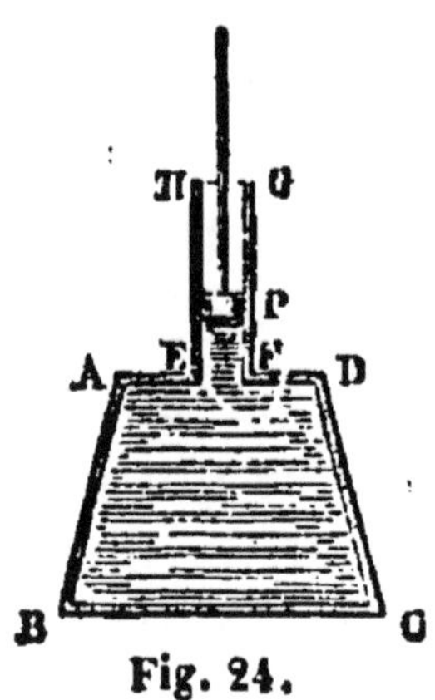

Fig. 24.

d'eau le vase dont il s'agit, ainsi que la portion du cylindre qui va jusqu'au piston. Si l'on vient à exercer une pression sur le piston pour l'enfoncer dans le cylindre, il communiquera cette pression à la tranche du liquide qui le touche immédiatement. Celle-ci la communiquera à la tranche placée au-dessous d'elle ; et ainsi de suite.

La pression se communique ainsi de tranche en tranche jusqu'au fond du vase. Elle se communique de plus, et avec une égale intensité, sur les parois latérales du vase, et, enfin, en sens inverse de son action primitive, c'est-à-dire de bas en haut ; de sorte que si la surface pressée par le piston a, par exemple, 10 centimètres carrés, et si elle supporte une pression de 1 kil., toute autre surface de 10 centimètres carrés supportera aussi une pression de 1 kil., une surface de 20, de 30 centimètres carrés supportera une pression de 2, de 3 kil. ; en un mot, *la pression transmise est proportionnelle à la surface qui la reçoit.*

3. **Pression sur le fond des vases.** — Les liquides, étant des corps pesants, exercent nécessairement une pression sur le fond des vases qui les contiennent. Cette pression ne dépend nullement de la forme des parois latérales du vase, mais uniquement

de l'étendue de surface du fond et de la hauteur de
la colonne verticale de liquide qui pèse sur cette
surface. Ce principe, connu sous le nom de *paradoxe*

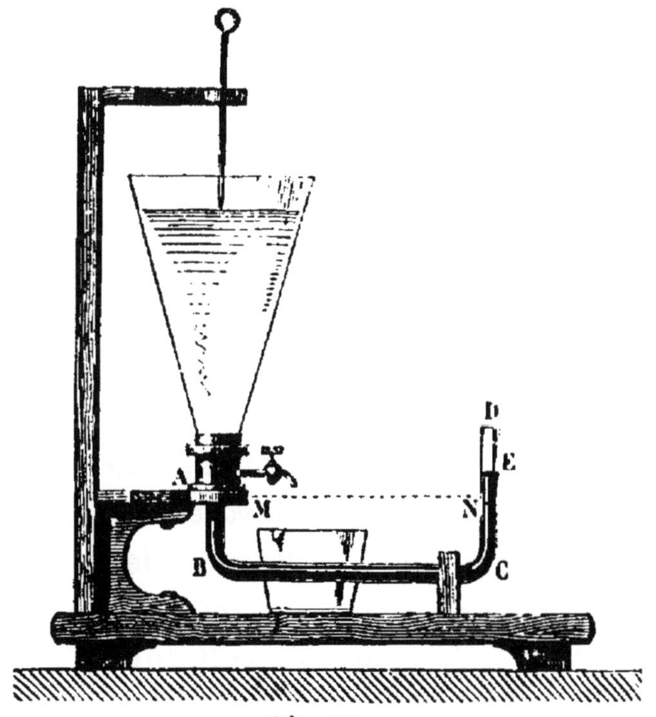

Fig. 23.

hydrostatique, se démontre par le calcul et se vérifie
par l'expérience.

4. Vérification du paradoxe hydrostatique. —
Un des appareils les plus simples pour cette vérification est celui de Haldat (*fig.* 23). Il se compose d'un tube de verre ABCD, terminé en A par
un réservoir en cuivre sur lequel peuvent se visser des vases de forme quelconque. On verse du
mercure jusqu'à une certaine hauteur MN, puis on
visse un vase sur le réservoir en cuivre et on y verse
une hauteur constante d'eau. Cette eau, pressant le

mercure qui forme un fond mobile et d'une grandeur constante pour les différents vases, le fait monter jusqu'à un point E, dans le tube CD. On remplace ensuite le premier vase par des vases de formes différentes, qui ont la même base et où l'eau s'élève à la même hauteur, mais qui contiennent des quantités d'eau plus ou moins considérables, suivant que les parois latérales ont été rétrécies ou élargies. Dans ce cas, on remarquera que le mercure s'élève encore au même point E; d'où l'on conclut que la pression exercée sur le fond mobile est restée la même, puisque c'est elle qui soulève la colonne de mercure dans le tube CD.

D'après ce principe, *pour calculer la pression exercée par un liquide sur le fond d'un vase, il suffit donc de connaître le poids de la colonne verticale de liquide qui presse sur le fond*, c'est-à-dire la surface du fond du vase et la hauteur verticale de la colonne du liquide. Le produit de cette surface par la hauteur du liquide et sa densité donne la valeur de la pression qu'il exerce sur le fond du vase.

En appliquant ce principe, on peut exercer des pressions considérables avec une faible quantité de liquide. Ainsi, par exemple, adaptons à un tonneau un tube vertical, très-long, mais très-étroit; si l'on remplit d'eau ce tube, le fond du tonneau supportera une pression considérable, égale à la surface même du fond du tonneau multipliée par la hauteur du liquide renfermé dans le tube. Il pourra même arriver que le tonneau ne puisse supporter cette charge et qu'il éclate sous cette pression.

5. Pressions latérales.— Les liquides n'exercent pas seulement une pression de haut en bas sur le fond des vases qui les contiennent, mais ils pressent encore les parois latérales de ces vases. Ces pressions ne sont qu'une conséquence du principe de Pascal, qui établit que *les liquides transmettent dans tous les sens les pressions exercées en un point quelconque de leur masse.* C'est en vertu de ce principe que, quand un vase est plein d'eau, il suffit de pratiquer une ouverture à la paroi du vase pour que le liquide s'en échappe. Le jet sera même d'autant plus vif et plus rapide que la distance de l'ouverture à la surface du liquide sera plus considérable. On calcule que la force de la pression latérale est égale au poids d'une colonne liquide qui aurait pour base la surface de la paroi baignée, et pour hauteur la distance verticale de son centre de gravité à la surface du liquide.

La pression latérale que les liquides exercent est cause que les digues élevées pour retenir les eaux d'un lac, d'un canal ou d'un étang, se rompent quelquefois sous la pression des eaux qu'elles avaient à contenir.

6. Pression de bas en haut.— Indépendamment de la pression de haut en bas que les liquides exercent par le poids de leurs molécules, qu'on peut considérer comme superposées les unes aux autres, ils sont encore soumis à une pression égale qui s'exerce en sens contraire, c'est-à-dire de bas en haut. Cette pression est une conséquence du même principe; *la pression se transmet dans tous les sens,* elle se

4

fait sentir aussi bien de bas en haut que de haut en bas. C'est par un effet de cette pression de bas en haut que l'eau pénètre dans un bateau percé par le fond. Cette pression se désigne sous le nom de *poussée des liquides*. Elle est sensible à la main, quand on plonge les doigts dans un liquide d'une grande densité, comme le mercure. Sa force est en proportion de la hauteur du liquide au-dessus du point où elle s'exerce.

7. Conditions d'équilibre des liquides. — Pour qu'un liquide soit en équilibre dans un vase quelconque, il faut qu'il satisfasse à deux conditions :

1° *Il est nécessaire que la surface libre du liquide soit perpendiculaire à la direction de la pesanteur qui sollicite ses molécules, c'est-à-dire soit horizontale.* Les surfaces liquides d'une petite étendue sont planes, parce que dans ce cas les verticales qui partent de tous leurs points sont parallèles. Mais quand il s'agit de surfaces d'une grande étendue, elles sont courbes, parce que les verticales qui aboutissent à leurs différents points forment des angles plus ou moins ouverts. Telle est la surface des mers : sa courbure est telle, qu'un navire étant à une grande distance, on n'aperçoit d'abord que la partie supérieure de la mâture, puis, à mesure qu'il se rapproche, la coque apparaît.

2° *Une molécule quelconque du liquide doit, pour qu'il soit en équilibre, éprouver dans tous les sens des pressions contraires, mais égales.* La nécessité de cette dernière condition est évidente. Car si une molécule éprouvait des pressions opposées, mais inégales, elle devrait obéir à la pression la plus forte, et l'équilibre serait détruit. Cette condition est d'ailleurs une conséquence du principe d'égalité de pression, et de la réaction que toute pression produit dans la masse des liquides.

8. Équilibre des liquides dans les vases communiquants. — Quand des vases qui communiquent entre eux reçoivent le même liquide, ce liquide s'élève dans tous ces vases à la même hauteur. Il est facile de se rendre compte de ce phénomène.

En effet, supposons dans l'intérieur du tube de communication BC (*fig.* 26), qui se trouve entre les deux vases AB et DC, une membrane mobile *nm* représentant une tranche liquide. Cette tranche liquide éprouve une pression dans le sens de B*m*, par laquelle le liquide tend à aller de gauche à droite, et elle éprouve une pression contraire dans le sens de C*m*, puisque par

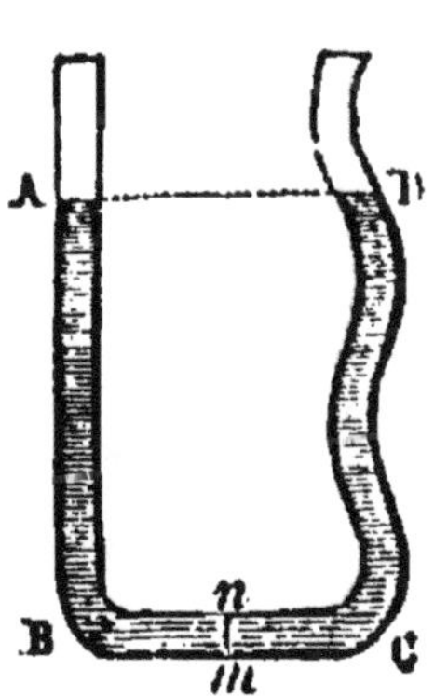

Fig. 26.

cette dernière le liquide tend à aller de droite à gauche. Les deux pressions contraires sont égales, puisque cette tranche liquide est en repos. Or, comme elles ont pour base commune la même tranche liquide, il faut qu'elles aient la même hauteur, et que la colonne verticale AB égale la colonne DC, quelle que soit la forme des vases dans lesquels le liquide se trouve renfermé.

Soient encore les trois vases A, B, C (*fig.* 27), de formes différentes, et qui communiquent entre eux. Si nous versons de l'eau dans l'un de ces vases, nous verrons aussitôt le liquide se répartir entre eux, à niveau égal.

C'est ce qui fait que l'eau s'élève à la même hauteur dans les puits qui communiquent ensemble.

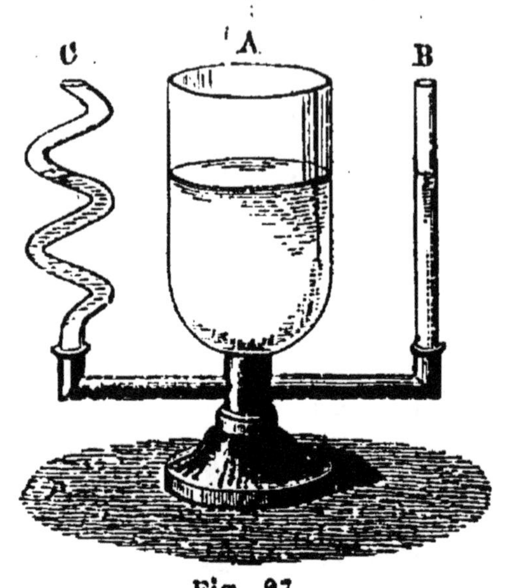

Fig. 27.

Les fontaines se dirigent vers les rivières, les rivières vont se jeter dans les fleuves, et les fleuves se rendent à la mer, parce que l'eau cherche continuellement son niveau. Les mers ne sont elles-mêmes que de grands vases communiquants dont les eaux seraient dans un équilibre parfait, si elles n'étaient agitées par les vents, les tempêtes ou les marées.

Si, dans un vase communiquant, on verse dans chaque branche un liquide de densité différente, celui des deux qui sera le plus dense, c'est-à-dire le plus lourd, exercera à une hauteur moindre une pression égale à celle qu'exerce le liquide le plus léger. Ainsi, le mercure, étant 14 fois plus lourd que l'eau, n'aura besoin que d'une hauteur 14 fois moindre pour faire équilibre à une colonne d'eau ; de là, la loi d'équilibre pour les liquides de densités différentes enfermés dans des vases communiquants, savoir : *que leurs hauteurs doivent être en raison inverse de leur densité;* le liquide 2 fois, 3 fois plus lourd, doit avoir une hauteur 2 fois, 3 fois moindre que la hauteur du plus léger.

9. Équilibre des liquides hétérogènes dans un même vase. — Quand un vase renferme des liquides *hétérogènes* ou de « nature différente, » il faut, pour qu'il y ait équilibre, que leurs surfaces de séparation soient horizontales comme la surface supérieure, et que les liquides soient superposés par ordre de densités croissantes de haut en bas. C'est ce qu'on démontre par la *fiole des quatre éléments*. On appelle ainsi un flacon dans lequel on met du mercure, de l'eau saturée de carbonate de potasse, de l'alcool coloré en rouge, et de l'huile de naphte. Quand on agite le flacon, ces quatre liquides se mélangent ; mais aussitôt qu'on laisse la fiole en repos, ils se superposent dans l'ordre suivant : le mercure descend au fond, comme le plus dense ; l'eau vient ensuite, puis l'alcool, et enfin l'huile de naphte, qui surnage au-dessus comme étant l'élément le plus léger.

QUESTIONNAIRE

1. Les liquides sont-ils incompressibles ?

2. Qu'est-ce que le principe de Pascal ? Démontrez ce principe.

3 et 4. Quelle est la force de la pression exercée par un liquide sur le fond d'un vase ? Qu'appelle-t-on paradoxe hydrostatique ? Son application ?

5. Quelle est la pression latérale qu'exerce le liquide sur les parois du vase qui le contient ? D'où provient-elle ? Par quels effets se manifeste-t-elle dans la nature ?

6. Les liquides exercent-ils une pression de bas en haut ? Comment cette pression se nomme-t-elle ? Quels en sont les effets ?

7. A quelles conditions un liquide pesant doit-il satisfaire pour être en équilibre ? En quels cas la surface des liquides en équilibre est-elle plane ?

8. Comment l'équilibre s'établit-il dans les vases communi-

quants, lorsqu'ils renferment le même liquide ? Prouvez que le liquide doit s'élever dans tous les vases à la même hauteur. Indiquez dans la nature une application de ce principe. Qu'arrive-t-il si l'on met dans des vases communiquants des liquides de densité différente ? A quelles conditions l'équilibre s'établit-il ?

9. Comment les liquides de densité différente s'équilibrent-ils, étant contenus dans un même vase ? Dans quel ordre se superposent-ils ?

CHAPITRE V.

DE LA PESANTEUR. — PRESSE HYDRAULIQUE, FONTAINES, PUITS, NIVEAU D'EAU, NIVEAU A BULLE D'AIR.

1. Presse hydraulique. —La *presse hydraulique* est une des applications les plus ingénieuses et les

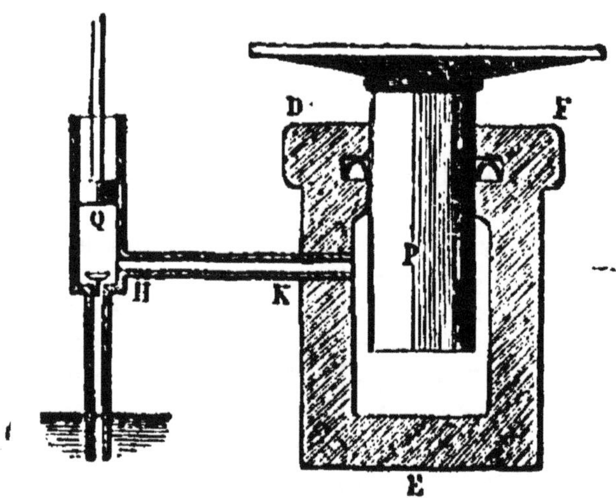

Fig. 28.

plus importantes du principe d'égalité de pression.

On en attribue l'invention à Pascal, mais la première presse hydraulique fut construite à Londres, en 1790, par le mécanicien Bramah.

Cette machine (*fig.* 28) se compose d'un grand corps de pompe DEF, à parois très-épaisses, qui communique avec une petite pompe aspirante et foulante au moyen du tuyau HK. Le grand corps de pompe est muni d'un piston P : c'est sur ce piston que la pression doit s'exercer. La tige de ce piston, destinée à transmettre la pression, est terminée par une plate-forme sur laquelle on place les corps à comprimer. Le piston transmettant à cette plate-forme mobile la pression qu'il reçoit, le corps que l'on veut comprimer se trouve serré entre cette plate-forme et un obstacle fixe sous lequel l'appareil est placé.

Pour se rendre compte de la puissance de cette machine, il faut remarquer qu'en faisant jouer le piston de la pompe aspirante et foulante Q, on refoule l'eau dans le grand corps de pompe DEF, et que la pression s'exerce de bas en haut contre la tête du piston P.

D'après le principe de Pascal, cette pression est proportionnelle à la base du piston P, de sorte que si ce piston offre une surface vingt ou cent fois plus grande que celle du piston Q, la pression exercée sur le piston P et transmise par lui est vingt fois ou cent fois plus grande que la pression exercée sur le piston Q. C'est ainsi qu'avec un effort peu considérable on arrive à produire un effet prodigieux.

Cette machine sert à éprouver les canons, les chaudières à vapeur ; à réduire le volume du foin, de la laine, du coton, pour en rendre plus facile le chargement sur les navires; à fouler les draps; à extraire le suc des betteraves et l'huile des plantes oléagineuses; elle tient aussi lieu de pressoir.

2. Fontaines publiques. — Pour distribuer l'eau dans les différents quartiers d'une ville, on se fonde sur la propriété des vases communiquants. Au moyen de machines à vapeur, ou par toute autre force, on élève l'eau dans un vaste réservoir ABC (*fig.* 29) placé

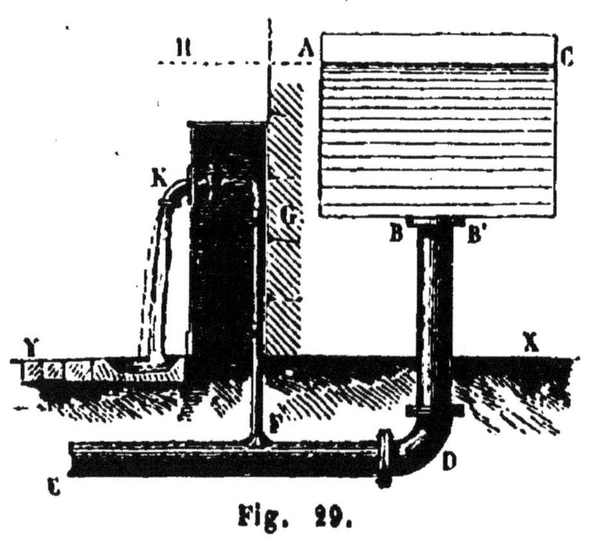

Fig. 29.

en un endroit qui domine toute la ville. Au fond de ce réservoir est un tuyau principal DE, auquel on peut ajouter des tuyaux secondaires que l'on dirige vers les rues et les places publiques. A l'endroit où l'on veut placer une fontaine, on adapte un tube vertical FG, et l'eau s'élève dans ce tube à peu près à la hauteur du niveau du réservoir principal. On peut ajuster des robinets à ces tubes verticaux comme K, à la hauteur qu'on désire, et l'on a autant de fontaines particulières. On conçoit que dans le cas où le réservoir est à une grande élévation, l'eau montera facilement à tous les étages des maisons et sera distribuée dans les appartements.

3. Jets d'eau. — La propriété des vases communiquants se manifeste encore dans les jets d'eau. L'eau qui jaillit d'une fontaine, d'un tuyau, ne s'élance en l'air que pour se mettre au niveau de son réservoir ; plus ce réservoir est élevé, plus le jet est puissant. Toutefois il ne peut jamais atteindre à la hauteur du réservoir. Cette altération du mouvement ascensionnel est due au frottement de l'eau contre les parois des tuyaux de conduite, et à la résistance de l'air. On peut se représenter un jet d'eau comme une colonne liquide s'écoulant par un tube recourbé dont la branche qui le termine est plus courte que celle qui communique au réservoir. La différence qui existe entre ces deux branches déterminera la hauteur du jet, en tenant compte de la dépression produite sur la colonne jaillissante par les deux causes que nous venons d'indiquer.

4. Puits artésiens. — Les puits artésiens sont également une application du même principe. Dans l'intérieur de la terre il existe des courants (*fig.* 30) qui glissent sous des couches imperméables, comme il s'en forme dans des sols argileux, et qui sont en communication avec des étangs ou des lacs situés dans des endroits beaucoup plus élevés. Si l'on creuse un trou D dans la terre jusqu'à l'endroit où se trouvent ces courants, l'eau s'élève et tend à monter en DA à la hauteur BC du lac ou de l'étang qui est son point de départ.

Si ce point de départ est plus élevé que le sol où l'on a creusé, l'eau est jaillissante et peut même atteindre à une assez grande hauteur. C'est ainsi que le puits de Grenelle, à Paris, creusé jusqu'à une profondeur de 548 mètres, a un jaillissement par un tuyau élevé de 38 mètres au-dessus du sol. Si l'endroit où le puits a été creusé est plus haut que celui d'où vient le courant qu'on a rencontré, l'eau ne jaillira pas, et il faudra la puiser comme dans les puits ordinaires.

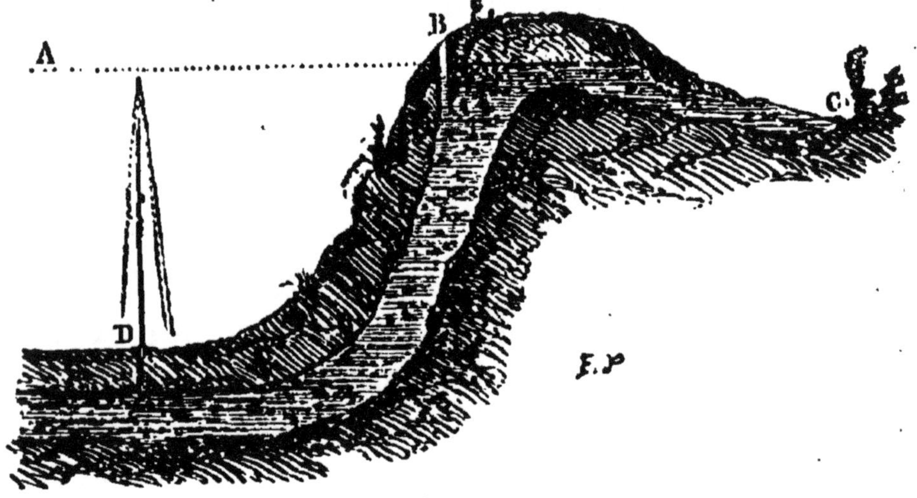

Fig. 30.

On a donné à ces puits le nom de *puits artésiens*, parce qu'ils ont été d'abord pratiqués dans l'Artois, où l'on en trouve qui remontent jusqu'au xiiie siècle. Mais on en a creusé à une époque beaucoup plus reculée en Chine et dans l'Égypte.

Les puits artésiens sont utilisés pour fournir de l'eau aux contrées qui en manquent, pour servir aux irrigations des prairies, ou pour alimenter une machine. En Algérie, ils rendent d'immenses services à la colonisation.

5. Niveau d'eau. — Le *niveau d'eau* est encore une application du principe d'équilibre dans les vases communiquants. Cet instrument se compose d'un tube métallique recourbé à ses deux extrémités, et terminé par deux vases de verre A et B à goulot étroit (*fig*. 31). Après avoir disposé cet appareil aussi horizontalement que possible sur un pied à trois branches, on y introduit de l'eau. Le liquide s'élevant toujours à la même hauteur dans les vases communiquants, un rayon visuel AB est horizontal, quelle que soit la position du tube, quand il rase les sommets des colonnes liquides. On se sert de cet instrument pour opérer les nivellements ou pour déterminer l'élévation d'un point par rapport à un autre. On peut connaître par là la pente d'un cours d'eau,

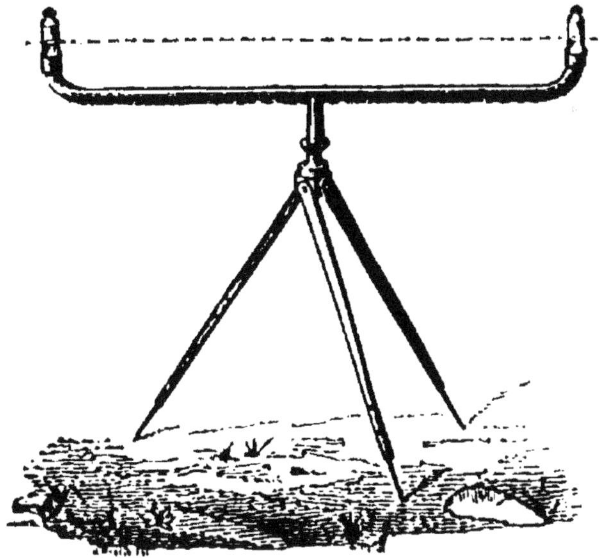

Fig. 31.

l'inclinaison d'une route, d'un chemin de fer, et l'on conçoit que cet instrument soit d'un fréquent usage.

6. Niveau à bulle d'air. — Le *niveau à bulle d'air* (*fig.* 32) est un simple tube de verre rempli d'eau ou d'alcool, dans lequel on a conservé une petite bulle

Fig. 32.

d'air. Cette bulle, en raison de sa légèreté spécifique, tend toujours à occuper la partie la plus élevée : il s'ensuit que si l'on place le niveau sur une surface horizontale, la bulle se tient au milieu du tube. Au contraire, si le plan est incliné, la bulle remonte vers la partie la plus haute. Pour que ce tube ne se brise pas, on le renferme dans un étui en cuivre, percé à sa partie supérieure d'une rainure qui permet de suivre tous les mouvements de la bulle d'air. Cet étui est lui-même fixé sur un support en cuivre parfaitement dressé, et c'est ce support que l'on pose sur le plan que l'on veut examiner. On a marqué zéro au milieu du tube pour indiquer le cas où l'horizontalité du plan est parfaite ; enfin, de chaque côté sont tracées des divisions égales, qui permettent d'apprécier avec précision le degré d'inclinaison du plan que l'on observe. Ce niveau permet de constater les différences d'inclinaison les plus légères ; il est beaucoup plus sensible et plus précis que le niveau d'eau, qui est destiné à des opérations moins minutieuses.

QUESTIONNAIRE.

1. Quel est le principe appliqué dans la presse hydraulique ? Décrivez cette machine. Quelle est sa force ? A quel usage est-elle employée ?

2. Sur quel principe s'appuie-

t-on pour diriger l'eau dans les fontaines au milieu des villes ? Décrivez le système général de ces fontaines. A quelle hauteur l'eau peut-elle monter ?

3. Comment doit-on se représenter les jets d'eau ? A quelle hauteur s'élèvent-ils ?

4. Sur quel principe sont fon-dés les puits artésiens ? A quoi peut-on les assimiler ? Dans quels cas sont-ils jaillissants ?

5. Qu'est-ce que le niveau d'eau ? Décrivez-le. Quel usage en fait-on ?

6. Qu'est-ce que le niveau à bulle d'air ? Décrivez-le. Quels sont ses usages?

CHAPITRE VI

CORPS PLONGÉS DANS LES LIQUIDES.

1. Principe d'Archimède.— Quand un corps est plongé dans un liquide, il est soumis à l'action de deux forces opposées; d'un côté, son propre poids tient à le faire aller au fond ; de l'autre, la *poussée du liquide*, ou son action de bas en haut, tend à le faire monter à la surface. Cette action est égale au poids même du volume d'eau que le corps immergé a déplacé, et comme elle est contraire à l'action

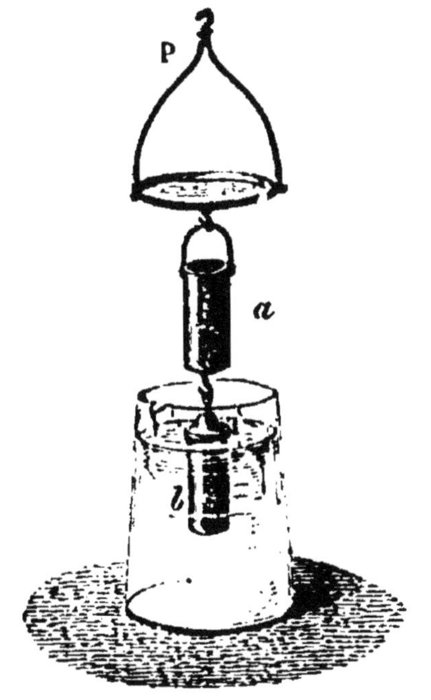

Fig. 33.

que la pesanteur exerce sur le corps lui-même, il s'ensuit qu'elle la détruit en tout ou en partie. C'est ce principe qu'Archimède a formulé en disant qu'un *corps plongé dans un liquide y perd une partie de son poids égale au liquide qu'il déplace.*

2. Balance hydrostatique. — Ce principe peut se démontrer directement au moyen de la *balance hydrostatique* (*fig.* 33). Cette balance est une balance ordinaire, dont l'un des plateaux est muni d'un petit crochet. A ce crochet on suspend un cylindre creux en laiton, puis au-dessous de ce cylindre, un cylindre massif dont le volume est égal au volume intérieur du cylindre creux. On met, dans l'autre plateau de la balance, le nombre de poids nécessaire pour établir l'équilibre, et l'on fait ensuite plonger le cylindre massif dans l'eau. L'équilibre est aussitôt rompu et la balance penche du côté des poids. Pour rétablir cet équilibre, il suffit de verser de l'eau dans le cylindre creux jusqu'à ce qu'il soit complétement rempli; on voit donc que le cylindre massif plongé dans l'eau *a perdu une partie de son poids égale au poids du volume d'eau qu'il a déplacé.*

3. Conséquences du principe d'Archimède. Corps flottants. — D'après le principe d'Archimède, si le poids d'un corps immergé l'emporte sur le poids du volume du fluide qu'il déplace, ce corps ira au fond, mais la force qui l'entraînera ne sera que la différence entre son poids et le poids du fluide qu'il aura déplacé. C'est pour cela que certains corps plongés dans l'eau ne vont que lentement au fond.

Si le poids du corps immergé est absolument égal au poids du liquide qu'il déplace, il restera en suspens dans ce liquide, comme le ferait le liquide qu'il a déplacé. C'est ainsi qu'une boule de cire, de l'ambre et des résines en poudre peuvent rester en suspens au milieu de l'eau.

Mais si le poids du corps immergé est inférieur au poids du liquide qu'il déplace, il est poussé vers la surface de ce liquide, où il reste flottant. C'est ainsi que le bois en général, le liége, la glace, restent à la surface de l'eau. Le fer, le marbre et presque tous les autres corps qui vont au fond de l'eau, flottent, en vertu de ce principe, sur le mercure, parce que ce liquide est beaucoup plus dense.

Toutefois, on pourrait faire flotter sur l'eau (et en général sur tous les liquides), les corps les plus denses, à condition de leur donner un poids très-réduit sous un très-grand volume. Le volume de liquide qu'ils déplaceraient dans ce cas ayant un poids supérieur au leur, ils doivent surnager. C'est ainsi qu'une sphère creuse de platine, représentant un volume de 100 litres d'eau et ne pesant que 60 kilogr., ne s'enfoncera dans l'eau que de 60 décimètres cubes, parce que le poids du volume d'eau qu'elle déplacera est égal à son poids à elle, et que l'équilibre s'établit. C'est aussi d'après le même principe qu'on peut placer sur des radeaux les plus lourds fardeaux sans qu'ils cessent d'être flottables sur la rivière ou sur la mer.

4. Conséquences du principe d'Archimède. Détermination du volume des corps. — D'après le principe d'Archimède, il est facile de déterminer le volume d'un corps, quelle que soit l'irrégularité de sa forme. En effet, en pesant successivement le même corps dans l'air et dans l'eau, la différence qui se trouve entre ces deux poids indique le poids et le volume de l'eau qu'il a déplacée. Ce poids d'eau étant exprimé en grammes, on passe facilement du poids de l'eau à son volume, puisqu'on sait que le gramme d'eau représente un centimètre cube. Par conséquent, si le poids de l'eau déplacée par le corps dont on veut connaître le volume est de 250 grammes, on en conclura que le volume de l'eau, et par suite, le volume de ce corps est de 250 centimètres cubes.

5. Conséquences du principe d'Archimède. Densité des corps. — Pour déterminer la densité d'un corps, il suffit de connaître le rapport qu'il y a entre son poids et le poids d'un égal volume d'eau. Quand il s'agit d'un corps solide, on peut opérer par la balance hydrostatique ou par ce qu'on appelle la *méthode du flacon.*

Cette méthode consiste à prendre un flacon à large goulot qui se ferme hermétiquement, à l'émeri. On le remplit d'eau distillée à 4°, et on pèse avec une balance ordinaire. On met ensuite dans ce flacon le corps dont on veut connaître la densité et dont on a d'avance déterminé le poids; il en fait sortir une quantité d'eau égale à son volume. On bouche ensuite le flacon et on le pèse de nouveau : la différence qui existe entre les deux poids exprime le poids du volume d'eau égal au volume du corps. Supposons, par exemple, que le corps introduit dans le flacon soit un lingot d'or de 57 grammes ; que le flacon plein d'eau ait pesé 100 grammes : total 157. Supposons encore que, une fois le lingot enfermé dans le flacon, le poids total est de 154 grammes, la perte de poids (3 grammes) représentera le poids de l'eau déplacée. Il en résulte que la densité de l'or est de 57 divisé par 3, c'est-à-dire qu'elle est 19 fois plus grande que celle de l'eau. D'où l'on déduit cette formule : *que la densité d'un corps est le quotient qui résulte de son poids divisé par le poids d'un volume d'eau égal au volume du corps.*

Pour les liquides, le procédé est encore plus simple. On pèse un flacon après l'avoir rempli d'eau distillée à 4°; on en retranche le poids du flacon, poids qui est connu d'avance; on verse ensuite cette eau et on y substitue le liquide dont on veut connaître la densité. On pèse ce liquide et, en divisant le poids du liquide par celui de l'eau, on obtient la densité. Veut-on, par exemple, connaître la densité de l'huile ? on pèse un flacon rempli d'eau, puis, versant l'eau, on le remplit d'huile et on le pèse de nouveau. Ayant trouvé que le poids de l'eau est de 250 grammes, et celui de l'huile de 235, on divise 235 par 250 ; le quotient 0,92 exprime la densité cherchée.

6. Aréomètres. — Pour déterminer promptement le poids spécifique des corps solides ou liquides, on se sert, dans le commerce et pour les recherches minéralogiques, de petits flotteurs qu'on nomme arćomètres *à volume constant* et aréomètres *à poids constant.*

Les aréomètres *à volume constant* sont des flotteurs qu'on fait toujours pénétrer jusqu'au même point dans les liquides, en exerçant sur eux une pression suffisante. — Les aréomètres *à poids constant* sont des flotteurs qui ont toujours le même poids, et qui par conséquent s'enfoncent plus ou moins dans les liquides, selon que ceux-ci sont plus ou moins denses. Parmi les premiers nous décrirons l'aréomètre de Fahrenheit et celui de Nicholson.

7. Aréomètres à volume constant. Aréomètre Fahrenheit. — Fahrenheit, physicien célèbre, naquit à Dantzick en 1686, et mourut en 1740. Son appareil, destiné à peser les liquides, consiste en un cylindre de verre (*fig.* 34) terminé par une tige très-déliée qui porte une capsule dans laquelle on peut mettre des poids. A l'extrémité inférieure du cylindre est suspendue une petite boule à moitié pleine de mercure, pour que l'instrument se tienne verticalement dans le liquide au milieu duquel il doit

être plongé. Quand on veut connaître la densité d'un liquide, on y plonge cet appareil, et on le charge de poids afin qu'il enfonce jusqu'au point A : on s'arrête à ce point, qu'on appelle *le point d'affleurement.* Le poids de la masse du liquide déplacé par l'instrument égale les poids dont on a chargé la capsule ajoutés au poids de l'instrument lui-même; on plonge ensuite l'instrument dans un vase rempli d'eau distillée à 4°,

Fig. 34. et on obtient de la même manière le poids de ce volume d'eau. Pour arriver à la densité demandée, il suffit d'appliquer la formule que nous avons donnée plus haut, c'est-à-dire *diviser le poids du liquide par le poids du volume d'eau : le quotient exprimera la densité réelle.*

8. Aréomètres à volume constant. — Aréo-

mètre de Nicholson.—Nicholson, célèbre chimiste et physicien anglais, naquit à Londres en 1753, et mourut en 1815. Il fit subir à l'appareil de Fahrenheit une modification qui le rendit propre à déterminer la densité des solides. Son aréomètre se compose d'un cylindre creux en cuivre ou en fer-blanc (*fig.* 35). Ce cylindre porte, à sa partie inférieure, un cône K qu'on remplit de grenaille de plomb pour lester l'instrument et lui faire conserver son équilibre dans le liquide où l'on doit le plonger. A sa partie supérieure, il est terminé par une tige déliée portant en A un point d'affleurement, et surmontée d'une capsule destinée à

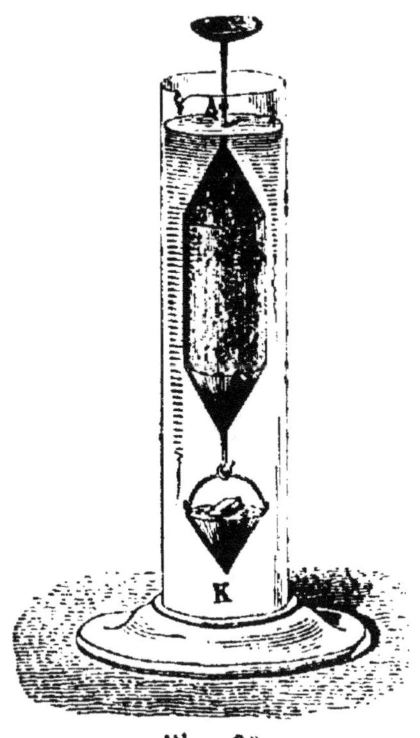

Fig. 35

recevoir le corps solide dont on veut chercher la densité. Pour expérimenter avec cet instrument, on plonge le cylindre dans un vase presque rempli d'eau ; on place sur la capsule le corps que l'on veut examiner, et on y ajoute des poids non marqués jusqu'à ce que le flotteur descende au point A d'affleurement. On enlève ensuite le corps dont on veut connaître la densité, et on le remplace par des poids marqués jusqu'à ce que le niveau arrive de nouveau au point A. Les poids marqués expriment le poids du corps lui-même, puisqu'ils produisent la même pression que lui. Il n'y a donc plus qu'à connaître le poids du volume d'eau égal au corps qu'on observe. On enlève le corps qui était placé dans la capsule supérieure, et on le met dans la cuvette inférieure; on remarque alors que l'instrument n'affleure plus, quoique l'ensemble soit toujours le même. Cette différence provient de ce que le corps examiné a perdu, lorsqu'il a été immergé, une partie de son poids égale, suivant le principe d'Archimède, au poids du volume de l'eau qu'il a déplacée. On n'aura donc qu'à placer des poids marqués dans la capsule supérieure jusqu'à ce que l'affleurement se reproduise, et ces poids indiqueront le poids d'un volume d'eau égal à celui du corps dont on cherche la densité. Pour compléter l'opération, il n'y aura plus qu'à *diviser le poids du corps par le poids de l'eau, et le quotient donnera la densité demandée.*

Enfin, si le corps est plus léger que l'eau, on le fixera dans la cuvette inférieure au moyen d'une petite grille qui l'empêchera de remonter à la surface du liquide.

9. Aréomètres à poids constant. Aréomètre de Baumé. — Les aréomètres *à poids constant* ne sont pas destinés à mesurer les densités des liquides, mais à indiquer seulement si les dissolutions salines sont plus ou moins saturées, si les acides ou les alcools sont plus ou moins concentrés. On les appelle vulgairement *pèse-sels, pèse-acides, pèse-liqueurs.* Un des appareils les plus répandus est celui que construisit Baumé, pharmacien à Paris, mort en 1804. Il consiste en un tube de verre (*fig.* 36), fermé à son extrémité supérieure et terminé à l'extrémité inférieure par une boule remplie d'air, au-dessous de laquelle se trouve une boule plus petite pleine de mercure. Cette petite boule sert de lest à l'instrument, et lui permet de conserver un équilibre stable et une direction verticale dans les liquides. L'aréomètre de Baumé est gradué différemment, suivant qu'il s'agit de l'employer pour des liquides plus ou moins denses que l'eau.

Pour les liquides plus denses que l'eau, on règle le poids de l'instrument de manière qu'il plonge dans l'eau distillée à 4°, presque jusqu'à l'extrémité supérieure de sa tige, et on marque zéro au point d'affleurement. On fait ensuite une dissolution de 85 parties d'eau et de 15 parties de sel marin ; on plonge l'instrument dans cette dissolution, et on marque 15 au point d'affleurement. On divise ensuite en 15 parties égales l'espace qui se trouve entre 15 et 0, et on continue ces divisions tout le long de la tige, jusqu'à la boule qui la termine. Ces divisions sont marquées sur une petite bande de papier placée dans l'intérieur de la tige.

Fig. 36.

Cet appareil sert à apprécier la densité relative des sels et des acides; car plus une dissolution saline est saturée de sel, ou plus un acide est concentré, et moins le flotteur s'enfonce, parce que le liquide qu'il déplace a plus de densité.

Pour les liquides moins denses que l'eau, le zéro

est placé au bas de la tige. On plonge l'instrument dans une dissolution de 90 parties d'eau et de 10 parties de sel marin, et on marque zéro au point d'affleurement. On le plonge ensuite dans l'eau distillée à 4°, puis on marque 10 au point d'affleurement. On divise ensuite en 10 parties égales l'intervalle compris entre ces deux points, et on prolonge la division jusqu'à l'extrémité supérieure du tube. Cet appareil constitue ce qu'on appelle le *pèse-liqueurs* ou le *pèse-esprits*. Plus une liqueur est riche en alcool et plus l'aréomètre s'y enfonce.

10. Alcoomètre centésimal de Gay-Lussac. — Gay-Lussac a perfectionné l'aréomètre de Baumé, en le construisant de manière à indiquer la quantité d'alcool contenue dans un mélange d'alcool et d'eau. Cet instrument ne diffère de l'aréomètre de Baumé que par la manière dont il est gradué (*fig.* 37). Pour le graduer, on le plonge d'abord dans l'alcool pur, et l'on marque 100 à l'extrémité supérieure du tube, au point A de l'affleurement. On le plonge ensuite dans l'eau pure, et on marque 0 à l'endroit où il affleure. Pour obtenir ensuite les degrés intermédiaires, on le plonge successivement dans des mélanges où il entre 95, 90, 85, 80, etc. parties d'alcool pur avec 5, 10, 15, 20, etc. parties d'eau. On marque les nombres 95, 90, 85, 80, etc. aux divers points d'affleurement. Les intervalles compris entre ces différentes sections sont divisés en 5 parties égales. Par conséquent, quand l'alcoomètre,

Fig. 37.

plongé dans un mélange d'eau et d'alcool, s'enfonce jusqu'à 45°, ce mélange contient 45 parties d'alcool pur sur 100, c'est-à-dire les 45 centièmes de son volume. Cet instrument est fréquemment employé dans le commerce pour apprécier la force des esprits-de-vin, des eaux-de-vie et des liqueurs.

QUESTIONNAIRE.

1. A quelles forces un corps est-il soumis quand il est plongé dans un liquide? Quel est le principe d'Archimède?

2. Comment peut-on démontrer ce principe? Décrivez la balance hydrostatique.

3. Quelles sont les conséquences qui résultent du principe d'Archimède? En quel cas un corps plongé dans un liquide va-t-il au fond? Dans quel cas reste-t-il en suspens au milieu de ce liquide? En quel cas flotte-t-il à la surface? Tous les corps, quelle que soit leur densité, peuvent-ils être rendus flottants?

4 et 5. Comment le principe d'Archimède permet-il de connaître le volume d'un corps, quelle que soit l'irrégularité de sa forme? Comment s'y prend-on pour déterminer la densité des corps solides? Indiquez la méthode du flacon. Quelle est la formule qui conduit à la connaissance de cette densité? Comment connaît-on la densité des liquides?

6. A quoi servent les aréomètres? De combien de sortes en distingue-t-on?

7. Décrivez l'aréomètre de Fahrenheit? Comment arrive-t-on à connaître la densité d'un liquide à l'aide de cet appareil?

8. En quoi consiste l'appareil de Nicholson? Quel usage en fait-on? Comment peut-on déterminer la densité d'un corps solide à l'aide de cet instrument?

9. Quel est le plus répandu des aréomètres à poids constant? Quel usage en fait on? Décrivez l'aréomètre de Baumé. Comment est-il gradué pour peser les sels et les acides plus denses que l'eau? Comment le gradue-t-on pour peser les liqueurs moins denses que l'eau?

10. A quoi sert l'alcoomètre centésimal de Gay-Lussac? Comment est-il gradué? Ses usages.

CHAPITRE VII

EFFETS DE LA PESANTEUR SUR LES GAZ.

1. De l'atmosphère. — Les anciens regardaient l'air comme un des quatre éléments, mais Lavoisier a prouvé, en 1775, que ce gaz est un mélange d'azote et d'oxygène, dans la proportion de 20,80 d'oxygène et de 79,20 d'azote. Indépendamment de ces deux gaz, l'atmosphère renferme du gaz acide carbonique et de la vapeur d'eau, mais en petite quantité relativement aux deux autres gaz. L'acide carbonique provient de la respiration des animaux, des combustions et de la décomposition des substances organiques. La vapeur d'eau varie avec les changements de saison et les différences de sol et de climat.

On appelle *atmosphère* la couche d'air qui enveloppe notre globe et qui est emportée avec lui dans l'espace. La couche atmosphérique a de 60 à 80 kilomètres de hauteur.

L'air atmosphérique est un gaz pesant, et il obéit, comme corps matériel soumis à la pesanteur, aux mêmes lois que les liquides, c'est-à-dire que, *comme corps pesant, il exerce une pression sur la surface du globe, et que cette pression est proportionnelle à la hauteur de l'atmosphère, et qu'elle est constante sur une même couche horizontale.* Comme on peut se représenter un liquide divisé en tranches horizontales exerçant les unes sur les autres

une pression, de manière que la tranche inférieure supporte tout le poids des tranches supérieures, de même on peut considérer l'atmosphère
comme divisée en tranches horizontales superposées.
A mesure qu'on s'élève, le nombre de ces tranches
diminuant, le poids qu'elles supportent est moindre,
et c'est ce qui fait que l'air décroît en densité.

2. **Pesanteur de l'air.** — Pour se rendre compte
de la pesanteur de l'air, on pèse un ballon de
verre rempli d'air et d'une capacité de trois à
quatre litres. Au moyen de la machine pneumatique,
on enlève l'air qu'il renfermait et on le pèse de nouveau. La différence des deux poids fait connaître le
poids de l'air qu'on en a retiré.

Galilée reconnut le premier la pesanteur de l'air.
Les anciens physiciens avaient bien remarqué que
l'eau remontait d'elle-même dans un tube privé d'air,
mais ils croyaient rendre raison de ce phénomène
en disant que la nature a horreur du vide. Des fon-
tainiers de Florence ayant construit un tube d'une
grandeur considérable et l'ayant privé d'air, virent
avec étonnement que l'eau s'y arrêtait environ à
10 mètres 33 centim. Galilée, prévenu de ce fait,
soupçonna que l'ascension de l'eau était due à la
pression de l'air atmosphérique, qui forçait le liquide
à s'élever dans le corps de pompe jusqu'à la hauteur nécessaire pour faire équilibre à cette pression.
Il se moqua avec raison de l'axiome imaginé par les
physiciens anciens; car si la nature avait eu « horreur du vide, » pourquoi n'en aurait-elle eu horreur
que jusqu'à 10 mètres 33 centimètres ?

3. Expériences de Torricelli et de Pascal. — Trois ans après la découverte de Galilée, en 1643, Torricelli, son disciple, compléta sa démonstration en renouvelant son expérience avec le mercure ; car le mercure étant 13 fois et demie plus dense que l'eau, si la pression de l'air faisait monter l'eau jusqu'à 10 mètres 33 centimètres, elle devait ne faire monter le mercure qu'à une hauteur 13 fois et demie moindre. C'est ce que confirma l'expérience. Au lieu de s'élever à la hauteur de 10 mètres 33 centimètres comme l'eau, le mercure ne monta, dans un tube privé d'air, qu'à 0,76 centimètres environ.

Pascal fit plus tard la contre-expérience. Si la pression atmosphérique, dit-il, est la cause de l'ascension du mercure dans le tube privé d'air, cette ascension doit être moindre à mesure que l'air devient plus rare. Le mercure doit monter moins haut sur le sommet d'une montagne qu'au bas. C'est ce que vérifia l'illustre géomètre, en élevant le tube de Torricelli à différentes hauteurs, sur la montagne du Puy-de-Dôme.

4. Baromètres. — Pour mesurer la pression de l'air atmosphérique, on se sert du *baromètre*. Pour construire cet instrument, on prend un petit tube de verre (*fig.* 38) de la longueur de 84 centimètres environ, et fermé à l'une de ses extrémités : on le remplit de mercure. On place le doigt sur l'extrémité ouverte par laquelle on a introduit le mercure, et, en retournant le tube, on le plonge dans un vase contenant du mercure. La colonne de mercure descend aussitôt vers le point H, c'est-à-dire de la quantité suffisante pour que la colonne restante fasse équilibre à la pression que l'air atmosphérique exerce sur la cuvette (.D. *La colonne de mercure EH donne par conséquent la mesure de la pression atmosphérique.* Du point H à l'extrémité supérieure du tube il doit y avoir un vide parfait. C'est ce qu'on appelle le *vide de Torricelli*, et c'est ce qui constitue la *chambre barométrique.* On varie la forme du baromètre ; ainsi on distingue le *baromètre à cuvette*, le *baromètre à siphon* et le *baromètre à cadran*.

5. Baromètre à cuvette. — Le baromètre à cuvette ordinaire se compose simplement d'un tube de verre et d'une cuvette fixés sur une planche en bois qu'on suspend par son ex-

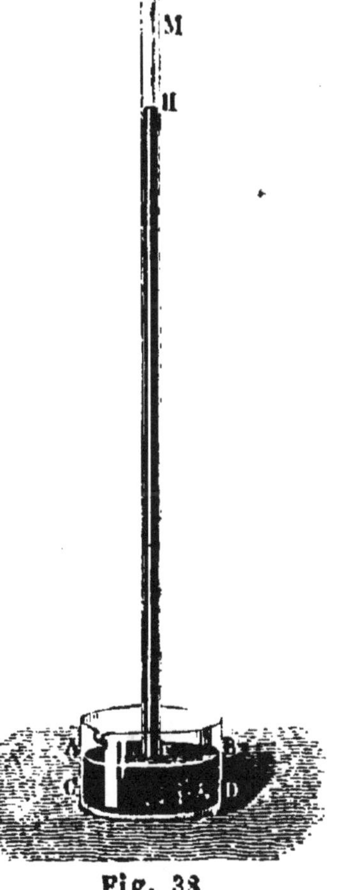

Fig. 33

trémité supérieure. On trace sur cette planche une échelle graduée, qu'on appelle *échelle barométrique.* Pour graduer cette échelle, on marque zéro au point qui correspond au niveau du mercure dans la cuvette, et on divise l'échelle en centimètres et en millimètres, jusqu'à la hauteur de 80 ou 82 centimètres.

Ce baromètre ne donne pas toujours d'une manière exacte la pression de l'air, parce que le niveau du mercure variant, il ne correspond pas toujours rigoureusement au point où l'on a marqué zéro. Il vrai que dans le calcul on peut tenir compte de cette variation, mais on se dispense le plus souvent de cette correction.

6. **Baromètre de Fortin.** — Un habile physicien de notre temps, Fortin, a obvié à cet inconvénient en plaçant au fond de la cuvette une peau de daim, mobile, que l'on peut, à l'aide d'une vis, élever ou abaisser à volonté. Cela permet d'amener, dans tous les cas, le niveau de la cuvette au point O de l'échelle barométrique, et d'éviter les différences que nous avons signalées.

Le baromètre à cuvette ordinaire avait aussi l'inconvénient de ne pouvoir être transporté facilement parce que, en le renversant, le mercure pouvait s'échapper de la cuvette. Fortin a recouvert la partie supérieure de la cuvette d'une peau de daim qui est assez poreuse pour que l'air puisse passer au travers, mais qui ne l'est pas assez pour que le mercure puisse s'échapper. Il a enveloppé tout l'instrument d'une garniture de laiton pour le protéger contre les chocs, et il a pratiqué, dans cette garniture, les fentes nécessaires pour qu'on voie le mouvement de la colonne de mercure dans le tube de verre. Grâce à ces modifications, le baromètre à cuvette peut être assez facilement transporté. Néanmoins on ne peut le retourner dans tous les sens ou lui imprimer des secousses sans que le mercure s'échappe ou que l'air pénètre dans la chambre barométrique.

7. Baromètre à siphon. — Le baromètre à siphon ordinaire est formé d'un tube DCA recourbé (*fig.*39) en deux branches inégales. La branche la plus courte AY, qui est ouverte, tient lieu de cuvette ; c'est par là que l'air exerce sa pression sur le mercure : la plus grande, fermée à son extrémité supérieure, tient lieu du tube qui plonge dans la cuvette. On fixe ordinairement ce tube sur une planchette, et l'on établit des divisions le long de la branche la plus grande, en marquant zéro au niveau que le mercure atteint dans la petite branche, selon la ligne A'A. Le baromètre à siphon ordinaire est plus simple que le baromètre à cuvette ordinaire, mais il en a presque tous les inconvénients. Le niveau du mercure dans la petite branche variant comme dans la cuvette, le point où l'on marque zéro est tantôt trop haut et tantôt trop bas. Il est vrai qu'on corrige en partie cette inégalité en donnant à la section qui tient lieu de cuvette un plus

Fig. 39.

grand diamètre qu'à l'autre section, mais néanmoins, il y a toujours une certaine variation. Pour transporter ce baromètre, on adapte à la plus courte branche un robinet en fer, qui a pour but de séparer le mercure dans les deux branches et de l'empêcher de sortir de l'instrument, mais ces robinets ne ferment jamais hermétiquement, et il peut se faire que l'air s'introduise dans le baromètre et le dérange.

8. Baromètre de Gay-Lussac. — Gay-Lussac a perfectionné le baromètre à siphon, comme Fortin le baromètre à cuvette. Son baromètre se compose de deux tubes d'égal diamètre (*fig.* 40) communiquant entre eux par un tube capillaire. Ces deux tubes sont fermés l'un et l'autre à leur partie supérieure, mais le petit tube, qui tient lieu de cuvette, possède, au point E, une ouverture suffisante pour laisser passer l'air extérieur, de manière que la pression atmosphérique puisse s'exercer, mais trop petite pour que le mercure s'échappe. Quand on veut transporter cet instrument, on le retourne de manière à remplir la plus longue branche ; l'excédant du mercure reste dans la petite branche, au-dessous du point E, d'où il ne peut s'échapper sans une violente secousse. — Lorsqu'on veut se servir de l'instrument, il suffit de le retourner. L'air ne peut pénétrer dans la chambre barométrique, parce que, ne pouvant passer dans le tube capillaire en même temps que le mercure, il est refoulé par ce liquide à mesure que celui-ci descend. — Pour éviter une des causes des variations de niveau, on a soin que les deux branches de ce baromètre soient de même diamètre ; dans ce cas, la dépression capillaire n'est pas sensible, et les dépressions en D et en E se contre-balancent.

Fig. 40.

Lorsqu'on veut mesurer la hauteur barométrique à l'aide de cet instrument, on trace deux échelles ayant leur zéro commun en un point donné de la grande branche, par exemple en M. On les gradue en sens contraire, l'une de M en B, l'autre de M en A. Deux *curseurs à vernier* peuvent glisser sur ces échelles de manière à indiquer les millimètres et les dixièmes de millimètre contenus de D en M et de M en A, c'est-à-dire au niveau du mercure dans les deux branches ; on fait ensuite la somme des deux nombres obtenus, et on a la hauteur totale de la colonne barométrique.

9. Baromètre à cadran.—Le baromètre à cadran est un baromètre à siphon destiné à rendre sensibles à l'œil les variations atmosphériques. Ce baromètre est ainsi appelé parce que l'appareil est dissimulé par un cadran muni d'une aiguille mobile, qui marque le beau et le mauvais temps. Ce cadran, pouvant recevoir toute espèce d'ornementation, est devenu ainsi un instrument utile, un meuble élégant, qu'on peut placer dans une salle à manger ou dans un salon. Ce baromètre (*fig.* 41) est composé d'un si-

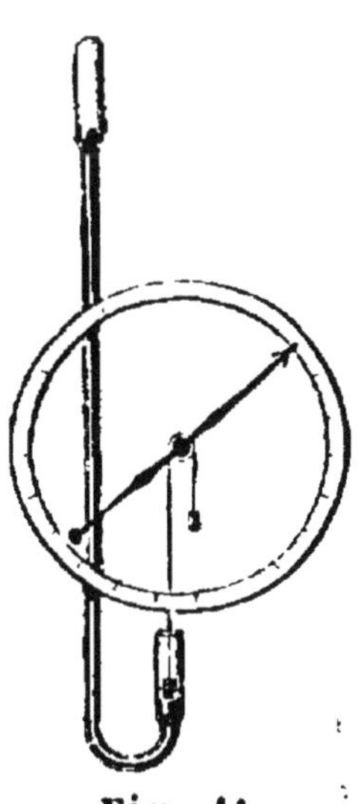

Fig. 41.

phon dont les deux branches ont un égal diamètre. On introduit dans la petite branche, qui reste ouverte, un flotteur en fer. Ce flotteur, qui repose sur le mercure de la cuvette, est attaché à un fil qui s'enroule sur une poulie et qui est muni d'un contre-poids à l'extrémité opposée. A l'axe de cette poulie est fixée une aiguille qui se meut sur un cadran circulaire et qui indique toutes les variations du flotteur. Si le mercure monte dans le grand tube, il y a dépression dans le petit tube, dont le niveau baisse; et réciproquement, si le niveau baisse dans le grand. Le flotteur étant toujours en contact avec la surface du mercure dans la cuvette, suit toutes ces variations et les communique à la poulie, qui les fait marquer à l'aiguille. Sur le cadran on écrit les nombres 77, 76, 75, 74, etc., aux points où l'aiguille s'arrête quand la hauteur de la colonne mercurielle vaut 77, 76, 75 et 74 centimètres. Dans les intervalles on trace d'autres divisions qui marquent les millimètres. Cet instrument, ainsi confectionné, étant principalement destiné à indiquer les variations atmosphériques, on écrit *pluie, beau temps, variable,* aux points où se trouve ordinairement l'aiguille lorsque l'atmosphère est dans ces différents états. On ne se sert point de cette espèce de baromètre pour des observations très-précises, parce que le frottement de la poulie sur son axe nuit à la sensibilité et à l'exactitude de l'instrument.

10. Usages du baromètre. — Le baromètre sert : *1° à mesurer la pression de l'atmosphère; 2° à évaluer les hauteurs des différentes parties du globe ; 3° à indiquer les variations atmosphériques.*

11. Mesure de la pression atmosphérique. — Pour évaluer en grammes la pression que l'atmosphère exerce sur une surface horizontale, dans un endroit quelconque du globe, il suffit de connaître l'étendue de cette surface et la hauteur à laquelle s'élève le mercure en cet endroit. Ainsi, en supposant que la colonne de mercure s'élève à 76 centimètres, une surface d'un centimètre supportera le poids de 76 centimètres cubes de mercure ; et sachant qu'un centimètre cube de mercure pèse 13^{gr},59, la pression totale sera le produit de 13,59 par 76 ou 1032^{gr},84 ; et autant de fois la surface pressée aura de centimètres carrés, autant de fois elle supportera cette pression de 1032,84 grammes.

Par conséquent : *Si l'on veut connaître la pression que l'atmosphère exerce sur un corps, il suffira de mesurer sa surface, et de multiplier cette surface par 1032,84, ou par 1033 si l'on ne veut pas tenir compte de la fraction.* Ainsi, la surface d'un homme de taille moyenne représente environ 12000 centimètres carrés ; la pression atmosphérique qu'il supporte égale 12000 multiplié par 1033 ; ce qui donne 12396 kilogrammes. Mais ce poids extraordinaire est contrebalancé par les fluides élastiques de notre corps et par l'admirable disposition de nos organes ; aussi ne nous apercevons-nous pas de cette pression prodigieuse.

12. Mesure des hauteurs. — Pour mesurer les hauteurs à l'aide du baromètre, on se fonde sur ce principe « qu'à mesure qu'on s'élève, la densité de l'air décroît, et par conséquent la pression atmosphérique diminue. » C'est le principe qui a été vérifié (comme nous l'avons dit déjà) par le géomètre Pascal. Ainsi l'on sait que le mercure étant 13,59 fois plus dense que l'eau, et l'eau 770 fois plus dense que l'air, le mercure sera 770 multiplié par 13,59 ou 10464 fois plus dense que l'air. Si donc l'on est au pied d'une tour, et que la colonne de mercure s'élève alors à 76 centimètres ; si, arrivé au-dessus de la tour, nous voyons que cette colonne ne marque plus que 75,7, il en faudra conclure qu'elle s'est abaissée de 3 millimètres. Pour connaître la hauteur de la tour, il suffira de chercher quelle est la hauteur d'une couche d'air capable d'exercer sur le mercure une pression de 3 millimètres; or, sachant que pour qu'une colonne d'air fasse équilibre à une colonne de mercure, il faut qu'elle soit 10464 fois plus grande, on n'aura qu'à multiplier 10464 par 3 millimètres, ce qui donnera 31 mètres 392 millimètres pour la hauteur cherchée. *On trouvera donc toutes les hauteurs en multipliant par 10464 le nombre de millimètres représentant la dépression de la colonne de mercure dans le baromètre.* Toutefois, il ne faut pas oublier que ce calcul suppose l'atmosphère *homogène*, ce qui ne peut avoir lieu que pour des hauteurs peu considérables.

13. Indication des variations atmosphériques. — Les baromètres ne peuvent indiquer d'une manière directe et positive que les « variations de pression » qui se produisent dans l'atmosphère. Dans nos climats, ces variations de pression coïncidant le plus souvent avec un changement de temps, on a fait du baromètre un indicateur qui annonce à l'avance le beau et le mauvais temps. Ainsi, on a observé que quand le baromètre s'élève au-dessus de $0^m,758$, le temps est beau ; que s'il reste à $0^m,758$, la température est variable ; et quand il descend au-dessous, on a des pluies, des neiges, du vent ou de l'orage. D'après cette coïncidence entre la hauteur du baromètre et les variations de l'atmosphère, on a établi des divisions de 9 en 9 millimètres au-dessus et au-dessous de 0m,758, pour y marquer les indications suivantes :

HAUTEUR.		ÉTAT DE L'ATMOSPHÈRE.
0,731 millimètres.	. . . . .	tempête.
740	—	grande pluie.
749	—	pluie ou vent.
758	—	variable.
767	—	beau temps.
776	—	beau fixe.
785	—	très-sec.

Mais il est à remarquer que le poids de l'atmosphère peut varier sans que ce phénomène entraîne nécessairement un changement de temps. Sous l'équateur, le baromètre ne varie pas, même dans les plus violentes tempêtes. Dans nos contrées, les observations que l'on a faites se vérifient communément, mais elles offrent encore de nombreuses exceptions. C'est pour cela qu'on ne peut considérer le mouvement du baromètre que comme un *signe probable*, sans y attacher une trop grande confiance.

QUESTIONNAIRE.

1. Qu'est-ce que l'atmosphère ? Quelle est la hauteur de l'atmosphère ? Pourquoi l'air décroit-il en densité ?

2 et 3. Comment peut-on démontrer que l'air est pesant ? A quelle occasion la pesanteur de l'air a-t-elle été découverte ? Racontez les expériences de Torricelli ; — de Pascal.

4. Qu'est-ce qu'un baromètre ? — Sa construction. Qu'appelle-t-on vide de Torricelli ? Quelles sont les différentes espèces de baromètres ?

5 et 6. De quoi se compose le baromètre à cuvette ? Comment se gradue l'échelle barométrique ? Quels sont les inconvénients que présentait ce baromètre ? Parlez-nous des modifications que Fortin y a apportées.

7 et 8. Qu'est-ce que le baromètre à siphon ? Comment Gay-Lus-

sac l'a-t-il modifié? Quels sont ses avantages ? Comment se mesure la hauteur barométrique à l'aide de ce baromètre ?

9. A quoi sert le baromètre à cadran? Décrivez-le. Quels sont ses inconvénients?

10, 11, 12, 13. Quelles applications fait-on du baromètre ? Comment mesure-t-on avec cet instrument la pression atmosphérique sur une surface quelconque ? Quel est le poids qu'un homme supporte ? Comment peut-il supporter ce poids ? De quelle manière mesure-t-on les hauteurs ? Cette évaluation est-elle exacte? Comment le baromètre peut-il indiquer les variations du temps ? Ses indications sont-elles certaines?

CHAPITRE VIII

FORCE ÉLASTIQUE DES GAZ.

1. Force élastique des gaz. — On appelle *tension* ou *force élastique* d'un gaz la pression que ce gaz exerce, en vertu de sa force expansive, sur les parois du vase qui le contient. Cette force dépend de sa raréfaction ou de sa condensation. Plus le gaz est condensé, et plus cette force est puissante. Un physicien français, Mariotte, mort en 1684, a le premier formulé la relation qui existe entre le volume d'un gaz et son élasticité.

2. Loi de Mariotte. — Cette loi, appelée *loi de Mariotte,* du nom de celui qui l'a découverte, s'énonce ainsi : *Les volumes occupés par les gaz sont en raison inverse des pressions qu'ils supportent, et, par suite, en raison inverse de leurs forces élastiques, et réciproquement,* — c'est-à-dire que « plus la pression est considérable, et plus le volume du gaz est petit, » et

que « plus la pression est grande et le volume
petit, plus est grande la force élastique du gaz. »
Ainsi, un volume de gaz est deux fois plus petit et
sa force élastique double, quand il supporte une
pression double ; il est trois fois plus petit, et sa
force élastique trois fois
plus grande, s'il supporte
une pression triple ; et
ainsi de suite. Cette loi
a été appliquée d'abord
à la compressibilité de
l'air.

3. Tube de Mariotte.

— Pour vérifier la loi de
Mariotte, on se sert d'un
tube recourbé CAE (*fig.* 42)
à branches inégales, mais
parallèles. La branche la
plus courte est fermée
à son extrémité C, tan-
disque la plus longue
est ouverte à l'extrémi-
té E. Ces deux branches
sont graduées: la plus
courte doit avoir 20 à 25
centimètres de hauteur,
et l'autre au moins un
mètre.

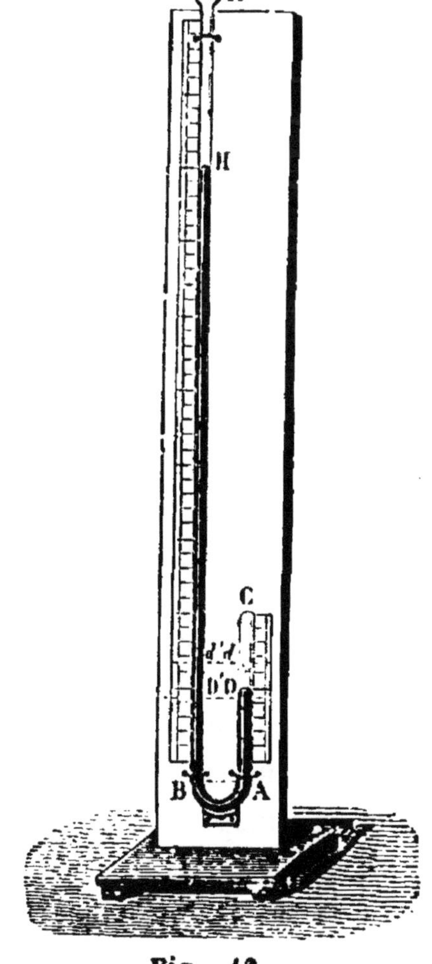

Fig. 42.

4. Vérification de la loi de Mariotte. —

On verse du mercure dans la grande branche jusqu'à l'horizontale AB, afin d'empêcher la com-

munication entre l'air atmosphérique et l'air renfermé dans l'espace AC de la petite branche. Au point d'affleurement de AB on marque zéro sur les deux branches de l'appareil, et l'on divise ensuite la branche AC en parties d'égale capacité, et la branche BE en parties d'égale longueur, en centimètres. La masse d'air renfermée dans le petit tube se trouve isolée et supporte une pression égale à la pression atmosphérique. Or, si l'on verse dans le grand tube une quantité de mercure suffisante pour que la colonne mercurielle mesurée par la différence des niveaux égale la hauteur barométrique, le volume d'air AC supportera alors une pression de deux atmosphères : 1° la pression de la colonne HD′ qui équivaut à une atmosphère ; 2° la pression atmosphérique qui s'exerce en H. Le volume d'air comprimé se trouvera alors réduit à l'espace DC, qui est exactement la moitié de celui qu'il occupait. Si l'on verse dans l'appareil une nouvelle quantité de mercure égale à la pression atmosphérique, la masse sera réduite en d, et l'espace dC qu'elle occupera ne représentera que le tiers de CA. Une troisième quantité de mercure la réduirait au quart, parce que, dans ce cas, la pression serait égale à quatre pressions atmosphériques, dont trois représentées par le mercure et une par l'air.

La loi de Mariotte est également exacte dans les fortes pressions. MM. Dulong et Arago l'ont vérifiée pour l'air jusqu'à une pression de 27 atmosphères. Mais cette loi n'est pas rigoureuse pour tous les gaz, ni sous toutes les pressions. Despretz a fait voir que *les gaz cessent d'être soumis absolument à cette loi, du moment qu'ils arrivent à une pression voisine de celle où ils deviennent liquides.* M. Regnault a constaté, d'un autre côté, que l'air et l'azote se compriment un peu plus que cette loi ne l'indique, et l'hydrogène un peu moins.

5. Mesure de la pression des gaz. — On mesure la pression des gaz dilatés au moyen de l'*éprouvette*, et celle des gaz comprimés au moyen du *manomètre* ou des *soupapes de sûreté*.

6. Mesure de la pression des gaz dilatés. Usages de l'éprouvette. — L'éprouvette se compose d'un tube recourbé en siphon (*fig.* 43), dont les branches ont même diamètre et même hauteur. Ces branches ont ordinairement de 20 à 25 centimètres, l'une est ouverte et l'autre fermée. On remplit de mercure la branche fermée, et l'autre n'en renferme qu'une petite quantité. Ce tube est fixé sur une planchette de métal qu'on introduit dans un cylindre de verre fermé. Au-dessous de ce cylindre est adapté un robinet, au moyen duquel on peut mettre l'appareil en communication avec le gaz dilaté. Cet appareil, on le voit, n'est autre chose qu'un petit baromètre, et agit de la même manière. En communication avec l'atmosphère, la branche reste complétement pleine de mercure, car elle a moins de 76 centimètres ; mise en communication avec un gaz dilaté, dont la pression ne peut faire équilibre à la colonne de mercure du tube, celui-ci descend dans l'une des branches, monte dans l'autre, et la différence des deux niveaux donne une mesure exacte de la pression du gaz, qu'on peut lire d'ailleurs sur l'échelle tracée le long de la planchette à laquelle le tube est fixé. L'éprouvette porte souvent le nom de *baromètre tronqué*.

7. Mesure de la pression des gaz comprimés. Manomètres. — Pour mesurer la force élastique des gaz comprimés, on se sert d'un instrument appelé *manomètre*. On en distingue de deux sortes : les *manomètres à air libre* et les *manomètres à air comprimé*.

Le *manomètre à air libre* est fondé sur cette notion que *la pression de l'atmosphère est égale au poids d'une colonne de mercure de 76 centimètres de hauteur*. Il consiste en un tube de cristal CD (*fig.* 44), long d'en-

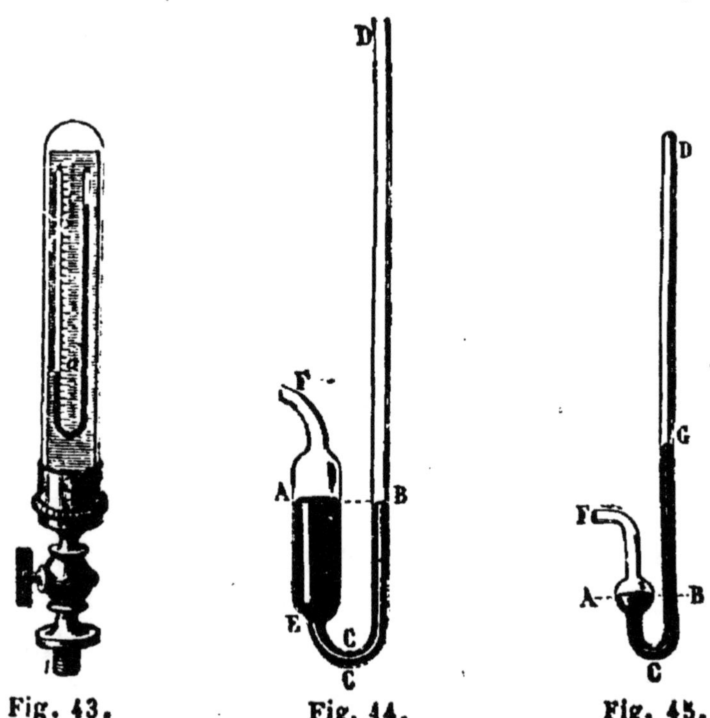

Fig. 43. Fig. 44. Fig. 45.

viron 5 mètres, et dont le diamètre est de 2 ou 3 millimètres. Ce tube est ouvert à son extrémité supérieure D, et il est mis en communication avec un long réservoir AE dont le volume est au moins égal au sien. Ce réservoir et le tube contiennent du mercure jusqu'à l'horizontale AB. Lorsqu'on fait communiquer le tube F avec l'appareil contenant le gaz comprimé dont on veut connaître la tension, le niveau du mercure s'élève, dans le tube BD, à une hauteur proportionnée à la pression exercée par ce gaz, à laquelle il fait équilibre.

Pour graduer ce manomètre, on marque 1 au point d'affleurement AB, parce que, quand le mercure est à ce niveau, le gaz subit seulement la pression de l'atmosphère. Puis, à partir de ce point, on marque les chiffres 2, 3, 4, 5, 6, de 76 en 76 centimètres, et ces chiffres désignent la pression de 2, 3, 4, 5, 6 atmosphères, puisqu'on sait qu'une colonne de mercure de 76 centimètres de hauteur fait équilibre à une pression atmosphérique. Le *manomètre à air libre* ne sert que pour mesurer les pressions qui ne dépassent pas 5 ou 6 atmosphères.

Pour les pressions plus considérables, on fait usage du *manomètre à air comprimé*. Cet instrument, fondé sur la loi de Mariotte, se compose d'un tube de cristal (*fig.* 45) DC, de 2 à 3 millimètres de diamètre et d'une longueur de 20 à 25 centimètres, fermé à sa partie supérieure et rempli d'air sec. Ce tube communique avec un réservoir d'un plus grand diamètre. On verse dans ce réservoir et dans le tube une certaine quantité de mercure jusqu'à l'horizontale AB. L'affleurement de ces deux niveaux représente la pression de l'atmosphère. Mais lorsque le tube F est mis en communication avec le gaz comprimé, le mercure monte dans le tube BD, et l'air se trouve comprimé dans l'espace GD. Il suffit alors de calculer, d'après la loi de Mariotte, la compression que l'air éprouve, pour connaître la tension du gaz qui est la cause de cette compression ; ce qui est du reste indiqué par la graduation du tube, partagé en parties d'égale capacité.

8. Mesure de la pression des gaz comprimés. Soupapes de sûreté. — Les *soupapes de sûreté* consistent en une plaque qu'on pose sur une ouverture de la paroi supérieure du réservoir ou du vase dans lequel le gaz est renfermé. Cette plaque est chargée d'un poids déterminé, et offre ainsi une résistance calculée à l'avance, d'après la puissance de la machine qu'elle doit régler. Quand la force de pression que le gaz exerce de bas en haut est supérieure à la force opposée que la soupape exerce de haut en bas, celle-ci est vaincue, et la soupape s'ouvre pour laisser échapper l'excédant de force qu'elle avait à comprimer. Quand on connaît la résistance qu'offre une soupape, on sait par là même la force de tension du gaz qui en triomphe. On se sert de ce moyen pour éprouver la force des tuyaux de conduite et des chaudières à vapeur. On a appelé ces soupapes *soupapes de sûreté*, parce qu'elles servent à prévenir les explosions des machines à vapeur et des autres appareils de ce genre, en empêchant qu'on les soumette à une tension supérieure à leur force.

9. Pressions supportées par les corps plon-

gés dans les gaz. — Le principe d'Archimède, que nous avons appliqué aux liquides, est également applicable aux gaz. Comme les corps plongés dans les liquides perdent une partie de leur poids égale au poids du volume du liquide qu'ils déplacent, de même les corps plongés dans l'air ou dans tout autre gaz perdent une partie de leur poids égale à celui de l'air ou du gaz qu'ils déplacent. Cette perte de poids se démontre au moyen du *baroscope*. On appelle ainsi une balance ordinaire, dont le fléau supporte, à l'une de ses extrémités, une balle de plomb (*fig.* 46), et à l'autre une boule de cuivre qui est creuse et d'un diamètre beaucoup plus considérable. Cette sphère en cuivre est construite de manière que, dans l'air libre, elle fasse exactement équilibre à la balle de plomb ; ce

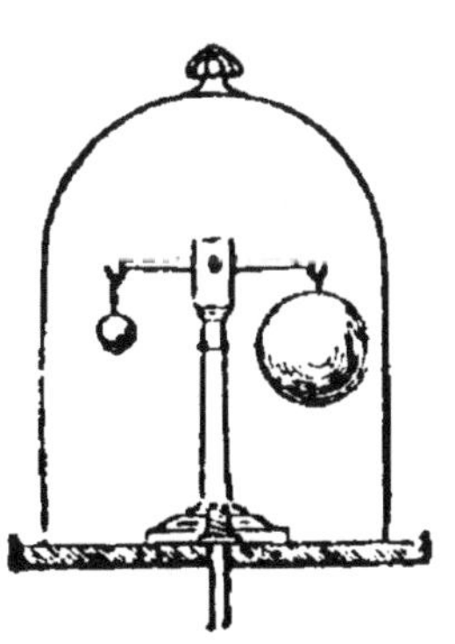

Fig. 46.

qui indique que dans l'air elles ont exactement le même poids. On place ensuite la balance sous un globe dont on enlève l'air au moyen de la machine pneumatique. Aussitôt on voit que l'équilibre est rompu, et que la sphère de cuivre entraine la balle de plomb. Cette différence provient de ce que, dans l'air, la sphère en cuivre étant plus grosse, perd plus de son poids que la balle de plomb, ce qui établit l'équilibre entre elle et la balle de plomb ; mais cet équilibre est rompu lorsque chaque sphère reprend dans le vide son poids réel.

Les corps peuvent s'élever, tomber, ou rester en

suspens dans l'air comme dans l'eau. Lorsqu'un corps est plus pesant que l'air, la poussée de celui-ci ne suffit pas pour faire équilibre à la pesanteur, et il tombe à terre. Si le corps est de même densité que l'air, son poids et la poussée de celui-ci se font équilibre, et il ne peut ni descendre, ni monter ; par conséquent, il reste en suspens et flotte dans l'atmosphère. Quand le corps est moins dense que l'air, son poids étant moindre que la poussée de celui-ci, il s'élève et monte jusqu'à ce qu'il arrive à des couches d'air plus raréfiées, qui soient de même densité que lui. C'est ce qui arrive pour la fumée, les vapeurs, les nuages et les aérostats.

10. Des aérostats.—Les aérostats furent inventés par les frères Montgolfier, fabricants de papier à Annonay. Ils firent leur première expérience le 5 juin 1783. Leur ballon fut formé d'une enveloppe sphérique en toile recouverte de papier. Cette enveloppe avait à sa partie inférieure une large ouverture, sous laquelle ils placèrent un panier en fil de fer contenant de la paille allumée. Dès que la paille fut enflammée, l'air se dilatant par la chaleur commença à gonfler le ballon. Or, l'air chaud étant, à volume égal, moins dense que l'air froid, le poids du ballon devint moindre que celui de l'air extérieur qu'il déplaçait ; il s'éleva dans l'atmosphère, emportant avec lui le papier et son combustible. Le ballon parvint à une hauteur de 2,000 mètres environ, et il retomba lorsque le combustible fut éteint. Les ballons à air chaud ont reçu le nom de *montgolfières*, du nom de leur inventeur.

Mais Charles, professeur de physique à Paris, substitua à l'air chaud le gaz hydrogène, qui est treize fois moins dense que l'air. Cette substitution avait en outre l'avantage de supprimer le réchaud qu'il fallait attacher aux montgolfières, et qui pouvait mettre le feu au ballon.

11. Ascensions diverses. — Expériences de Gay-Lussac. — Le premier ballon gonflé d'hydrogène fut lancé au Champ-de-Mars, le 29 août 1783.

Le 21 novembre de la même année, Pilâtre de Rozier et le chevalier d'Arlandes s'élevèrent au moyen d'un ballon libre à air chaud. Ils partirent du jardin de la Muette, à Passy, et parcoururent plus de 8 kilom. en 17 minutes. Charles et Robert répétèrent la même expérience, dix jours après, dans le jardin des Tuileries, avec un ballon à gaz hydrogène.

L'ascension la plus célèbre fut celle qu'exécuta Gay-Lussac, le 15 septembre 1804 Cet illustre savant partit du Conservatoire des arts et métiers, et descendit près de Rouen, après un voyage de six heures. Il s'éleva jusqu'à 7,016 mètres au-dessus du niveau de la mer. Il constata qu'à cette hauteur l'air a perdu une grande partie de sa densité. Le baromètre, qui marquait 76,52 centimètres, au moment du départ, était descendu à 32,88 ; le thermomètre, qui marquait à peu près 31 degrés, au point de départ, était tombé à 9°,5 au-dessous de 0. L'air était si sec dans ces hautes régions, que les corps humides s'y desséchaient rapidement par l'évaporation, et que le papier et le parchemin se tordaient comme si on les eût présentés au feu. Gay-Lussac constata aussi que son pouls s'éleva à 120 pulsations, au lieu de 66, qui était son état normal. Le ciel lui parut avoir, à cette hauteur, une teinte bleu foncé tirant sur le noir.

12. **Ballons à gaz hydrogène.** — L'enveloppe

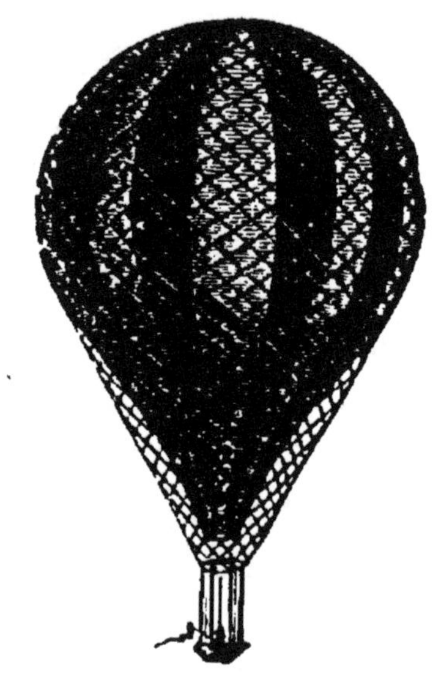

Fig. 47.

des ballons à gaz hydrogène est faite de taffetas enduit d'un vernis de caoutchouc; elle est allongée à sa partie inférieure, et terminée par un tube étroit. Elle est recouverte d'un filet à mailles serrées qui supporte une nacelle, à quelques mètres du ballon, dans cette nacelle se tiennent les aéronautes avec leurs instruments et des sacs de sable servant de lest. Au moyen du baromètre ils voient si le ballon monte ou descend : la colonne atmosphérique baisse-t-elle, le ballon monte ; s'élève-t-elle, il descend.

Pour gonfler le ballon, on y introduit le gaz par la partie inférieure, que l'on met en communication avec un gazomètre. Dans les régions où l'air est raréfié, le gaz, se dilatant de plus en plus, pourrait rompre l'enveloppe, si l'on n'avait soin de ne pas la gonfler entièrement. A la partie supérieure du ballon se trouve une soupape que l'on ouvre au moyen d'une corde qui communique avec la nacelle, afin de donner issue à une partie du gaz et diminuer le volume du ballon. Comme l'aérostat déplace alors moins d'air, il descend. Si l'on veut s'élever, on jette le sable qui servait de lest ; le ballon, rendu plus léger, monte de nouveau. Pour éviter les accidents lors de la descente, on adapte au-dessus de la nacelle un parachute, sorte d'immense parapluie, qui se déploie par la résistance de l'air et ralentit la chute de la nacelle.

QUESTIONNAIRE.

1. Qu'appelle-t-on tension ou force élastique des gaz ? Quel physicien formula le premier le rapport du volume des gaz à leur élasticité ?

2, 3 et 4. Quelle est la loi de Mariotte ? Comment peut-on la vérifier ? Est-elle rigoureuse pour tous les gaz et sous toutes les pressions ?

5, 6. 7 et 8. Au moyen de quels appareils mesure-t-on la pression des gaz ? Qu'est-ce que l'éprouvette ? Dans quels cas s'en sert-on ? De quel instrument se sert-on pour mesurer la pression des gaz comprimés ? En quoi consiste le manomètre à air libre ? Comment est-il gradué ? En quoi consiste le manomètre à air comprimé ? Qu'appelle-t-on soupape de sûreté ? Quel usage en fait-on ?

9. Comment le principe d'Archimède est-il applicable aux gaz ? Démontrez ce principe au moyen du baroscope. Quels sont les corps qui ne peuvent s'élever dans l'air ? Quels sont ceux qui y restent en suspens ? Quels sont ceux qui s'élèvent à une certaine hauteur ?

10, 11 et 12. Par qui les aérostats ont-ils été inventés ? Citez l'expérience des frères Montgolfier. Qu'appelle-t-on montgolfière ? Quelle expérience fit le professeur Charles ? Par qui fut tenté le premier voyage aérien ? Quelles observations fit Gay-Lussac ?

CHAPITRE IX

APPAREILS FONDÉS SUR LES PROPRIÉTÉS DE L'AIR.

1. Machine pneumatique.— La *machine pneumatique* sert à enlever l'air renfermé dans un vase et à le raréfier. Cette machine, réduite à sa plus simple expression (*fig.* 48), se compose : 1° d'un cylindre vertical AB, en verre ou en laiton, qu'on nomme *corps de pompe* ; 2° d'un *tuyau recourbé* à ses deux extrémités, CDE, pour mettre en communication le corps de pompe avec le vase dans lequel on veut faire le vide ; 3° d'un *disque de verre dépoli* GH,

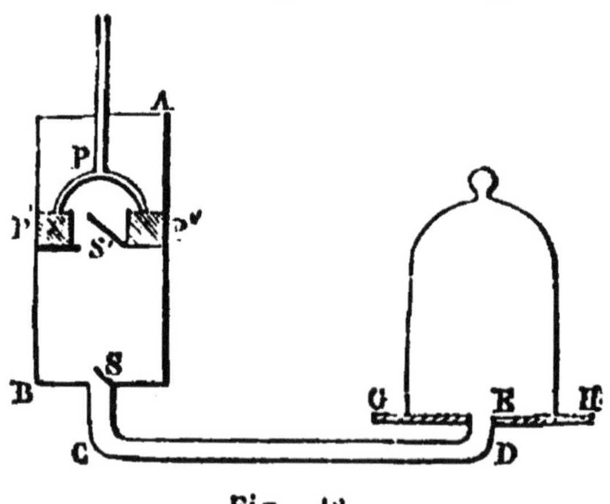

Fig. 48.

qu'on appelle la *platine* de la machine pneumatique ; 4° d'un *piston* P destiné à se mouvoir dans le
corps de pompe ; 5° de *deux soupapes* S et S', placées, l'une à l'extrémité inférieure du piston, et
l'autre à la jonction du canal de communication CDE avec le corps de pompe, et ouvrant toutes
les deux de bas en haut ; 6° d'un *pas de vis* pratiqué en E, à l'autre extrémité du canal de communication, sur lequel on visse, quand il y a lieu, un ballon à robinet dans lequel on veut faire le vide. S'il
s'agit de retirer l'air d'une cloche, on la pose sur la
platine de la machine, en ayant soin d'enduire son
rebord d'un peu de suif, afin d'intercepter la communication entre le dedans et le dehors.

2. Du jeu de la machine pneumatique. —
Le jeu de cette machine est assez simple. Quand
on abaisse le piston, l'air qui se trouve au-dessous
de lui, dans le corps de pompe, est comprimé ; la
pression qu'il subit augmentant sa force élastique, il
ouvre la soupape S' en fermant la soupape S, et s'é-
chappe en passant au-dessus du piston. Aussitôt que
le piston se relève, l'air renfermé dans la cloche où
l'on veut faire le vide tend, de son côté, à remplir le
vide fait dans le corps de pompe ; de là, il soulève la
soupape S, et passe dans le corps de pompe à mesure
que le piston s'élève, tandis que la pression atmosphérique ferme la soupape S'. Cette soupape se
ferme quand l'air arrivé dans le corps de pompe fait
équilibre à celui qui est contenu dans la cloche. A
chaque coup de piston, une partie de l'air de la
cloche passe ainsi dans le corps de pompe ; mais on

ne peut produire le vide parfait, parce que, à chaque coup de piston, on n'enlève qu'une partie de l'air, le dixième, par exemple, de l'air total, puis le dixième de l'air restant, et ainsi de suite. D'un autre côté, le piston ne pouvant jamais arriver jusqu'au fond du corps de pompe, les meilleures machines laissent toujours assez d'air dans le réservoir pour faire équilibre à une petite colonne de mercure d'un ou plusieurs millimètres.

3. Invention et perfectionnements de la machine pneumatique. — Cette machine fut inventée, vers l'an 1650, par Otto de Guericke, bourgmestre de Magdebourg ; elle fut ensuite perfectionnée par plusieurs physiciens : Hook plaça le corps de pompe verticalement ; Papin y ajouta la platine, et Hawkbée, les deux corps de pompe.

Ce dernier perfectionnement rend l'opération beaucoup moins pénible, et l'on n'emploie plus maintenant d'autre machine. Les deux corps de pompe (*fig.* 49) communiquent avec le même tuyau d'aspiration, et sont munis de deux pistons disposés de manière que l'un s'élève quand l'autre s'abaisse. Les tiges des pistons sont à crémaillères, et les dents de ces crémaillères s'engrènent avec les dents d'une roue placée entre les deux tiges. L'axe de cette roue porte un levier à bras égaux, et c'est ce levier qui fait alternativement monter et descendre les pistons. Quand il n'y avait qu'un piston, il devenait d'autant plus difficile de le soulever qu'il y avait moins d'air dans le récipient, parce qu'il fallait vaincre la pression atmosphérique qui agissait sur toute la surface du piston. Mais avec deux pistons cet inconvénient disparaît, car l'un des deux descend pendant que l'autre monte, et l'on n'a d'autre résistance à vaincre

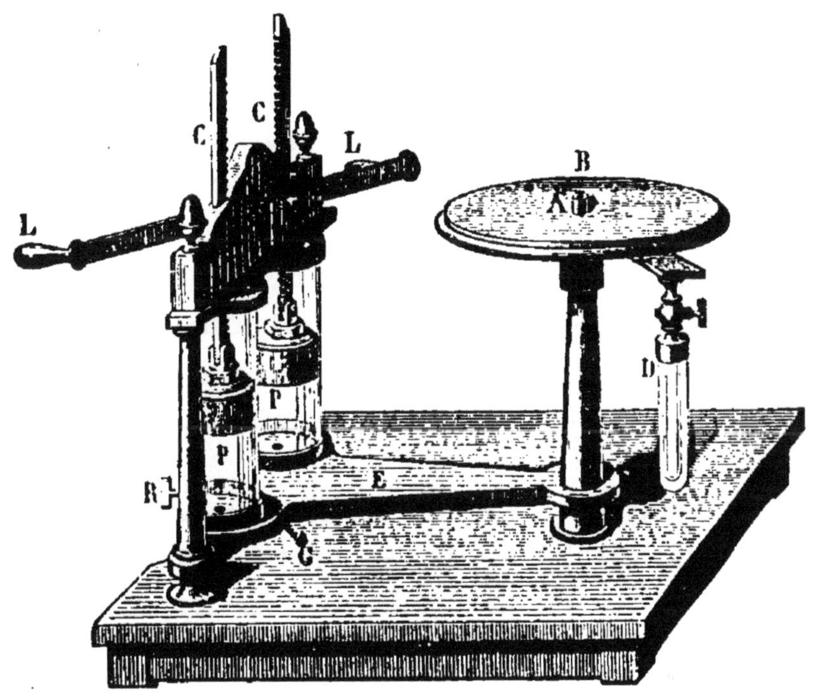

Fig. 49.

que celle qui résulte du frottement des pistons contre les parois des cylindres.

Pour mesurer le degré de la raréfaction de l'air qui reste dans un récipient, on se sert de l'éprouvette D (*fig.* 49; voyez aussi *fig.* 43), en la faisant communiquer avec le tuyau d'aspiration. On a ajouté au canal de communication de la machine pneumatique une *clef* ou robinet, afin de maintenir le vide ou de rendre l'air au récipient qui, sans cela, ne pourrait plus se séparer de la platine.

4. Expériences faites au moyen de la machine

pneumatique. — La machine pneumatique est un des appareils les plus précieux pour étudier les phénomènes physiques; nous citerons ici les principales expériences auxquelles on l'emploie.

1° Elle sert à démontrer la pesanteur de l'air, comme nous l'avons vu (page 89).

2° On l'emploie pour démontrer que tous les corps légers ou pesants tombent avec la même vitesse dans le vide. Cette expérience consiste à faire le vide dans un long tube de verre renfermant des corps de différente densité, tels que des plumes, du plomb, du liége. Lorsque le vide est fait, on retourne le tube, et ces corps tombent avec la même rapidité (voy. page 38).

3° On démontre, par le même moyen, la pression qu'exerce l'atmosphère sur les corps. On se sert, à cet effet, d'un petit appareil inventé par Otto de Guericke, et qu'on nomme les *hémisphères de Magdebourg*. Il se compose de deux hémisphères (*fig.* 50) de 10 ou 12 centimètres de diamètre, s'emboîtant un peu l'un dans l'autre. L'hémisphère supérieur est terminé par un anneau, et l'hémisphère inférieur est muni d'un tube à robinet, qui permet de le visser sur la machine pneumatique. Aussitôt le vide obtenu, les deux hémisphères adhèrent l'un à l'autre avec une si grande force que deux hommes ne peuvent parvenir à les séparer. Avant que le vide

Fig. 50.

fût fait, l'air intérieur balançait la pression extérieure, ce qui permettait de séparer facilement les
deux hémisphères, mais, une fois le vide obtenu, la
pression atmosphérique, qui est de 103 kilog., 36,
par décimètre carré, s'exerce seule et n'est plus
contre-balancée. Quand on dévisse l'hémisphère inférieur et qu'on place l'appareil dans une autre position, la résistance reste la même, ce qui prouve
l'existence des pressions latérales et dans tous les
sens.

4° On prouve aussi la pesanteur de l'air par l'expérience du *crève-vessie.* On place sur la machine pneumatique un cylindre de verre, ouvert à l'extrémité
inférieure, pour être mis en communication avec le
tube d'aspiration, et fermé, à l'extrémité supérieure,
par une vessie bien tendue. Tant que le cylindre
contient de l'air, la vessie reste horizontale, parce
que l'air intérieur fait équilibre à l'air extérieur ;
mais aussitôt qu'on fait le vide dans le cylindre, cet
équilibre est rompu : la vessie se creuse sous le
poids de l'air extérieur et finit par se briser, en produisant une explosion aussi forte qu'un coup de pistolet. Cette explosion est due à la rentrée subite de
l'air dans le cylindre.

5° On démontre, à l'aide de la machine pneumatique, les phénomènes qui résultent, chez les êtres
vivants, de la privation totale ou partielle de l'air,
et combien l'air est nécessaire à la combustion. Pour
prouver qu'il est nécessaire à la respiration, on place
un animal sous le récipient d'une machine pneumatique, et à mesure que l'air se raréfie, on le voit

éprouver un malaise plus grave. Si l'on prolongeait cet état, il finirait par mourir; mais en lui rendant de l'air, on le voit aussitôt revenir à la vie.

Pour montrer que l'air est nécessaire à la combustion, on place une bougie allumée sous le récipient de la machine; la flamme vacille et s'affaisse à mesure que l'air se raréfie; et elle s'éteint même complétement, si l'on continue à faire le vide.

6° On démontre également que l'air est le véhicule du son, et que dans le vide le son ne se produit pas. A cet effet, on prend un petit mécanisme d'horlogerie qui peut sonner pendant plusieurs minutes. On le place sous le récipient de la machine pneumatique, et l'on fait le vide. A mesure que l'air se raréfie, on remarque que le son s'affaiblit, puis devient nul. On voit le marteau frapper le timbre, mais on n'entend aucun bruit. Si l'on fait rentrer l'air, le son se fait entendre de nouveau.

7° Une application ingénieuse de la machine pneumatique a été faite aux chemins de fer atmosphériques. Par la seule pression de l'air, le train est mis en marche. A cet effet, on place entre les deux rails un vaste tube en fonte, fendu dans sa partie supérieure sur toute la longueur. Cette fente est recouverte d'une lanière de cuir qui, lorsqu'on fait le vide, devient, par la pression de l'air extérieur, fortement adhérente au tube. La locomotive est remplacée par un wagon dit *wagon conducteur*, muni d'une tige qui descend par la fente dans le tuyau de fonte où elle se termine par un piston. A l'aide d'énormes machines pneumatiques, on fait le vide dans ce tuyau en avant du piston. L'air extérieur presse sur la face postérieure du piston, et c'est cette pression qui fait avancer le convoi. C'est ainsi qu'à Saint-Germain-en-Laye, près Paris, les wagons arrivaient par le simple effet de la pression atmosphérique.

5. Machine de compression. — La *machine de compression* est destinée à comprimer l'air dans un récipient. Elle est construite de la même manière que la machine pneumatique ; la seule différence est que les soupapes s'ouvrent de haut en bas. Le degré de compression se mesure au moyen du *manomètre* (voy. pag. 104).

Souvent on se contente d'une simple *pompe de compression*. Cet instrument se compose d'un piston sans soupape qui se meut dans un corps de pompe métallique, dans lequel on a pratiqué une ouverture latérale précisément au-dessous du point le plus élevé de la course du piston. Ce corps de pompe est terminé, à son extrémité inférieure, par une soupape qui s'ouvre de haut en bas, et un pas de vis qui permet de l'adapter au récipient, dans lequel on veut comprimer l'air. Quand le piston s'élève, il se fait un vide au-dessous de lui, et le corps de pompe se remplit d'air aussitôt que le piston a dépassé l'ouverture latérale que nous avons indiquée. Quand le piston s'abaisse, la soupape s'ouvre et laisse passer l'air dans le récipient où on veut le comprimer. A chaque coup de piston on ajoute donc une nouvelle quantité d'air dans le récipient, et il en résulte une compression plus grande. C'est avec un appareil de ce genre que l'on fabrique les eaux gazeuses, en comprimant dans des bouteilles déjà remplies d'eau une certaine quantité d'acide carbonique.

6. Fontaine de compression. — Cet appareil se

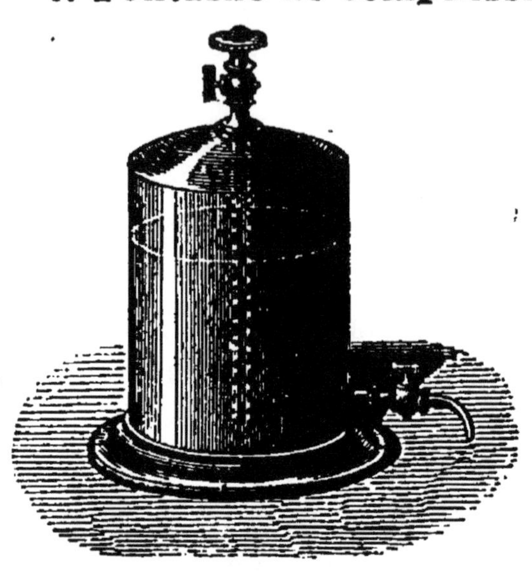

Fig. 51.

compose d'un vase en métal (*fig.* 51), à moitié rempli d'eau ; l'ouverture est garnie d'un tube plongeant jusqu'au bas du vase, et portant à l'extérieur un bec effilé, un robinet, et un pas de vis sur lequel on adapte la pompe de compression. En comprimant de l'air dans le vase, cet air vient se loger au-dessus de l'eau, presse sur elle, et quand, la pompe étant dévissée, on ouvre le robinet, l'eau monte dans le tube et forme un jet d'autant plus élevé que la pression exercée sur l'eau par l'air condensé dans le flacon sera plus forte. Avec une pression de deux atmosphères, on obtient un jet de 10 m. 33 de hauteur environ ; la hauteur serait double si la pression était de 3 atmosphères.

7. Fusil à vent. — Le *fusil à vent* est aussi un instrument qui repose sur la pression de l'air. La crosse du fusil à vent est creuse et métallique ; elle est munie, à son extrémité, d'une soupape qui permet de comprimer l'air dans l'intérieur de la crosse, à l'aide d'une pompe de compression. Quand l'air est comprimé, on remplace la pompe par le canon du fusil, et l'on introduit dans ce canon une balle ou du plomb avec de la bourre. Au moyen d'un ressort adapté au canon, la soupape s'ouvre, et l'air comprimé dans la crosse du fusil sort avec violence en donnant au projectile une force proportionnée à sa compression. On peut tirer plusieurs coups de suite, parce qu'en s'ouvrant, la soupape ne laisse échapper chaque fois qu'une partie de l'air comprimé. La décharge du fusil à vent ne produit pas un bruit bien sensible.

8. Tâte-vin. — Le *tâte-vin*, qu'on appelle aussi *tâte-liqueur, pompe des celliers*, repose aussi sur le même principe, la pression de l'air. C'est un tube muni d'un petit orifice à sa partie inférieure, et d'un orifice plus grand à l'extrémité opposée. Quand on le plonge dans un liquide, ce liquide s'élève à la même hauteur, en dedans et en dehors. Si on le retire et qu'on bouche avec le doigt l'extrémité supérieure, il ne s'échappe qu'une faible quantité de liquide, c'est-à-dire la quantité suffisante pour que l'élasticité de l'air intérieur soit égale à la différence entre la pression atmosphérique et la pression de la colonne du liquide qui reste. On observe la même chose pour un tonneau que l'on perce d'un petit trou par le bas ou sur le côté. Si le tonneau est parfaitement rempli, et par conséquent privé d'air à l'intérieur, il n'y aura pas d'écoulement ; s'il y a une faible quantité d'air, le liquide coulera un instant et s'arrêtera aussitôt.

9. Soufflets. — Le *soufflet* est encore un instrument construit d'après les principes de la pression de l'air. Il consiste en deux plaques de bois réunies par une bordure de cuir et terminées par un tube métallique appelé *tuyère*. Une de ces plaques est percée d'un trou recouvert en dedans d'une soupape en cuir que l'on appelle l'*âme du soufflet*. Quand on écarte ces plaques, l'air extérieur entre dans le soufflet par la soupape; quand on les rapproche, la soupape se ferme sous l'action de la compression, et l'air sort par la tuyère.

Le *soufflet de forge* donne un vent continu. Il se compose de deux chambres ou compartiments dont le premier communique avec le second au moyen d'une soupape intérieure, et sert à y comprimer sans cesse l'air; et cet air s'échappe par la tuyère en courant continu, sans avoir les intermittences du soufflet ordinaire.

Les *machines soufflantes* servent à envoyer de grandes quantités d'air dans les fourneaux métallurgiques; on les appelle, suivant leur forme et leur emploi, *trompes, soufflets pyramidaux, soufflets à piston;* elles sont mises en mouvement, soit par la vapeur, soit par des roues hydrauliques.

10. **Siphon.** — Le *siphon* consiste en un tube recourbé, ouvert à ses deux extrémités, et à deux branches inégales (*fig.* 52). On l'emploie ordinairement pour transvaser les liquides sans déplacer les vases. Supposons le siphon AOB : si l'on veut s'en servir pour transvaser le liquide, on plongera la branche la plus courte dans ce liquide, on aspirera l'air intérieur par l'autre extrémité de la branche, et le liquide montera au point O, d'où il redescendra

en A dans le second vase. Le siphon ainsi *amorcé*, le liquide continuera à couler tant que le vase VV ne sera pas vide. Pour se rendre compte de ce fait, il suffit d'observer que la pression de l'atmosphère est la même aux deux extrémités du siphon, mais diminuée du poids de chaque colonne liquide ; la branche OA étant la plus pesante, la pression définitive est moindre de ce côté, l'équilibre est détruit et l'écoulement commence ; mais en coulant, le liquide aspire celui du vase, et l'écoulement continue jusqu'à entier épuisement.

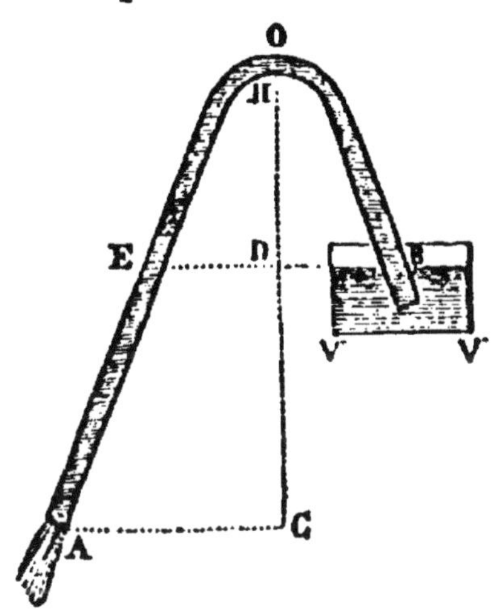

Fig. 52.

11. **Usages du siphon.** — Si l'on veut transvaser un liquide qu'on ne puisse sans danger recevoir dans la bouche, on peut amorcer le siphon en le remplissant préalablement de ce liquide. On bouche la branche la plus longue, et l'on met son doigt sur l'extrémité de la branche la plus courte ; on plonge cette dernière dans le liquide à transvaser, on retire le doigt, on ouvre la branche la plus longue, et aussitôt l'écoulement commence.

On fait continuellement usage du siphon dans les laboratoires de chimie et de pharmacie, et l'on s'en sert aussi pour transvaser les vins et les liqueurs. On peut encore l'employer pour vider une pièce d'eau ou un étang, si la disposition du terrain le permet

Dans ce cas, on prend un siphon de bois ou de métal ayant un diamètre considérable, et on l'amorce par le haut, en le remplissant d'eau après l'avoir fermé aux deux extrémités. Il suffit alors de le déboucher pour que l'écoulement se fasse sans interruption.

12. **Fontaines intermittentes.** — C'est par le principe du siphon que l'on explique les fontaines intermittentes que l'on trouve dans le voisinage des montagnes. Ainsi, supposons, dans un roc, une cavité AB qui communique avec la plaine par une espèce de siphon BHC (*fig.* 53), et admettons que l'eau

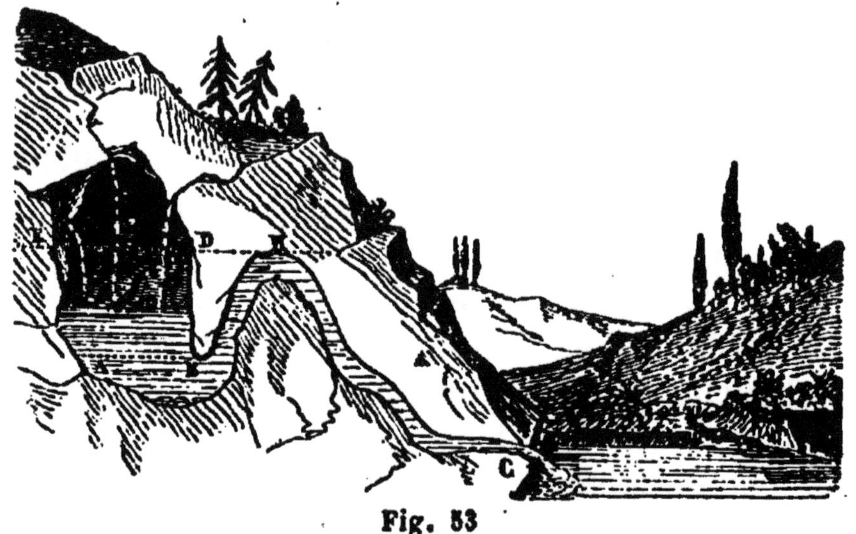

Fig. 53

ne se rende que par des infiltrations légères dans cette cavité ; elle y séjournera tant qu'elle ne sera pas arrivée à la hauteur DE, égale à la hauteur du siphon. Une fois parvenue à ce degré, elle s'écoulera jusqu'à ce que le niveau soit descendu en BA. L'écoulement cessera alors pour reprendre lorsque le niveau de l'eau aura de nouveau atteint DE. Certaines fontaines intermittentes coulent plusieurs jours ou plusieurs heures sans s'arrêter; d'autres coulent et s'arrêtent plusieurs fois dans une heure, suivant que la cavité se remplit et se vide plus rapidement.

13. Des pompes. — Les pompes servent à élever l'eau ou un liquide quelconque, et leur jeu s'explique comme le jeu du siphon « par la pression naturelle de l'air sur la surface du liquide. » On en distingue de trois sortes : les pompes *aspirantes*, les pompes *foulantes* et les pompes *aspirantes et foulantes*.

14. Pompe aspirante. — La pompe *aspirante* (*fig.*54) se compose d'un corps de pompe AB où se meut un piston, et d'un tuyau d'aspiration S*a* qui plonge dans le liquide qu'on veut élever. Deux soupapes sont pratiquées, l'une S', dans le piston, et l'autre S, à la jonction du corps de pompe avec le tuyau d'aspiration : ces soupapes s'ouvrent de bas en haut. Lorsqu'on soulève le piston, il se fait un vide au-dessous de sa base; la pression atmosphérique ferme la soupape S', et l'air renfermé dans le tuyau d'aspiration soulève la soupape S par sa force élastique et monte dans le corps de pompe. L'eau s'élève alors dans le tuyau d'aspiration, jusqu'à ce que l'élasticité

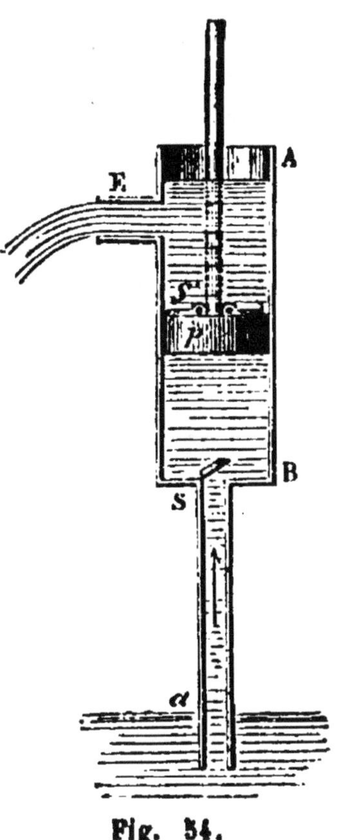

Fig. 54.

de l'air intérieur, jointe à la pression de la colonne de liquide qui a été soulevée, fasse équilibre à la pression atmosphérique. En abaissant le piston, on force l'air renfermé dans le corps de pompe à sortir par la soupape S'; et comme, en le relevant, on laisse de nouveau un vide sous lui, l'air contenu dans le tuyau d'aspiration monte de nouveau dans le corps de pompe, et une nouvelle quantité de liquide s'élève. Le liquide, après avoir rempli le tuyau d'aspiration, se répand dans le corps de pompe, et, à partir de ce moment, l'effet produit jusqu'alors est modifié. Lorsque le piston descend, la soupape S se ferme; l'eau du corps de pompe étant alors comprimée, soulève la soupape S' et pénètre au-dessus du piston qui l'enlève ensuite, lorsqu'il remonte, jusqu'au canal latéral qui a son orifice en E. Il est à remarquer que l'élévation du liquide étant due à la pression atmosphérique, il faut qu'il y ait moins de $10^m,33$ du niveau du liquide au niveau du réservoir, si c'est de l'eau qu'on veut élever; et moins de $0^m,76$, si c'était du mercure. On se sert de la pompe aspirante pour faire monter l'eau dans les maisons.

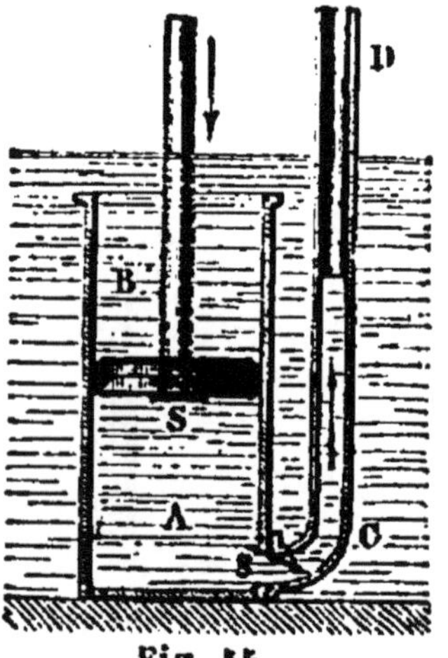

Fig. 55.

15. Pompe foulante. — La pompe *foulante* (*fig.* 55) se compose d'un corps de pompe AB et d'un tube latéral CD. Le piston qui se meut dans le corps de pompe est muni d'une soupape S, s'ouvrant de haut en bas; une autre soupape S', placée à l'orifice du tuyau latéral CD, s'ouvre de dedans en dehors. Le corps de pompe est plongé dans l'eau. Le piston étant au bas de sa course, si l'on vient à l'élever, la soupape S s'ouvre, et l'eau passe au-dessous du piston. Le piston étant au haut de sa course, si on l'abaisse, la soupape S se ferme ; l'eau pressée par le piston ouvre la soupape S' et monte dans le tuyau latéral, d'où elle s'échappe. Si l'on recommence à élever le piston, la soupape S' se ferme, la soupape S du piston s'ouvre, et ainsi de suite.

On se sert de la pompe foulante pour arroser les rues et les jardins.

Les *pompes à incendie* sont aussi des pompes foulantes ; elles se composent ordinairement de deux pompes jumelles, qui compriment l'eau dans un réservoir où on laisse une certaine quantité d'air, afin que ce gaz rende par son élasticité le lancement de l'eau plus énergique et plus continu. Au bas de ce réservoir on adapte des tuyaux de cuir d'une longueur plus ou moins grande

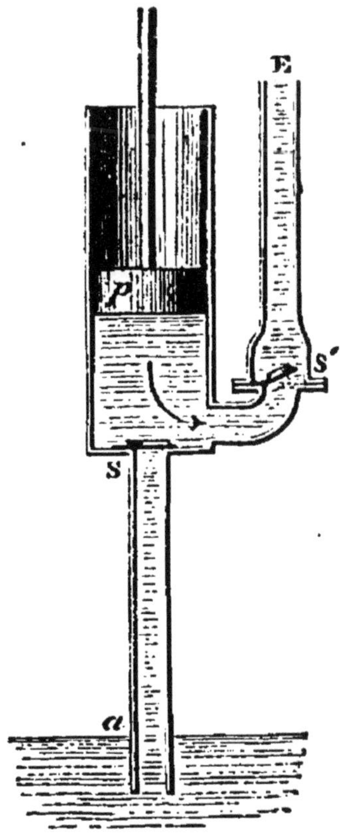

Fig. 56.

terminés par un robinet ou *lance* qui permet de régler et de diriger le jet d'eau.

16. Pompe aspirante et foulante. — La pompe *aspirante et foulante* (*fig.* 56) est construite de la même manière que la pompe foulante; mais elle possède en outre un tuyau d'aspiration S*n*. Le corps de pompe est entièrement hors de l'eau ; il communique avec elle par le tuyau d'aspiration, qui fonctionne absolument de la même manière que la pompe *aspirante*. Seulement, dès que l'eau a pénétré dans l'intérieur du corps de pompe, la pompe devient *foulante*, et le liquide tend à s'échapper par le tube latéral E, de la même manière que dans les pompes foulantes. Il y a des pompes à incendie qui sont tout à la fois aspirantes et foulantes.

17. Cloche à plongeur. — La résistance que l'air comprimé dans un vase oppose à l'eau a fait inventer la *cloche à plongeur*. L'expérience démontre que si l'on enfonce un verre renversé dans l'eau, cette eau ne s'élève dans le vase qu'à une très-faible hauteur (*fig.* 1, page 16), par suite de la réaction que l'air comprimé dans le verre exerce contre le liquide. On est parti de ce fait pour construire des appareils assez vastes en bois et en fer, auxquels on a donné la forme d'une cloche. Des hommes se placent sous ces appareils, appelés *cloches à plongeur*, et ils peuvent descendre assez profondément dans l'eau sans être en péril. Cet appareil est employé avec avantage pour les travaux à exécuter sous l'eau, tels que les piles de pont, les recherches d'objets précieux dans les navires naufragés, etc.

QUESTIONNAIRE.

1, 2 et 3. A quoi sert la machine pneumatique ? Indiquez toutes les parties dont elle se compose? Expliquez le jeu de cette machine ? Par qui fut-elle inventée? Quels sont les perfectionnements qu'on y a apportés ? De quelle utilité sont les deux corps de pompe ? Comment connait-on le degré de raréfaction de l'air obtenu par la machine ? De quel usage est le robinet qu'on a ajouté au canal de communication?

4. Citez les principales expériences dans lesquelles on se sert de cette machine ? Comment sert-elle à prouver que l'air est pesant? — que tous les corps sont également attirés par la terre? — que l'atmosphère exerce une puissante pression sur les corps ? — que l'air est nécessaire à la respiration et à la combustion ? — qu'il est le véhicule du son ? Quelle application a-t-on faite de cette machine aux chemins de fer?

5. Qu'appelle-t-on machine de compression ? De quoi se compose la pompe de compression? Comment fonctionne-t-elle ? Quel usage en fait-on ?

6. En quoi consiste la fontaine de compression?

7, 8 et 9. Comment se charge le fusil à vent ? Expliquez l'action de cet instrument ? Qu'est-ce qu'un tâte-vin ? Comment se fait-il que le liquide ne s'échappe pas par l'extrémité inférieure quand l'extrémité supérieure est bouchée ? En quoi consiste le jeu du soufflet ?

10, 11 et 12. Qu'est-ce qu'un siphon? Comment se fait-il que l'on puisse faire passer un liquide d'un vase dans un autre au moyen de cet instrument? Quel usage fait-on du siphon? Comment explique-t-on les fontaines intermittentes?

13, 14, 15 et 16. A quoi servent les pompes ? De quoi se compose la pompe aspirante ? Expliquez le jeu de cet instrument ? De quoi se compose la pompe foulante? Comment fonctionne-t-elle ? De quel usage sont ces deux sortes de pompe ? Comment sont construites les pompes aspirantes et foulantes ?

17. Parlez-nous de la cloche à plongeur. A quoi sert cet appareil ?

DEUXIÈME PARTIE.

CHALEUR OU CALORIQUE.

CHAPITRE PREMIER

MESURE DE LA TEMPÉRATURE DES CORPS.

1. De la chaleur en général. — La chaleur est un phénomène produit par une cause inconnue qu'on désigne sous le nom de *calorique*. Les deux principales hypothèses faites sur la nature du calorique sont l'hypothèse *de l'émission* et l'hypothèse *des ondulations*.

D'après l'hypothèse *de l'émission*, le calorique serait un fluide matériel, impondérable, très-subtil, dont les molécules tendent constamment à s'écarter l'une de l'autre. — Dans l'hypothèse *des ondulations*, on suppose que la chaleur est due à certains mouvements vibratoires des molécules des corps chauds. Ces mouvements seraient transmis aux autres corps au moyen d'un fluide incoercible et impondérable qui serait répandu partout et qu'on nomme *éther*. Cette dernière hypothèse est généralement préférée à la première, qui semble contredite par certains faits.

2. Dilatation. — Contraction. — Changements d'état. — La température d'un corps est la quantité variable de calorique sensible qu'il contient. Ainsi la température d'un corps augmente à mesure qu'il s'échauffe, c'est-à-dire absorbe plus de calorique, et elle diminue à mesure qu'il se refroidit, c'est-à-dire en perd davantage.

La chaleur fait éprouver aux corps divers changements. Les plus remarquables de ces changements sont : la *dilatation*, la *contraction* et les *changements d'état*.

Les corps se dilatent ou augmentent de volume par l'accroissement de la température. Ainsi une barre de fer soumise à un feu violent s'allonge sensiblement. L'expérience est encore plus sensible pour les liquides et pour les gaz, qui augmentent considérablement de volume quand on les soumet à l'action de la chaleur.

On remarque au contraire que la diminution de calorique produit le phénomène opposé ; elle contracte les corps ou les diminue de volume d'autant plus qu'elle est plus considérable.

La chaleur peut également faire changer d'état les corps, et c'est par son action que presque tous les corps solides passent à l'état liquide. La glace se fond à une température assez basse ; le plomb, l'or et l'argent entrent également en fusion, mais à une température assez élevée.

Les corps liquides soumis à l'action de la chaleur passent à l'état de vapeurs. C'est ainsi que l'eau, le mercure ou tout autre liquide, suffisamment chauffés, s'élèvent dans l'atmosphère en molécules ténues, qui donnent à ces corps la fluidité de l'air lui-même.

3. Mesure de la température des corps. — Thermomètres. — Pour mesurer la température des corps, c'est-à-dire pour comparer les quantités de calorique sensible qu'ils contiennent, on se sert d'un instrument appelé *thermomètre*. Cet instrument fut inventé, selon les uns, vers l'an 1600, par Drebbel, médecin hollandais, mais d'autres l'attribuent à Galilée ou à Santorius, médecin vénitien. Quoi qu'il en soit, ce n'est guère qu'au commencement du xviii⁰ siècle qu'on est parvenu à le perfectionner et à rendre ses indications comparables.

Cet instrument repose « sur la dilatation que les corps éprouvent sous l'action de la chaleur, » ou plus simplement sur ce principe : *l'accroissement de volume des corps est toujours à peu près, et pour des variations de température peu étendues, proportionnel à l'énergie du calorique auquel ils sont soumis.* Par conséquent, pour comparer les températures diverses d'un même corps, il suffit de connaître les variations de son volume, et c'est de ces variations que le thermomètre est destiné à rendre compte.

On pourrait construire des thermomètres avec toute espèce de corps, mais généralement on emploie des thermomètres *à liquides*, et parmi les liquides on choisit de préférence le mercure et l'alcool, parce que leurs dilatations sont plus régulières. Ces thermomètres servent à comparer les *températures moyennes*, c'est-à-dire « celles qui se présentent le plus fréquemment. » — Les thermomètres *à solides* servent pour mesurer les températures très-élevées, parce que les corps solides se dilatent très-peu. Au contraire, les thermomètres *à gaz* sont employés pour accuser les plus faibles variations, parce que, se dilatant beaucoup, les gaz sont très-sensibles au moindre changement de température.

4. Des thermomètres à liquides. — Le mercure et l'alcool sont, comme nous l'avons dit, les deux liquides généralement employés pour la construction des thermomètres. Le mercure ayant la propriété de ne se congeler qu'à un très-grand froid et de ne bouillir qu'à une très-haute température, sert à construire les thermomètres d'un usage plus général. L'alcool, au contraire, est employé pour les températures basses, parce qu'il a l'avantage de ne pas se congeler, même aux plus grands froids. On le colore afin de suivre plus facilement ses variations.

5. Thermomètres à liquides. 1° Thermomètres à mercure. — Le thermomètre à mercure se compose d'un tube en verre, percé d'un trou extrêmement petit (*fig.* 57), terminé à sa partie inférieure par un réservoir sphérique ou cylindrique. Le mercure remplit ce réservoir et s'élève à une certaine hauteur dans le tube. Le tube est fermé à son extrémité supérieure, de manière à laisser un vide à peu près parfait à l'intérieur au-dessus de la colonne de mercure. Ce tube est fixé sur une petite planche où est tracée une échelle qui sert à

Fig. 57.

mesurer les différentes variations du mercure. Suivant que la température s'élève ou s'abaisse, le mercure se dilate ou se contracte, et par suite la colonne monte ou descend, et on lit sur l'échelle l'estimation en degrés de ces variations.

Pour construire cet instrument, on choisit un tube capillaire d'une régularité aussi parfaite que possible. On soude à son extrémité une boule ou un cylindre destiné à recevoir le mercure. Pour y introduire ce liquide, on chauffe le réservoir à la flamme d'une lampe à alcool, et quand l'air est dilaté, on plonge l'extrémité du tube dans un bain de mercure; ou, ce qui vaut mieux, on soude à l'autre bout un petit entonnoir en verre, que l'on remplit de mercure avant de chauffer. L'air s'étant raréfié, le liquide, par le refroidissement, pénètre dans le réservoir. On le fait bouillir en chauffant de nouveau le réservoir, et quand les vapeurs mercurielles ont chassé l'humidité et l'air adhérents aux parois intérieures du verre, en le laissant refroidir, le mercure de l'entonnoir ne tarde pas à remplir complétement l'appareil. Alors on casse le tube au-dessous de l'entonnoir pour l'en séparer; on chauffe de nouveau le mercure afin de le dilater et d'en faire écouler une partie hors du tube. On a soin de n'en conserver que la quantité suffisante pour qu'à la température ordinaire il en remplisse à peu près le tiers. On le chauffe une dernière fois jusqu'à ce que la colonne s'élève à l'extrémité ouverte du tube, et on ferme cette extrémité en dirigeant sur elle la flamme d'une lampe à émailleur. Cette dernière opération a pour but de faire un vide parfait au-dessus de la colonne de mercure, lorsque celle-ci est revenue à son point primitif en se refroidissant.

6. Thermomètres à liquide. 2° Thermomètres à alcool. — Le thermomètre à alcool se construit de la même manière que le thermomètre à mercure ; seulement le tube n'a pas besoin d'être aussi capillaire, parce que la dilatation de l'alcool est sept fois plus grande que celle du mercure, et l'on peut se dispenser d'y souder un entonnoir. Il suffit, après avoir chauffé, de plonger dans l'alcool l'extrémité du tube, pour, en répétant deux ou trois fois cette manœuvre, le remplir en entier. Les seules conditions à observer pour ce thermomètre, c'est que l'alcool soit pur et que le tube ne renferme pas d'air.

7. Graduation de l'échelle du thermomètre centigrade. — Pour graduer le thermomètre, on choisit deux points fixes de température.

On marque zéro au point où le thermomètre descend, lorsqu'on le met dans de la glace pilée *provenant d'une eau pure* ; ce point ne serait pas le même si l'eau était salée ou mêlée à d'autres liquides. On marque 100 au point où le liquide s'élève quand on le place au milieu des vapeurs que produit l'eau bouillante. Pour déterminer ce dernier point, on fait bouillir de l'eau distillée dans un vase métallique ; on opère sous une pression atmosphérique de 0,76, et l'on tient le tube du thermomètre suspendu au-dessus de l'eau en ébullition, de manière que la boule ou la sphère inférieure du tube effleure seulement la surface de l'eau, et que le tube soit constamment enveloppé de vapeurs. Toutes ces conditions sont indispensables pour obtenir un résultat exact.

Ces deux points étant marqués, on divise en 100 parties égales l'intervalle qui les sépare, et l'on prolonge la division au-dessous de zéro et au-dessus de 100, pour le thermomètre à mercure. Pour désigner la température d'un lieu ou d'un corps, on dit qu'elle est à tel degré au-dessus ou au-dessous de zéro, suivant le degré de l'échelle où s'arrête la surface du liquide du thermomètre placé dans ce lieu ou mis en contact avec ce corps. Cette échelle forme ce qu'on appelle le thermomètre *centigrade*. Elle est due à un physicien suédois, Celsius, qui mourut en 1744, et on l'a généralement adoptée en France.

8. Graduation de l'échelle Réaumur. — Précédemment on se servait de l'échelle adoptée en 1731 par le physicien français Réaumur. Il avait marqué 80 au point où l'on marque 100 dans le thermomètre centigrade, de telle sorte que 80 degrés de Réaumur équivalent à 100 degrés centigrades. Ainsi, pour convertir les degrés de Réaumur en degrés centigrades, il faut les multiplier par $\frac{5}{4}$, et pour convertir les degrés centigrades en degrés Réaumur, il faut en prendre les $\frac{4}{5}$.

9. Graduation de l'échelle Fahrenheit. — En Hollande, en Angleterre, et dans l'Amérique du Nord, on se sert communément de l'échelle que Fahrenheit, physicien à Dantzick, adopta en 1714. Le point zéro de cette graduation correspond au degré de froid qu'on obtient en mélangeant à poids égaux de la neige et du sel ammoniac pilé : et le point correspondant à la chaleur de l'eau bouillante est marqué 212. Ce thermomètre, placé dans la glace fondante, accuse 32° au-dessus de son zéro. Ainsi 100 degrés centigrades valent 180 degrés de Fahrenheit, et 1 degré Fahrenheit vaut $\frac{5}{9}$ d'un degré centigrade. Le nombre des degrés de Fahrenheit étant donné, il faut, pour obtenir le nombre des degrés centigrades correspondants, en déduire 32° et prendre ensuite les $\frac{5}{9}$ du reste.

10. Thermomètres à solides. Pyromètre de Wedgwood. — Pour apprécier les températures supérieures à 400 ou 500 degrés, on ne peut se servir de thermomètres à liquides, parce que le liquide se réduirait alors en vapeur. On emploie des thermomètres à solides, qu'on nomme *pyromètres*. Le plus usité de ces instruments est celui de l'Anglais Wedgwood.

Il consiste (*fig.* 58) en deux règles de laiton AB, CD fixées invariablement sur une plaque du même métal, mais un peu inclinées, de manière à laisser entre elles un espace angulaire d'environ un

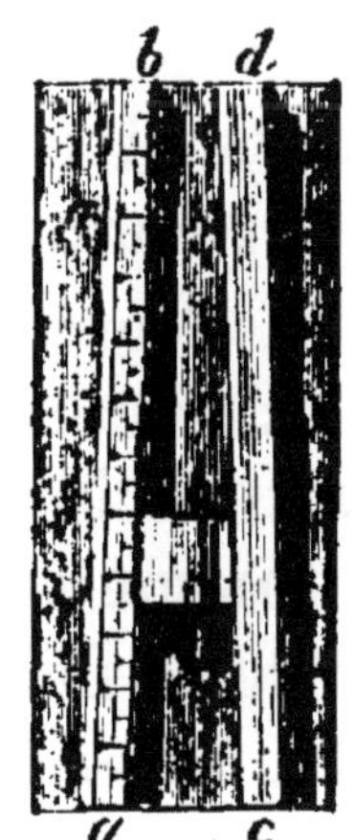

Fig. 58.

centimètre à l'une de leurs extrémités, et d'un demi-centimètre à l'autre. L'une des règles porte 240 divisions égales, qui forment les degrés du pyromètre. Cet instrument est fondé sur la propriété qu'a l'argile de se contracter à une température très-élevée, et de conserver cette contraction après s'être refroidie. D'après ce principe, quand on veut connaître la température d'un bain ou d'un fourneau, on prépare un cylindre d'argile qui s'enfonce exactement au zéro du pyromètre. On plonge ce cylindre dans le fourneau dont on veut apprécier la chaleur, et on l'y laisse jusqu'à ce qu'il en ait pris la température. On le fait refroidir et on le place entre les règles du pyromètre ; le point auquel il s'enfonce indique le degré de chaleur auquel il a été soumis.

Dans le pyromètre de Wedgwood, le zéro correspond à 500 degrés centigrades, et chacun des degrés vaut 72 degrés centigrades. Ainsi la température de la fusion du cuivre étant de 27° du pyromètre, si l'on veut évaluer cette quantité en degrés centigrades, il faut multiplier 27 par 72 et ajouter 500, ce qui donne 2444 degrés centigrades.

11. Thermomètres à gaz. — L'air est le seul gaz que l'on emploie pour construire ces thermomètres. Les principaux thermomètres de ce genre sont : le thermomètre à air simple, le thermomètre différentiel de Leslie et celui de Rumford.

12. Thermomètres à gaz. — Thermomètre à air simple. — Le *thermomètre à air simple* consiste en un long tube capillaire, ouvert à l'une de ses extrémités, et terminé à l'autre par un réservoir sphérique. On introduit dans le tube une goutte de mercure qui se déplace avec la plus grande facilité suivant que l'air renfermé dans le réservoir se dilate ou se contracte sous l'action de la température. Le tube est placé horizontalement, et pour le graduer on le met successivement dans la glace fondante et dans de l'eau portée à une température connue, par exemple à

10 degrés. On écrit zéro au point où le mercure s'arrête lorsque l'instrument est dans de la glace fondante, et 10, au point qu'il atteint quand il est soumis à la température de 10 degrés. On divise ensuite l'intervalle en 10 parties égales, et l'on prolonge les divisions au-dessus de 10 et au-dessous de 0.

13. Thermomètres différentiels. — Thermomètre de Leslie. — Les *thermomètres différentiels* ont pour but d'indiquer la différence de température entre deux corps ou entre deux lieux. Leslie, physicien écossais, mort en 1832, en a construit un qui consiste en un tube recourbé BCDE (*fig.* 59) terminé par deux boules d'égales capacités. Il contient de l'acide sulfurique coloré avec de l'indigo dans sa branche horizontale et jusqu'à une certaine hauteur dans les

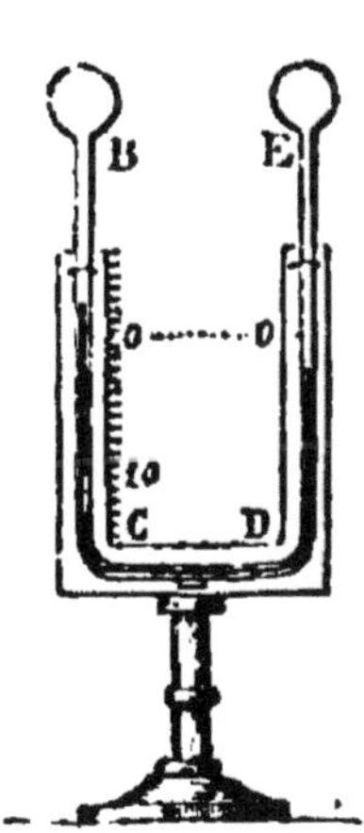

Fig. 59.

deux branches verticales. Quand les deux boules sont à la même température, le liquide se maintient au même niveau dans les deux branches. Si la boule E a une température supérieure à la boule B, le liquide baisse dans la branche ED, et s'élève d'autant dans la branche CB. Pour graduer ce thermomètre, on marque zéro au point où le liquide est de niveau dans les deux branches, puis l'on soumet une des deux boules à une température supérieure de 10 degrés à celle de l'autre, et l'on marque 10 au point où le liquide s'abaisse dans la branche verticale qui correspond à cette boule. On divise cet intervalle en dix parties égales, et l'on continue ces divisions. Il est à remarquer que cet instrument ne donne que les différences de température auxquelles sont soumises les deux boules. Ainsi, les deux boules étant l'une et l'autre soumises à la température de 40°, ce thermomètre marquera 0 ; mais si l'un est à la température de 40° et l'autre à celle de 30°, il marquera 10.

14. Thermomètres différentiels. — Thermomètre de Rumford. — Le comte de Rumford, Américain mort à Auteuil, près Paris, en 1814, a construit un autre thermomètre différentiel qui porte son nom. Il ne diffère du précédent qu'en ce que la branche horizontale CD est très-longue, et les verticales BC et ED très-courtes. Au lieu d'une grande quantité de liquide il n'y en a qu'une goutte, comme dans le thermomètre simple, qui sert d'index. Quand chaque boule est à la même température, l'index occupe le milieu de la branche CD, où l'on marque zéro ; quand l'une est soumise à une plus haute température que l'autre, l'index s'éloigne de la boule qui est la plus chaude. En élevant l'une à une température de 10° plus haute que l'autre, on marque 10 au point où s'arrête l'index, et l'on trace les divisions comme dans le thermomètre de Leslie.

QUESTIONNAIRE.

1. Qu'est-ce que la chaleur ? Quelles hypothèses fait-on sur la nature du calorique ?

2. Qu'est-ce que la température d'un corps ? Quels sont les changements divers que la chaleur fait éprouver aux corps ?

3. De quels instruments se sert-on pour apprécier la chaleur ? Par qui le thermomètre a-t-il été inventé ? Sur quel principe cet instrument est-il

fondé? Quelles sont les différentes espèces de thermomètres?

4, 5 et 6. De quels liquides se sert-on pour faire les thermomètres à liquides? Décrivez un thermomètre à mercure. Comment se construit-il? Le thermomètre à alcool se construit-il de même?

7, 8 et 9. Comment gradue-t-on les thermomètres à liquides? Quelle échelle Réaumur avait-il adoptée? Quel est le rapport entre un degré centigrade et un degré Réaumur? Quelle est l'échelle de Fahrenheit? Que faut-il faire pour convertir les degrés Fahrenheit en centigrades?

10. A quoi servent les thermomètres à solides? Sur quelles propriétés reposent-ils? Décrivez le pyromètre de Wedgwood? Comment est-il gradué? Quel est le rapport des degrés de ce thermomètre avec les degrés centigrades?

11, 12, 13 et 14. Parlez-nous des thermomètres à gaz. Décrivez un thermomètre simple à air. Comment le gradue-t-on? A quoi servent les thermomètres différentiels? Comment se construit celui de Leslie? Comment est-il gradué? Que marque-t-il? Quelle différence entre le thermomètre de Leslie et celui de Rumford?

CHAPITRE II

RAYONNEMENT DU CALORIQUE.

1. Rayonnement du calorique. — On appelle *chaleur rayonnante* la chaleur qui se transmet d'un corps à un autre corps placé à une distance quelconque, et *rayonnement* la manière dont cette chaleur se propage. Ainsi en approchant la main d'un boulet de canon chauffé au rouge, on sent la chaleur au-dessus, au-dessous de ce boulet et dans toutes les directions. C'est ce qui a fait dire des corps chauds qu'ils *envoient*, qu'ils *lancent*, qu'ils *émettent* de la chaleur autour d'eux dans tous les sens.

8.

Tous les corps rayonnent du calorique, même ceux qui nous paraissent froids, comme la glace par exemple. Ces corps ne nous paraissent froids que parce qu'ils ont une température inférieure à la nôtre. Effectivement il n'existe pas de corps, quelque froid qu'il soit, dont la température ne puisse être encore abaissée; ce qui prouve qu'ils renferment tous du calorique.

Le calorique rayonnant se propage à travers le vide. Pour s'en convaincre, il suffit de placer un thermomètre dans un ballon de verre dans lequel on a fait le vide. En approchant de ce ballon un corps chaud, on voit le thermomètre monter immédiatement.

Le calorique se propage en ligne droite tant qu'il reste dans le même milieu. En effet, si l'on place un écran entre un thermomètre et un corps chaud, le thermomètre cesse de monter. Aussitôt qu'on enlève l'écran, l'action du calorique s'exerce et le thermomètre monte.

2. Vitesse et intensité du calorique. — On croit que la vitesse du calorique rayonnant est la même que celle de la lumière du soleil; elle serait donc de 340,000 kilomètres par seconde.

Son intensité dépend de la *température*, de la *nature* et de la *surface* du corps rayonnant, ainsi que de la direction de ses rayons. Elle dépend aussi de la distance qui existe entre le corps rayonnant et celui qui reçoit les rayons de chaleur. Sous ce dernier rapport, l'intensité du calorique est en raison inverse du carré des distances; c'est-à-dire que si un thermomètre est placé devant un corps chaud, à des distances successivement représentées par 2, 3, 4, etc., il recevra des quantités de chaleur 4, 9, 16 fois plus faibles que celles qu'il reçoit à la distance 1. Ainsi la terre recevrait 25 fois moins de chaleur solaire, si elle était à une distance 5 fois plus grande du soleil.

3. Corps diathermanes et corps athermanes. — Parmi les corps sur la surface desquels tombent les rayons de chaleur, les uns livrent passage à ces rayons et sont pour ce motif appelés *diathermanes* ; les autres les interceptent et sont nommés *athermanes.* Ainsi le sel gemme, le verre, l'eau, l'air, les gaz et la plupart des liquides en nappes minces sont des substances *diathrmanes.* Ce n'est pas à dire qu'elles laissent passer toute la chaleur, mais elles ne l'interceptent que dans une assez faible proportion. — Les métaux, le bois, les pierres sont au contraire des substances *athermanes.* Elles absorbent une partie du calorique qui tombe sur leur surface et réfléchissent le reste.

4. Pouvoirs des corps. — Les corps ayant la propriété d'émettre la chaleur, de l'absorber, de la réfléchir et de la communiquer, on peut distinguer en eux, au point de vue du calorique, quatre pouvoirs : le pouvoir *rayonnant* ou *émissif,* le pouvoir *absorbant,* le pouvoir *réflecteur* et le pouvoir *conducteur.*

5. Pouvoir rayonnant ou émissif. — Le *pouvoir émissif* des corps est la propriété qu'ils ont d'émettre une quantité variable de la chaleur qu'ils renferment. Tous les corps ont cette propriété, mais ils ne la possèdent pas au même degré. Pour déterminer le degré de ce pouvoir dans différents corps, il faut comparer les quantités de chaleur qu'ils perdent par le rayonnement dans le même espace de temps, en leur supposant la même forme, la même surface et la même température. C'est ce qu'on fait au moyen d'un appareil appelé *cube de Leslie.*

Cet appareil est un vase cubique dont les quatre faces sont de différentes substances; l'une d'elles est recouverte de noir de fumée, l'autre de cuivre, la troisième de zinc, et la dernière de fer ou de tout autre métal. On remplit ce vase d'eau bouillante; on

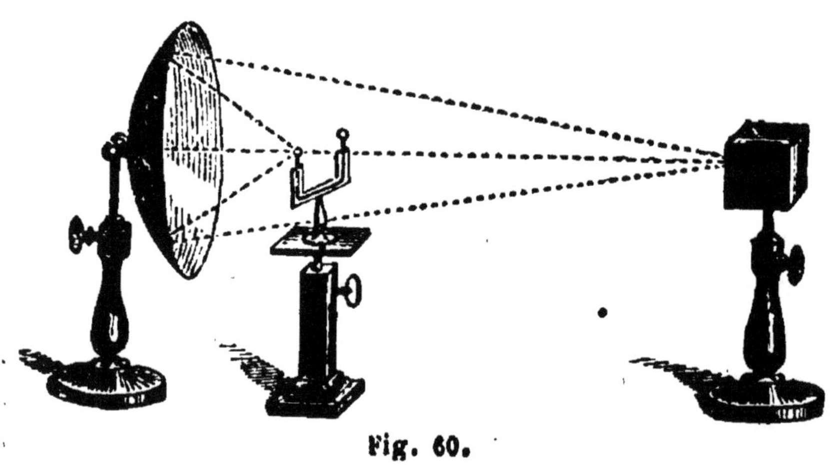

Fig. 60.

le place devant un miroir concave, au foyer duquel se trouve une des boules du thermomètre différentiel (*fig.* 60), On tourne successivement chacune des surfaces du vase en face du réflecteur. La chaleur que ces surfaces émettent étant réfléchie par le miroir sur la boule, on juge, par les différentes variations du thermomètre, du pouvoir émissif des divers corps à cette expérience.

Pour connaître le pouvoir émissif de l'or, de l'argent ou d'un autre métal, il suffit d'avoir une face du vase dorée ou argentée. De même, pour connaître le pouvoir rayonnant du papier, des couleurs, du noir de fumée, on n'a besoin que d'appliquer ces substances sur une des faces du vase cubique.

6. Mesure du pouvoir rayonnant ou émissif. — Le noir de fumée est de tous les corps celui dont le pouvoir émissif est le plus considérable. En représentant son pouvoir émissif par 100, on arrive à former le tableau suivant :

Noir de fumée	100	Plomb décapé	49
Papier	98	Plomb terreux	45
Cire à cacheter	95	Mercure	20
Verre blanc	90	Fer	15
Encre de Chine	88	Étain, argent, cuivre	12

Le pouvoir rayonnant ne dépend pas seulement de la nature des corps, il dépend aussi de l'état de leur surface. Ainsi le pouvoir rayonnant d'une plaque de cuivre rayée au burin ou à la lime est plus considérable que celui d'une plaque polie et brillante. Dans les métaux le pouvoir rayonnant est le même, quelle que soit leur épaisseur. C'est aussi ce que l'on remarque pour le noir de fumée ; mais il n'en est pas de même pour d'autres substances, telles que la colle, les résines et les vernis.

7. Pouvoir absorbant. — On appelle *pouvoir absorbant* la propriété qu'ont les corps d'absorber une partie de la chaleur rayonnante qui tombe sur leur surface. Tous les corps ont cette propriété, mais dans des proportions différentes. L'expérience a prouvé que le pouvoir absorbant des corps est en raison de leur pouvoir émissif, c'est-à-dire que ceux qui émettent la chaleur avec le plus de puissance, sont aussi ceux qui l'absorbent en plus grande quantité.

8. **Mesure du pouvoir absorbant.** — Pour mesurer le pouvoir absorbant des corps, on place devant un miroir concave un vase qui renferme de l'eau en ébullition, c'est-à-dire s'élevant à 100 degrés centigrades. On a soin que cette eau conserve la même température, et l'on met au foyer du miroir l'une des boules du thermomètre différentiel, après l'avoir préalablement recouverte, soit de papier, ou de noir de fumée, ou d'une feuille de cuivre, ou au moyen de tout autre corps dont on veut connaître le pouvoir absorbant. A chaque changement de substance la boule absorbe une quantité différente de calorique, et les variations que le thermomètre subit indiquent l'ordre dans lequel on doit placer le pouvoir absorbant de chaque corps.

9. **Pouvoir réflecteur.** — Le *pouvoir réflecteur* est la propriété qu'ont les corps de renvoyer ou de réfléchir une quantité plus ou moins grande du calorique qui arrive à leur surface. Ainsi, quand des rayons de chaleur tombent sur une surface polie, comme celle du marbre, ces rayons semblent s'amortir, c'est-à-dire que la surface sur laquelle ils tombent ne change pas sensiblement de température. Ce phénomène provient de ce que la plus grande

partie des rayons sont *renvoyés* ou *réfléchis* par cette surface, qui n'en absorbe qu'une faible partie. De là ce principe que *les corps possèdent un pouvoir absorbant d'autant plus grand que leur pouvoir réflecteur est plus petit*, et *réciproquement*.

10. Mesure du pouvoir réflecteur. — Pour mesurer les pouvoirs réflecteurs des corps, on se sert d'un miroir concave, en cuivre, en étain, en plomb ou en argent, suivant les substances que l'on veut examiner. On place devant ce miroir un corps chaud, par exemple, un boulet chauffé au rouge, ou un vase contenant de l'eau bouillante maintenue à la même température ; ensuite on place au foyer du miroir une des boules du thermomètre différentiel. Les variations du thermomètre indiquent la différence des pouvoirs réflecteurs, pouvoirs qui varient suivant les substances dont les miroirs sont composés. Le cuivre jaune ou *laiton*, lorsqu'il est bien poli, est le corps dont le pouvoir réflecteur est le plus considérable. En exprimant ce pouvoir par 100, on arrive au tableau suivant :

Cuivre jaune	100	Encre de Chine	13
Argent	90	Verre	10
Étain	80	Huile	5
Acier	70	Eau	0
Plomb	60	Noir de fumée	0

11. Lois de la réflexion du calorique. — La réflexion du calorique a lieu d'après les mêmes lo:s que celle de la lumière. Ces lois peuvent se formuler ainsi : 1° *l'angle de réflexion est égal à l'angle* *d'incidence ; 2° le rayon incident et le rayon réfléchi sont situés dans un même plan perpendiculaire à la surface réfléchissante.* Nous ne faisons qu'indiquer ici ces lois, parce que nous nous proposons de les développer et de les démontrer lors de l'étude de la lumière.

12. Rapports et applications des trois pouvoirs. — Le pouvoir absorbant est, comme nous l'avons dit, en raison directe du pouvoir rayonnant, mais le pouvoir réflecteur est en raison inverse des deux autres. Par conséquent, les causes qui modifient l'un de ces pouvoirs modifient nécessairement les autres. Il résulte de là une foule d'applications qui peuvent être d'une grande utilité dans les usages ordinaires de la vie.

Ainsi le blanc ayant un pouvoir rayonnant très-faible, les vêtements blancs sont préférables pour l'hiver, et comme la couleur blanche a aussi un pouvoir absorbant peu considérable, les vêtements blancs conviennent également en été, parce qu'ils absorbent moins la chaleur du soleil. Les tuyaux de poêle qui sont noirs et rugueux ont un pouvoir rayonnant plus considérable que les tuyaux de cuivre ou de faïence. Les plaques de cuivre ou de faïence dont on orne les cheminées augmentent leur pouvoir réflecteur. Un poêle métallique s'échauffe vite et se refroidit de même ; un poêle en faïence, au contraire, est long à se refroidir.

Les vases dépolis et recouverts de noir de fumée à l'extérieur ont un pouvoir émissif et un pouvoir absorbant beaucoup plus considérables que ceux qui sont brillants et polis. Ils conviennent mieux pour chauffer les liquides ou pour les faire refroidir.

13. Équilibre mobile de température. — Si l'on met dans une même salle des corps de température différente, ils rayonnent tous une certaine quantité de calorique proportionnelle à leur température. Celui dont la température est la plus élevée en rayonne une quantité plus considérable, et celui dont la température est inférieure en rayonne une quantité moindre. Mais en même temps chacun d'eux absorbe une partie du calorique rayonné par les autres, et ils tendent tous à prendre une température uniforme, qui est celle du lieu dans lequel ils se trouvent.

Dans cette action réciproque, si un corps émet plus de calorique qu'il n'en reçoit, il se refroidit. Si, au contraire, il en absorbe plus qu'il n'en émet, il s'échauffe, et, quand la quantité du calorique qu'il émet est égale à celle qu'il absorbe, il ne change pas de température.

Une fois l'équilibre établi, les corps continuent à rayonner les uns vers les autres, mais ils émettent des quantités égales à celles qu'ils absorbent, et c'est cet échange mutuel d'où résulte la fixité de la température, qu'on appelle *équilibre mobile de température.*

14. Pouvoir conducteur ou conductibilité. — Le *pouvoir conducteur* ou la *conductibilité* des corps relativement à la chaleur est la propriété qu'ils ont de transmettre, de molécule à molécule, la chaleur qui les affecte sur un point de leur surface. Si l'on chauffe sur une petite étendue l'extrémité d'une barre de fer, toute la barre devient chaude. Tous les corps ont cette propriété, mais à des degrés différents. Ainsi, en faisant rougir l'une des extrémités d'une tige de cuivre de la longueur d'un mètre, on ne peut, sans se brûler, tenir l'autre extrémité à la main ; au contraire, si nous présentons au feu un morceau de bois d'une longueur même beaucoup plus petite, nous le verrons s'enflammer à l'extrémité, et néanmoins l'on pourra continuer à le tenir sans ressentir aucune impression sensible.

15. Conductibilité des solides. — La conductibilité des solides peut se mesurer au moyen de l'appareil de Ingenhousz, médecin hollandais, mort à la fin du siècle dernier. Cet appareil consiste en une caisse de laiton (*fig.* 61) à laquelle sont fixés des cylindres de même

Fig. 61.

diamètre et de même longueur formés des métaux que l'on veut comparer. On enduit ces cylindres d'une légère couche de cire ou d'un autre corps gras susceptible de se fondre et de s'étendre sous l'action de la chaleur. On remplit d'eau bouillante la caisse de laiton, ou, ce qui vaut mieux, on la remplit d'huile amenée à une chaleur de deux ou trois cents degrés. La cire ou le corps gras entre alors en fusion, et le métal qui conduit le mieux le calorique est celui dont la tige fond le corps gras sur une plus grande longueur.

16. Mesure de la conductibilité des solides.

— L'or est de tous les métaux celui qui possède la plus grande conductibilité. En exprimant par 1000 son pouvoir conducteur, les autres métaux se classent dans l'ordre suivant :

Or......	1000	Étain....................	304
Platine...................	981	Plomb....................	179
Argent...................	973	Marbre	24
Cuivre...................	898	Porcelaine................	12
Fer......................	374	Terre de brique...........	11
Zinc....................	363		

17. Conductibilité des liquides. — Les liquides sont en général de mauvais conducteurs de la chaleur : néanmoins, lorsqu'on chauffe un liquide par sa partie inférieure, toutes ses couches prennent rapidement la même température que celle qui est la plus voisine du foyer. La rapidité avec laquelle l'uniformité de température s'établit dans le liquide ne provient pas de sa conductibilité ; elle est due à des *courants* qui se produisent dans sa masse.

On conçoit facilement l'existence de ces courants. Les molécules inférieures se dilatent dès qu'elles se sont échauffées par leur contact avec les parois du vase ; elles diminuent par conséquent de densité, et s'élèvent dans le liquide. Ces molécules sont remplacées par les molécules voisines, qui s'échauffent comme elles et qui s'élèvent à leur tour. Il s'établit ainsi un courant ascendant de molécules chaudes et un courant descendant de molécules froides. Pour observer ces courants et les apprécier d'une manière sensible, on met de la sciure de bois dans le vase ; on la voit rester en suspens dans le liquide et suivre les mouvements de ces différentes couches, montant et descendant avec elles.

18. Appréciation de la conductibilité des liquides. — Lorsqu'on veut apprécier la conductibilité des liquides, il faut éviter ces courants, et on y parvient en les chauffant par leur partie supérieure. Dans un verre presque plein d'eau on place un thermomètre horizontal un peu au-dessous du niveau de l'eau. On remplit le verre avec l'alcool, qui surnage; on met le feu à l'alcool, et on produit ainsi une chaleur considérable au-dessus de l'eau. Cependant on ne remarque qu'une légère élévation dans le thermomètre, ce qui prouve que l'eau est un mauvais conducteur.

Parmi les liquides, le mercure seul a une certaine conductibilité, qu'il doit à son caractère métallique; aussi, en y plongeant la main, éprouvons-nous une sensation de froid plus prompte et plus vive que dans tout autre liquide, parce que le mercure transmet plus rapidement dans sa masse la chaleur qu'il nous enlève.

19. Conductibilité des gaz. — Les gaz sont aussi de très-mauvais conducteurs. Si l'air renfermé dans un vase ou dans une chambre prend en peu de temps la même température dans toutes ses parties, il faut l'attribuer, comme pour les liquides, aux courants qui s'y établissent. Ainsi, dans un appartement chauffé, l'air intérieur étant plus dilaté que l'air extérieur, si on ouvre une porte ou une fenêtre, cet air chaud tend à s'échapper; au contraire, l'air froid du dehors tend à entrer. Il se forme alors un courant qui ne tarde pas à établir un équilibre de température dans toute la masse de l'air.

Mais l'air et les gaz en général s'échauffent très-lentement quand ces courants n'existent pas. C'est ce qu'on démontre en renfermant de l'air dans un ballon de verre muni d'un thermomètre, et en y ajoutant du duvet, de la laine, ou d'autres corps légers qui gênent les courants. Si l'on plonge ce ballon dans de l'eau bouillante, on remarque que le thermomètre monte lentement, tant que l'air est gêné dans son mouvement par les obstacles que nous venons d'indiquer, et qu'il monte au contraire très-rapidement une fois que ces obstacles sont enlevés.

20. Applications relatives au pouvoir conducteur des corps. — La conductibilité plus ou moins grande des corps offre une foule d'applications aussi utiles qu'ingénieuses. Ainsi l'édredon, le duvet, le coton, la laine et les fourrures étant de très-mauvais conducteurs de la chaleur, servent à nous protéger contre le froid, parce qu'ils concentrent le calorique dans la couche d'air qu'ils emprisonnent, et ne rayonnent que faiblement.

On peut conserver de la glace pendant l'été en l'enveloppant de substances qui conduisent mal la chaleur, comme de la paille, des nattes, des couvertures de laine, parce que ces substances empêchent la température extérieure d'agir sur elle. Pendant l'hiver, la neige étant un mauvais conducteur de la chaleur, empêche le sol de se refroidir en diminuant son pouvoir émissif, et protége ainsi les plantes contre les gelées. C'est d'après le même principe que les jardiniers couvrent de paille ou d'une autre enveloppe faite de corps mauvais conducteurs, les plantes ou les arbustes qu'ils veulent mettre à l'abri du froid.

Le bois étant un mauvais conducteur, on a adapté des manches en bois à la poignée des instruments qu'on place sur le feu : on peut alors les saisir plus facilement. C'est pour le même motif que, dans les régions du Nord, où la température est très-froide, on construit les maisons avec des poutres de bois mesurant 20 ou 25 centimètres d'épaisseur ; on les superpose et on les recouvre des deux côtés au moyen de planches bien jointes. Le bois étant mauvais conducteur, la chaleur reste dans les appartements plus facilement que si les murs étaient construits en briques ou en pierre.

Par la même raison, les carreaux en brique sont beaucoup plus froids dans les appartements que les parquets en bois. On les recouvre de tapis ou de paillassons, afin de paralyser leur puissance conductrice par d'autres corps qui, étant mauvais conducteurs, empêchent le calorique des pieds de passer aussi rapidement dans le sol.

On a recours aux doubles portes et aux doubles fenêtres pour rendre les appartements chauds en hiver et frais en été ; on empêche ainsi l'air intérieur de communiquer aussi facilement avec l'air extérieur. En effet, en laissant un certain espace entre les deux fenêtres, la chaleur émise par la vitre intérieure vers le dehors est réfléchie en partie par la surface de la vitre extérieure, et retourne vers l'appartement, ce qui diminue la déperdition en hiver et maintient mieux la chaleur. Le phénomène contraire se produit en été, et la fraîcheur de l'appartement est mieux conservée.

Les becs de gaz qui servent à l'éclairage sont une des applications les plus précieuses de l'influence de la conductibilité des métaux. Si on laisse sortir par un tube métallique, un gaz que l'on enflamme à sa sortie, la flamme ne se communiquera pas à l'intérieur du tuyau ; car le métal du tuyau, étant un excellent conducteur, abaisse immédiatement la température du gaz chaud qui est en contact avec lui, et ne permet pas à la combustion de s'étendre au delà de l'obstacle qu'il lui oppose.

QUESTIONNAIRE.

1, 2, 3, 4. Qu'appelle-t-on chaleur rayonnante ? — Tous les corps rayonnent-ils ? Le rayonnement a-t-il lieu dans le vide ? Dans quelle direction se propage le calorique ? Quelle est sa vitesse ? La cause de son intensité ? Qu'est-ce que les corps diathermanes ? — athermanes ? Quels sont les pouvoirs qu'on distingue dans les corps au point de vue du calorique ?

5 et 6. Qu'est-ce que le pouvoir émissif ? Comment le mesure-t-on ? Décrivez le cube de Leslie. Comment se sert-on de cet appareil ? Comment classe-t-on les corps au point de vue de leur pouvoir émissif ? De quelles conditions ce pouvoir dépend-il ?

7, 8. Qu'est-ce que 'le pouvoir absorbant ? Dans quel rapport est-il avec le pouvoir émissif ? Comment le mesure-t-on ?

9, 10, 11. Qu'est-ce que le pouvoir réflecteur ? Comment se const. e-t-il vulgairement ? Comment le mesure-t-on ? Dans quel ordre les corps se placent-ils au point de vue de ce pouvoir ? Quelles sont les lois de la réflexion du calorique ?

12. Quel est le rapport qui existe entre ces trois pouvoirs ? Quelles sont les conséquences pratiques qui résultent de ces principes ?

12 (*id.*). Comment doivent être construits les poêles et les cheminées ? En quel état doivent être les vases qui servent à la cuisine ?

13, 14, 15, 16, 17, 18. Qu'est-ce que le pouvoir conducteur? Comment peut-on constater ses effets? Avec quel appareil mesure-t-on la conductibilité des solides? Quel est le métal le plus conductible? Comment se classent les autres métaux à ce point de vue? Quelle est la conductibilité des liquides? Pourquoi une masse d'eau prend-elle une température uniforme? Qu'est-ce qui prouve que l'eau conduit mal la chaleur? Quelle est la conductibilité des gaz? Comment démontre-t-on que l'air est un mauvais conducteur?

19, 20. Citez les principales applications qui résultent de la conductibilité des corps.

CHAPITRE III

DILATATION DES CORPS

1. Dilatation des corps en général. — Tous les corps *se dilatent* par l'action de la chaleur, c'est-à-dire qu'ils augmentent de volume quand ils s'échauffent, et qu'ils diminuent ou *se contractent* à mesure qu'ils se refroidissent ; reprenant le même volume lorsqu'ils reviennent à la même température.

Cette dilatation peut être considérée de trois manières, suivant que l'on considère les corps sous l'un ou l'autre de leurs aspects, au point de vue de l'étendue. On distingue : la *dilatation linéaire*, ou augmentation de longueur ; la *dilatation superficielle*, ou augmentation de surface ; longueur et largeur ; et la *dilatation cubique*, ou augmentation de volume, longueur, largeur et hauteur.

L'augmentation de l'unité de mesure par degrés de chaleur se nomme le *coefficient de dilatation*. On distingue le coefficient linéaire, le coefficient superficiel et le coefficient cubique, suivant les trois sortes de dilatation.

Le coefficient *linéaire* est la quantité dont un corps de 1 mètre s'allonge quand on le chauffe de 0 à 1°. Le coefficient *superficiel* est la quantité dont 1 mètre carré d'un corps s'étend quand on le soumet à la même température. Enfin le coefficient *cubique* exprime l'augmentation que présente 1 mètre cube d'un corps dans ces mêmes conditions.

On démontre que le coefficient superficiel est à peu près le double du coefficient linéaire, et que le coefficient cubique en est à peu près le triple.

2. Dilatation des solides. — Pour apprécier la dilatation des corps solides, on soumet une barre de fer à la température de 0°, en l'entourant de glace fondante, et on la mesure ; puis on élève cette barre à la température de 100° au moyen de l'eau bouillante, et on la mesure de nouveau. Supposons que cette différence des deux longueurs indique la dilatation d'une barre de 4 mètres, à une température de 100°. Pour trouver le coefficient de dilatation linéaire de ce corps, il suffirait de prendre d'abord le quart de cette quantité, ce qui donnerait la dilatation d'un mètre, et de prendre ensuite le centième de cette quantité pour arriver à la dilatation de 0 à 1°. Le coefficient linéaire connu, on obtient à peu près le coefficient superficiel du même corps en le doublant, et son coefficient cubique en le triplant.

Nous donnerons ici le tableau des coefficients de dilatation linéaire des corps les plus employés. Ces chiffres expriment les dilatations pour 100° d'une barre qui aurait un mètre de long.

COEFFICIENTS DE DILATATION LINÉAIRE.

Zinc	0,002942	Or	0,001466
Plomb	0,002848	Fer	0,001182
Argent	0,002182	Acier	0,001150
Laiton	0,001975	Platine	0,000884
Cuivre	0,001718	Verre	0,000900

3. Effets de la dilatation et de la contraction des corps solides. — Pour empêcher la dilatation d'un corps solide, il faudrait le comprimer d'une quantité égale à celle dont il tend à augmenter ; et comme les corps solides sont peu compressibles, il faudrait une force très-considérable pour neutraliser leur puissance de dilatation. Leur force de contraction est égale à leur force de dilatation, puisqu'elle résulte de la même loi. On utilise cette double puissance dans un grand nombre de cas, et dans l'emploi des métaux on doit avoir soin d'en tenir compte.

Ainsi, les tuyaux qui servent à la conduite des eaux ne sont pas soudés les uns aux autres, mais ils sont emboîtés, de manière qu'ils puissent s'allonger ou se raccourcir, sortir ou rentrer, suivant les différentes températures auxquelles ils sont soumis. Autrement le froid, en les contractant, les briserait.

Les rails des chemins de fer ne sont pas faits d'une seule pièce, et on a soin de laisser entre eux un intervalle, afin qu'ils puissent se dilater ou se contracter sans se déformer. Ces variations, peu sensibles sur une faible longueur, le seraient beaucoup sur une grande.

On a quelquefois utilisé la puissance de contraction des métaux pour remédier à l'écartement des murs des bâtiments, en attachant à ces murs des barres de fer élevées à une haute température, et qui en se refroidissant se contractaient.

Une expérience plus commune est faite chaque jour par les carrossiers pour placer le cercle de fer qui garnit les roues des voitures. On met la roue dans l'eau froide, tandis qu'on chauffe le cercle de fer jusqu'au rouge blanc. Le fer se dilate et s'applique sur la roue, puis en se refroidissant il se contracte et la serre fortement.

La dilatation des métaux contrarie la marche régulière des horloges. Leur mouvement dépend, comme on le sait, du pendule qui en est le régulateur. L'horloge retarde ou avance suivant que le pendule est plus ou moins allongé, parce que ses mouvements dépendent de sa longueur. La longueur du pendule variant avec la température, il s'ensuit qu'une horloge avance en hiver et retarde en été.

Pour empêcher ces variations on a imaginé le *pendule compensateur* (*fig.* 62). Il est composé de tiges de différents métaux de dilatation inégale; ces tiges sont disposées de manière que les dilatations de ces métaux se compensent. Ainsi les tiges BB' (*fig.* 62) et B"B''' sont en fer et suspendues par le haut; les tiges *cc'* et *c" cc'''* sont en cuivre et supportées par le bas; la tige FG supporte à son extrémité inférieure la lentille G. Quand les tiges de fer se dilatent, leur point fixe étant en B, elles tendent, en s'allongeant, à faire descendre la lentille ; mais la température qui

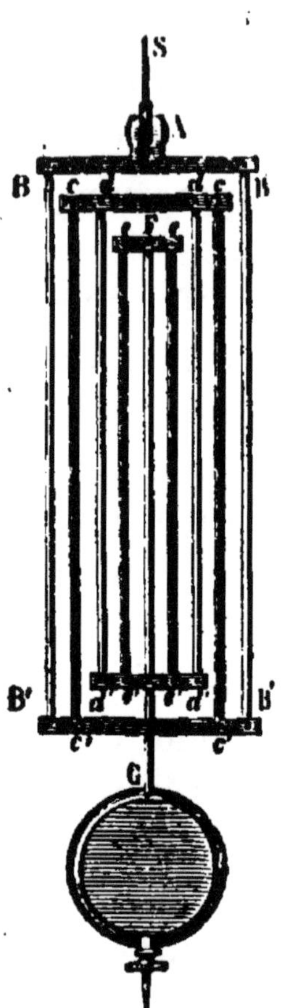

Fig. 62.

agit sur elles s'exerçant en même temps sur les tiges de cuivre qui ont leur point fixe en c', celles-ci se dilatent aussi et s'allongent dans le sens opposé. Elles tendent alors à faire remonter la lentille G, et ces deux actions contraires se neutralisent.

4. Dilatation des liquides. — Pour les liquides comme pour les gaz on ne s'occupe que de la dilatation cubique. On distingue la dilatation apparente de la dilatation absolue. La *dilatation apparente* est celle qu'on observe dans un vase où l'on a renfermé le liquide qu'on veut examiner. Ainsi, si l'on plonge un thermomètre dans un vase d'eau chaude, le liquide renfermé dans ce thermomètre s'élèvera ; mais cette augmentation de volume ne représentera pas complétement la dilatation du liquide, parce que le vase qui le contient s'est dilaté en même temps et a augmenté de capacité. Pour avoir la *dilatation absolue* du liquide, il faudrait ajouter à sa dilatation *apparente* la dilatation du vase.

On mesure la dilatation des liquides de la même manière que la dilatation des solides. On soumet à la température 0° le liquide sur lequel on se propose d'expérimenter, puis à une température supérieure, et l'on compare la différence des deux volumes. Pour trouver le coefficient de dilatation cubique, il suffit de diviser la différence entre les deux nombres par le volume à 0 et par la température au-dessus de 0.

Les liquides se dilatent d'une manière très-inégale à mesure que la température s'élève. Seul, le mercure se dilate assez uniformément, mais cette régularité cesse une fois qu'il a dépassé la température de 100°.

5. Maximum de densité de l'eau. — Nous avons déjà observé la dilatation des liquides, à l'occasion du thermomètre dont nous avons constaté les variations suivant les changements qu'éprouve la température. Mais, parmi les liquides, l'eau présente un phénomène tout particulier quand on la soumet à l'action de la chaleur. Arrivée à la température de 4° au-dessus de zéro, elle possède son *maximum de densité*, c'est-à-dire qu'au-dessus ou au-dessous de cette température elle se dilate et son volume augmente.

On trouve dans ce fait l'explication d'une foule de phénomènes. Ainsi, les glaçons flottent sur l'eau uniquement parce qu'ils sont moins denses que l'eau qui les supporte. Saussure a constaté qu'au fond des lacs d'eau douce la température est toujours la même en hiver et en été, ce qui provient de ce que l'eau de la surface possédant une température voisine de 4 degrés et arrivant à son *maximum* de densité à différentes époques de l'année, tombe alors au fond de l'eau et y reste. En effet, la chaleur centrale de la terre n'agit pas assez puissamment sur elle pour la dilater et lui permettre de s'élever.

L'eau, en se congelant sous l'action du froid, acquiert une force de dilatation prodigieuse. Si l'on remplit d'eau une boule de cuivre, un canon de fusil ou de pistolet que l'on bouche ensuite hermétiquement, cette eau une fois congelée brisera le métal qui la contient.

Les pierres gélives, par exemple, sont des pierres très-poreuses, qui contiennent beaucoup d'eau. Le froid en gelant cette eau la dilate, et c'est cette force d'expansion qui fait éclater la pierre. De même l'eau contenue dans une carafe la brise en se gelant; aussi les ouvriers qui connaissent la force de dilatation de l'eau ont quelquefois recours à ce liquide pour fendre les corps les plus durs.

6. Dilatation des gaz. — Gay-Lussac a fait, le premier, des travaux importants sur la dilatation des gaz. Il pensait que tous les gaz avaient le même coefficient, et il avait fixé ce coefficient à $\frac{1}{267}$ de leur volume à 0°. D'après ce savant, en prenant le volume d'un gaz à la température zéro, on trouvait qu'il se dilatait de $\frac{1}{267}$ de son volume par degré centigrade. Ainsi, à 50 degrés, un gaz augmentait de $\frac{50}{267}$, c'est-à-dire d'un peu moins de $\frac{1}{5}$ du volume qu'il avait à la température 0.

Des observations plus récentes, faites par M. Regnault, ont prouvé que cette loi n'est pas absolument rigoureuse, et que chaque gaz a son coefficient particulier. Les différences ne portent que sur des cent millièmes, mais l'expérience a démontré, en outre, que le coefficient d'un gaz varie avec la pression qu'il supporte, c'est-à-dire avec sa densité.

Voici les coefficients des gaz les plus répandus, entre 0 et 100.

COEFFICIENTS DES GAZ.

Air...................	0,003665	Azote...............	0,0036682
Hydrogène...........	0,0036678	Acide carbonique....	0,0036896

7. Applications de la dilatation de l'air. — Les thermomètres à gaz sont une application de la dilatation de l'air.

Le tirage des lampes, des cheminées et des poêles dans les appartements repose sur le même principe. Ainsi, les lampes sont munies d'un tube de verre par lequel s'échappe l'air dilaté par la combustion. L'air extérieur pénètre par les ouvertures ménagées dans la partie inférieure du cylindre de la lampe, et il en résulte un courant assez rapide qui entretient et active la flamme. Autrefois on se servait de mèches plates ; maintenant on préfère des mèches cylindriques, parce que l'air, en passant par l'intérieur, donne une combustion plus pure et une flamme plus brillante.

On construit les poêles et les cheminées de manière à utiliser l'échauffement de l'air et son ascension pour produire un courant d'air qui entraîne la fumée et active la combustion ; l'air chaud du tuyau tend d'autant plus à monter que la température extérieure est plus froide, et par son ascension il appelle dans le foyer l'air de la chambre : cet air s'échauffe, monte à son tour et ainsi de suite. Mais pour qu'un tel appareil fonctionne bien, il faut proportionner savamment le diamètre du tuyau avec le volume du foyer. Il faut que l'orifice supérieur soit assez large pour laisser passer toute la fumée, et pas assez pour que l'air froid du dehors puisse redescendre dans le tuyau. Le tablier mobile que l'on adapte à nos cheminées actuelles (*fig.* 63) a pour but d'activer la combustion en dirigeant sur le combustible tout l'air qui passe dans le foyer.

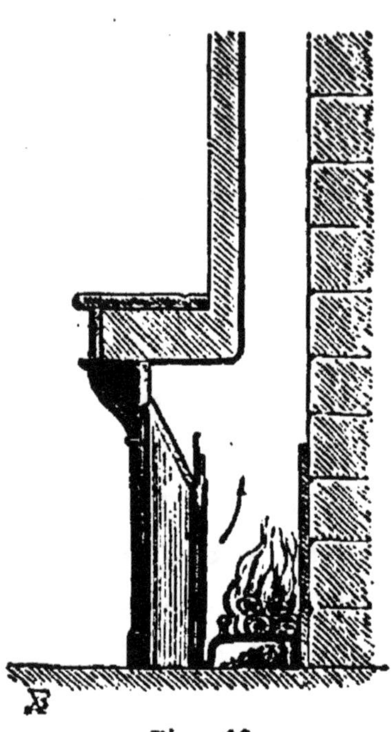

Fig. 63

Dans les forges et hauts fourneaux, où l'on a souvent besoin d'une grande chaleur pour dilater ou pour faire fondre les métaux, on obtient ce calorique au moyen d'énormes soufflets qui activent la combustion en établissant des courants d'air très-puissants. Cependant il est à remarquer que si le courant d'air froid que l'on dirige sur un corps en combustion était trop énergique, il pourrait se faire qu'il le refroidît et le fît descendre au-dessous de la température à laquelle il brûle. C'est ainsi qu'en soufflant modérément sur une bougie, à l'aide d'un chalumeau, par exemple, on rend sa flamme beaucoup plus intense; mais en soufflant trop fort on l'éteint.

QUESTIONNAIRE.

1. Tous les corps se dilatent-ils ? Qu'appelle-t-on dilatation linéaire ? — superficielle ? — cubique ? Qu'est-ce que le coefficient de dilatation d'un corps ? Qu'est-ce que le coefficient linéaire ? — superficiel ? — cubique ? Quel est le rapport de ces coefficients ?

2. Comment se dilatent les solides ? Comment mesure-t-on leur dilatation linéaire ? Comment trouve-t-on le coefficient de dilatation d'un solide ?

3. Quelle est la force de dilatation et de contraction des solides ? Y a-t-on égard dans la pose des tuyaux de conduite ? — des rails ? Quels sont les phénomènes les plus ordinaires qui résultent de la dilatation et de la contraction des corps ? Quels sont les effets de la dilatation sur les horloges ? Comment y a-t-on remédié ? Décrivez le pendule compensateur.

4. Quelle est la dilatation apparente des liquides ? Quelle est leur dilatation absolue ? Comment la mesure-t-on ? Leur dilatation est-elle régulière ?

5. Quel est le phénomène particulier que l'eau présente sous ce rapport ? A quel degré arrive-t-elle à son maximum de densité ? Quels sont les principaux phénomènes expliqués par ce fait ? Quelle est la force d'expansion de la glace ? Comment se manifeste-t-elle ?

6. Par qui la dilatation des gaz a-t-elle été observée ? Quelle est la loi que Gay-Lussac avait établie ? Cette loi est-elle rigoureuse.

7. Quelles applications a-t-on faites de la dilatation de l'air ? Qu'est-ce qui active la flamme des lampes ? Quelles conditions les poêles et les cheminées doivent-ils réunir pour être aptes à la combustion ? Comment obtient-on dans les forges et les usines des feux très-ardents pour la fusion des métaux ? En quel cas un courant d'air éteindrait-il le feu au lieu de l'activer ?

CHAPITRE IV

CHANGEMENTS D'ÉTAT DES CORPS.

1. Changements d'état. — Nous avons déjà vu que sous l'action du calorique le même corps peut passer de l'état solide à l'état liquide et à l'état gazeux. Nous allons maintenant étudier les phénomènes qui accompagnent les divers changements d'état des corps et les principales applications qui en résultent. Ces divers changements d'état sont la *fusion* et la *solidification*, la *vaporisation* et la *condensation*.

2. De la fusion. — La *fusion* est le passage d'un corps de l'état solide à l'état liquide sous l'action de la chaleur. Presque tous les corps subissent ce changement d'état quand on les soumet à une température assez élevée. Il n'y a guère d'exception que pour le diamant.

Le point de fusion est le degré de température auquel un corps solide commence à se fondre. Ce degré est invariable pour une même substance. Ainsi :

La glace fond à..........	0°	Le bismuth fond à........	260°
Le suif..................	33°	Le plomb.................	335°
La cire..................	68°	Le zinc..................	350°
L'étain,.................	228°	L'argent.................	1000°

L'or, le platine, la silice, l'alumine et divers autres corps ne sont fusibles qu'à des températures beaucoup plus élevées.

Pendant toute la durée de la fusion, la température du corps que l'on fond reste invariable, quelle que soit l'intensité de la chaleur à laquelle il est soumis. Ainsi le plomb fond à 335°, et tant qu'il en reste à fondre la chaleur est de 335°, quelle que soit l'ardeur du feu sur lequel il est placé.

La quantité de chaleur que l'on communique à un corps pendant sa fusion, disparaissant ainsi tout entière, on lui donne le nom de *chaleur latente*. Les corps n'absorbent pas tous la même quantité de chaleur pendant la fusion. La glace, par exemple, absorbe 79 unités de chaleur, c'est-à-dire qu'elle absorbe la quantité de chaleur nécessaire pour élever le même poids d'eau de 0° à 79°. Pour le prouver, on verse sur un kilogramme de glace à 0° un kilogramme d'eau chauffée à 79°. La glace se fond entièrement, et l'on a deux kilogrammes d'eau à 0°. Le kilogramme d'eau a donc perdu 79 unités de chaleur, unités que le kilogramme de glace a absorbées.

3. **Des mélanges réfrigérants.** — Pour passer à l'état liquide les corps exigent tous une certaine quantité de chaleur, employée à vaincre la cohésion, c'est-à-dire, si l'on peut s'exprimer ainsi, à « écarter les molécules, jusqu'à les rendre indépendantes les unes des autres. » Il résulte de là que si l'on oblige un corps à devenir liquide, sans lui fournir cette chaleur, il l'emprunte, soit à lui-même, soit aux corps qui l'entourent, et devient une source de froid. Certaines réactions chimiques ont la propriété de déterminer la fusion des corps. C'est sur ces deux principes que sont fondés les *mélanges réfrigérants*.

En mélangeant par parties égales du sel marin et de la glace pilée, on obtient un froid de 17 degrés. Une partie de sel mêlée avec une partie et demie de glace produit un froid de 24 degrés. On se sert de ces mélanges dans la préparation des *glaces* et pour frapper le vin de Champagne. On peut même se passer de glace pour former des mélanges réfrigérants. Ainsi en mélangeant par parties égales l'eau, l'azotate d'ammoniaque et le carbonate de soude, on obtient un froid de 19 degrés.

4. De la solidification. — La solidification est le passage d'un corps de l'état liquide à l'état solide. Presque tous les liquides subissent ce changement d'état quand on les soumet à un froid assez intense. L'eau se congèle à 0°, l'huile de colza à 6°, le mercure à 39° au-dessous de zéro. L'alcool et l'éther sont les seuls liquides qu'on ne soit pas encore parvenu à solidifier, probablement parce qu'on n'a pas pu les soumettre à un abaissement de température suffisant.

La solidification prend le nom de *congélation* quand le corps qui subit ce changement d'état est liquide à la température ordinaire. Ainsi l'eau et le mercure *se congèlent*, tandis que le cuivre, l'argent et le plomb *se solidifient*.

Les lois de la solidification sont analogues à celles de la fusion. On remarque en effet que *la solidification a toujours lieu à la même température pour le même corps, et cette température est la même que celle de la fusion du corps quand il est solide*. Par exemple, le plomb se liquéfie ou se solidifie à 335°;

la glace se fond ou l'eau se congèle à 0°. L'eau pure a cependant pu être amenée par Guy-Lussac jusqu'à 11° au-dessous de zéro sans se congeler. Mais pour y parvenir il faut qu'on l'enferme dans des tubes, de manière à arrêter les courants, car, arrivée à cette température, la moindre agitation fait qu'elle se congèle aussitôt.

En second lieu : *Pendant la solidification comme pendant la fusion, la température reste invariable.* Ce phénomène provient de ce que dans la solidification le liquide perd toute la chaleur qu'il avait absorbée pendant la fusion, et que ces deux quantités se contre-balancent pendant tout le temps que se fait l'opération. Mais, dès que la solidification est complète, la température s'abaisse graduellement. De même, si l'on forçait un liquide à se solidifier sans le refroidir, il dégagerait toute sa chaleur latente, et la température du corps s'élèverait sensiblement.

Les corps ne conservent pas le même volume en passant de l'état liquide à l'état solide. Les uns se contractent, comme le cuivre ; tandis que les autres se dilatent, comme l'eau, la fonte et le bismuth. C'est pour cela que les médailles en cuivre ne reproduisent pas aussi exactement que les pièces en fonte l'empreinte du moule dans lequel elles ont été coulées. La dilatation de l'eau et des autres corps rend compte des phénomènes que nous avons exposés (Voy. pag. 161, n° 5).

5. **De la vaporisation.** — La vaporisation est le passage d'un corps de l'état liquide à l'état de va-

peur. La plupart des liquides sont susceptibles de subir ce changement d'état, mais il ne se produit pas dans tous à la même température. Quelques-uns émettent des vapeurs aux températures les plus basses, comme l'eau, l'alcool et l'éther. Le mercure en émet encore à 10 ou 12 degrés au-dessous de zéro, et l'acide sulfurique commence à en donner lorsqu'il est parvenu à une température de 30 à 40° au-dessus de zéro. L'huile d'olive et l'huile de noix n'en produisent qu'à des températures très-élevées.

Quand les vapeurs ne se produisent que lentement à la surface du liquide et à une température inférieure à l'ébullition, on donne à ce phénomène le nom d'*évaporation*. Mais quand les vapeurs s'échappent rapidement de l'intérieur même d'un liquide, ce mode de vaporisation se nomme *ébullition*.

6. **Du calorique de vaporisation de l'eau.** — Un liquide qui se vaporise exige pour cela une certaine quantité de chaleur, nommée *calorique de vaporisation*, qui, employée uniquement à écarter les molécules, devient insensible, c'est-à-dire passe à l'état de « calorique latent. » Ce calorique de vaporisation est considérable pour l'eau. Ainsi l'eau élevée à une température de 100° exige pour se vaporiser 536 unités de chaleur, c'est-à-dire qu'un gramme d'eau à 100° absorbe, pour se réduire en vapeur, une quantité de chaleur capable d'élever à 1 degré une masse d'eau de 536 grammes. Si de même, après avoir réduit de l'eau en vapeur, on vient à la condenser, c'est-à-dire à ramener cette vapeur à l'état

liquide, elle abandonnera les 536 unités de chaleur absorbées. Cette propriété a de nombreuses applications, surtout dans le chauffage des appartements.

7. Tension des vapeurs. — Les liquides volatils forment instantanément des vapeurs lorsqu'on les introduit dans le vide. Pour s'en convaincre, on fait pénétrer une goutte d'éther dans un baromètre à cuvette : on remarque que lorsque l'éther, qui doit s'élever en raison de sa légèreté spécifique, arrive dans la chambre barométrique où se trouve le vide, la colonne mercurielle du baromètre subit aussitôt une pression et s'abaisse. On ne peut attribuer cette pression au poids de l'éther, qui n'est pas assez considérable pour produire un pareil effet ; il faut nécessairement l'expliquer par la force d'élasticité de la vapeur produite par l'éther lui-même. Cette force élastique, appelée *tension* de la vapeur, s'évalue d'après la dépression du mercure. Ainsi la dépression étant de 50 millimètres, la tension de la vapeur remplace et par suite ferait équilibre à 50 millimètres de mercure : par conséquent, sa force est équivalente au poids que représente cette colonne de mercure de 50 millimètres.

8. Tension maximum. — Les vapeurs n'acquièrent pas comme les gaz une tension en rapport avec la diminution de leur volume. Elles ont au contraire un *maximum* de tension qu'il est impossible de leur faire dépasser. Ainsi, lorsqu'elles sont arrivées à ce degré, si l'on essaye de les comprimer pour augmenter leur force élastique, elles se condensent et repassent à l'état liquide.

Pour démontrer ce principe, on se sert d'un baromètre à cuvette profonde dans la chambre barométrique duquel on introduit quelques gouttes d'éther (*fig.* 64). En enfonçant le tube barométrique AB dans la cuvette, on diminue l'espace occupé par la vapeur, et cependant la colonne de mercure soulevée dans le tube ne change pas de hauteur : ce qui prouve que la vapeur conserve une tension constante et, par suite, qu'elle est à son *maximum* de tension. La tension *maximum* des vapeurs est indépendante de l'étendue de la chambre barométrique et de la quantité de liquide introduite dans le vide ; elle est toujours la même pour la même température, pourvu qu'il reste au-dessus du mercure une petite couche de liquide non vaporisé, ou ce qui revient au même, pourvu que la vapeur soit en contact avec le liquide qui l'a produite (1).

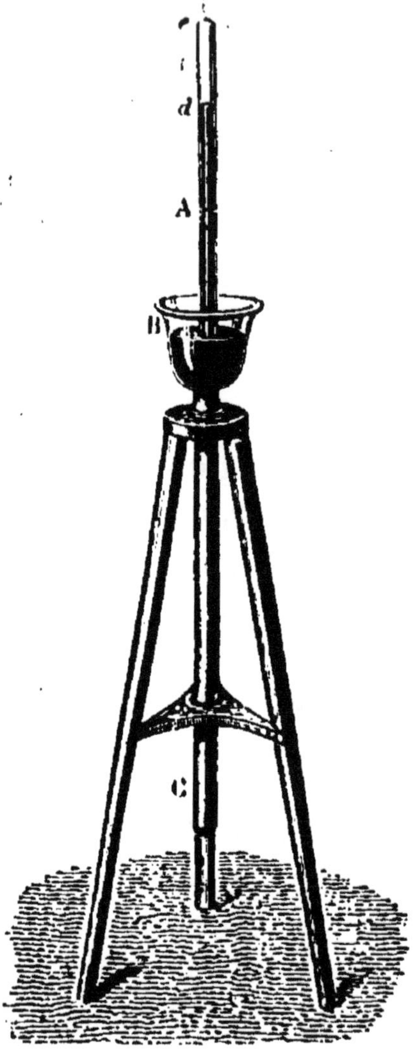

Fig. 64.

(1) Deguin, *Précis de Physique*. E. Belin, éditeur.

9. Variations de la tension de la vapeur avec la température. — La tension maximum des vapeurs dépend de la température. Ainsi, pour la vapeur d'eau, elle est de $4^{mm},6$ à $0°$; de $9^{mm},2$ à $10°$; de $17^{mm},4$ à $20°$; de 760^{mm} à $100°$. Il est essentiel de connaître ces variations pour l'explication de certains phénomènes météorologiques, et pour l'emploi des machines à vapeur. Dalton, Gay-Lussac, Dulong ont déterminé ces variations, et M. Regnault a, par ses travaux, encore ajouté à leurs observations.

10. Mesure de la tension de la vapeur d'eau. — Pour mesurer la tension de la vapeur d'eau à diverses températures, on se sert de différents appareils. L'appareil qu'on emploie pour déterminer ces tensions entre 0 et 100 degrés se compose de deux baromètres T et T' (*fig.* 65) qui plongent dans une même cuvette. L'un d'eux contient une petite colonne d'eau distillée, et qu'on a eu soin de purger parfaitement (au moyen de l'ébullition) de l'air que l'eau tient toujours en dissolution. On fait chauffer cette eau aux différentes températures de 0 à 100°, en entourant les baromètres d'une caisse de tôle ABCD que l'on a remplie d'une eau limpide et élevée à la température que l'on désire observer. On remarque à chaque changement de température l'abaissement

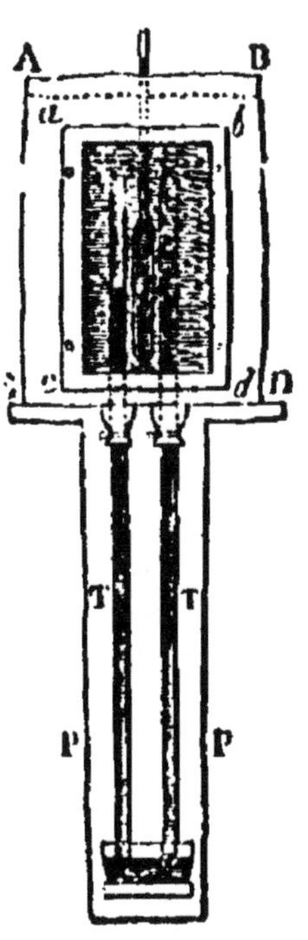

Fig. 65.

de la colonne de mercure ; et la différence des hauteurs du mercure entre le tube qui renferme de la vapeur d'eau et celui qui ne renferme que du mercure, indique la *force élastique* ou la *tension* que la vapeur exerce.

On se sert du même appareil pour observer les tensions au-dessous de zéro, à cette différence près que l'extrémité supérieure du baromètre à vapeur est recourbée et plonge dans une capsule de verre qu'on remplit successivement de mélanges réfrigérants pour arriver aux différents degrés que l'on désire. La différence de niveau des deux baromètres est également l'expression de la tension exercée par la vapeur.

Pour une température supérieure à 100°, c'est-à-dire au-dessus de l'ébullition, on se sert d'un tube recourbé (*fig.* 66) AB, à branches inégales, dont la plus courte A est fermée et la plus longue B est ouverte. On remplit entièrement de mercure la branche A et à moitié la branche B. On fait passer dans la branche A une petite quantité d'eau, et on plonge l'appareil dans un vase CD contenant de l'huile chauffée à une température supérieure à 100°. L'eau se réduisant en vapeur, cette vapeur exerce une pression sur le mercure de la branche A et force la colonne B à s'élever. La tension fait ainsi équilibre à la pression atmosphérique supportée par le tube B et

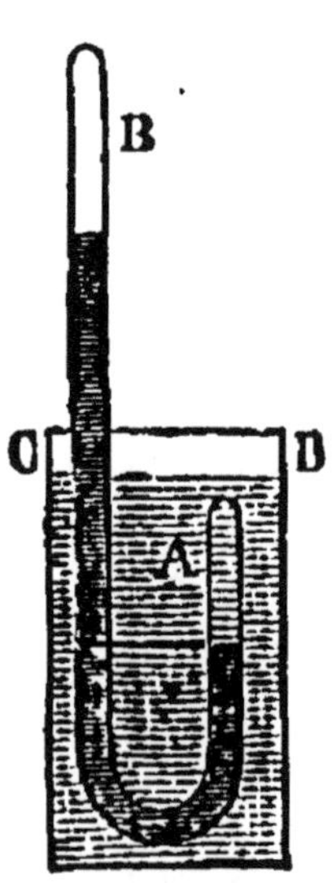

Fig. 66.

à la différence du niveau du mercure dans les deux colonnes. Pour avoir la mesure de la tension produite par la vapeur, il faut donc ajouter au poids de l'atmosphère le poids représenté par la différence de niveau que l'on a constatée entre les deux baromètres. L'expérience a donné les résultats suivants relativement à la tension de l'eau observée à des températures diverses, et a prouvé que *pour tous les liquides à la température d'ébullition la force élastique de la vapeur est égale à la pression atmosphérique.*

TABLEAU

DE LA TENSION DE LA VAPEUR D'EAU A DIVERSES TEMPÉRATURES ÉVALUÉES EN MILLIMÈTRES DE MERCURE OU EN ATMOSPHÈRES.

TEMPÉRATURE.	TENSION.	TEMPÉRATURE.	TENSION.
— 30°,	0,4 mill.	70°	233
— 20	2,0	80	355
— 10	4,6	100	730 ou 1 atm.
0	6,5	121	2 »
10	9,2	134	3 »
20	17,4	144	4 »
30	31,6	152	5 »
40	55	160	6 »
50	92	180	10 »
60	149	195,5	21 »
65	187	231	28 »

Dalton a formulé la loi qui règle la tension des vapeurs des autres liquides en disant que : *Si les tensions de deux vapeurs sont égales, elles le seront encore du moment que leurs températures varieront du même nombre de degrés.* Ainsi la vapeur d'eau et la vapeur d'alcool ayant la même force élastique, l'une étant à 100° et l'autre à 79, cette égalité sera maintenue si l'on élève ou si l'on abaisse leur température du même nombre de degrés; par exemple, si l'on élève l'une à 130° et l'autre à 109, ou si l'on abaisse l'une à 70° et l'autre à 49. Ainsi la tension de l'eau à 144° étant équivalente à 4 atmosphères, celle de l'alcool aura la même force à 123°.

11. Mélange des vapeurs et des gaz. — Quand on réunit des gaz dans un même espace, ils ne se superposent pas par ordre de densité, comme le font des liquides, mais ils se mélangent d'une manière complète.

Les vapeurs se forment dans l'air ou dans les autres gaz comme dans le vide, mais plus lentement. La pression que l'air exerce sur les liquides les empêche de se vaporiser aussi facilement que dans le vide. Cependant avec le temps ce phénomène s'opère d'une manière aussi complète. Car l'expérience a démontré cette première loi ; c'est que *dans un espace rempli d'un gaz ou d'un mélange de plusieurs gaz il se forme autant de vapeur que dans le vide.*

Une seconde loi, c'est que *quand un espace contient à la fois un gaz et une vapeur, les forces élastiques de ces deux fluides s'ajoutent,* c'est-à-dire que « la pression exercée par leur mélange est égale à la somme des deux pressions que chacun d'eux représenterait s'il était seul. »

12. Phénomène de l'ébullition. — L'ébullition est un phénomène qui se produit dans un liquide lorsqu'il est mis en mouvement par des bulles de vapeur qui prennent naissance dans tous les points de sa masse, et s'élèvent tumultueusement du fond à la surface, par l'effet de leur légèreté spécifique.

Ainsi, quand on commence à chauffer un vase rempli d'eau, l'on voit s'établir les courants que nous avons signalés à propos de la dilatation (page 153), puis l'air tenu en dissolution dans l'eau se dégage; enfin la couche inférieure du liquide se vaporise, et émet de petites bulles de vapeur qui ne montent pas jusqu'à la surface, parce qu'elles se condensent en traversant les couches supérieures encore froides. Quand les couches supérieures sont elles-mêmes cnauffées, des vapeurs se forment dans tous les points du vase et s'élèvent vivement à la surface du liquide, qu'elles tiennent en mouvement par leur succession rapide.

13. Point d'ébullition des liquides. — Causes de ses variations. — Le point d'ébullition des liquides varie suivant qu'ils sont plus ou moins volatils. Ainsi l'éther bout à 37°, l'alcool à 78°, l'eau pure à 100°, l'acide sulfurique concentré à 325°, et le mercure à 360°. Le point d'ébullition d'un liquide dépend : 1° de la pression exercée sur sa surface; 2° des substances tenues en dissolution dans sa masse; 3° de la nature du vase où il est contenu ; 4° de la profondeur de sa masse.

1° Il est manifeste que le point d'ébullition doit varier avec la pression que l'atmosphère exerce sur la surface du liquide, puisque la force élastique des vapeurs au point d'ébullition est toujours égale à cette pression. Ainsi l'on a remarqué que l'eau pure bout à 100° sur le bord de la mer, et qu'elle bout à

85°, 90°, 95° sur les montagnes, où la pression atmosphérique est moins considérable. Dans le vide, l'eau entre en ébullition à 10° ou 20°, suivant que l'air est plus ou moins raréfié. On a calculé que l'ébullition était retardée de un degré centigrade par une pression en moins de 27 millimètres.

2° L'ébullition est retardée quand le liquide se trouve mélangé avec des substances moins volatiles que lui ; elle est, au contraire, accélérée quand ces substances le sont davantage. Par exemple, l'eau saturée de sel marin ne bout qu'à 109°, tandis que l'eau pure bout à 100°, à conditions égales.

3° La nature du vase exerce aussi une certaine influence sur le point d'ébullition. Ainsi, dans un vase de verre, l'ébullition est retardée de 1°,25.

4° La profondeur du vase dans lequel le liquide est renfermé peut aussi retarder l'ébullition ; la vapeur qui part du fond du vase étant obligée de vaincre la pression atmosphérique augmentée de la pression de la colonne liquide. Ainsi dans un vase de 5 mètres de profondeur, les couches du fond supportant une pression d'environ une atmosphère et demie, les bulles ne peuvent se former avant d'avoir atteint la température de 112°.

14. Digesteur de Papin. — L'ébullition étant retardée par la pression exercée sur la surface du liquide, on a construit d'après ce principe la *marmite* ou *digesteur de Papin* (*fig.* 67). Cet appareil consiste en un vase de fonte ou de cuivre à parois très-fortes, que l'on ferme hermétiquement au moyen d'une vis de pression. On a pratiqué sur le couvercle une soupape de sûreté S, qui est fermée par un levier, à l'extrémité duquel on attache un poids M. L'appareil rempli d'eau aux deux tiers, on le chauffe; mais l'eau arrivée à la température 100° n'entre pas en ébullition, parce qu'elle est comprimée par une faible quantité de vapeur qui s'est dégagée

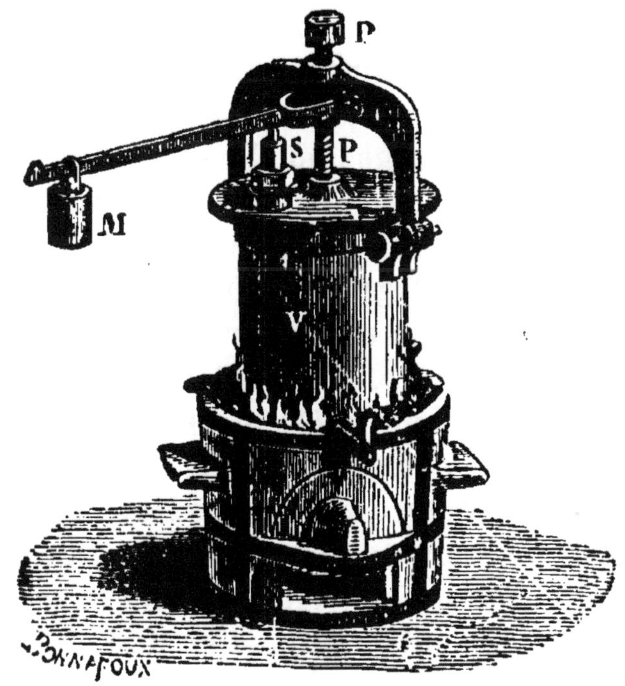

Fig. 67.

d'abord et qui s'ajoute à la pression de l'air. Si l'on continuait à chauffer l'appareil, la force élastique de la vapeur augmenterait constamment, et finirait même par le faire éclater, si la soupape de sûreté ne s'ouvrait, une fois que la tension de la vapeur est arrivée à un degré déterminé, et ne livrait passage à la vapeur.

On pourrait se servir de la machine de Papin pour

faire cuire les substances alimentaires. On l'emploie souvent pour extraire la gélatine des os, et en général pour dissoudre les substances qui demandent une température supérieure à 100°.

15. Phénomène de l'évaporation. — L'évaporation consiste dans la formation de la vapeur à la surface des liquides. Ce phénomène se produit à toute température et à toute pression, tandis que l'ébullition n'a lieu qu'à une température et sous une pression déterminées. La rapidité de l'évaporation dépend d'abord de la densité du gaz où elle se produit. Ainsi elle est plus rapide dans l'air que dans l'acide carbonique, dans l'hydrogène que dans l'air, dans l'air dilaté au-dessus des montagnes qu'au niveau de la mer.

L'évaporation de l'eau dans l'air dépend de la sécheresse de l'atmosphère. Elle est lente dans un air contenant déjà de l'humidité, et elle arrive à son maximum de rapidité, dans un air parfaitement sec. Sa rapidité dépend aussi de la température de l'eau, car la vapeur a besoin pour se produire d'une certaine quantité de calorique latent. Enfin la rapidité de l'évaporation dépend de l'agitation de l'air, parce que les couches de l'atmosphère, sans cesse renouvelées et successivement en contact avec le liquide, ne sont jamais saturées de vapeur et lui apportent de nouvelles quantités de chaleur. C'est en vertu de ce principe que le linge sèche beaucoup plus vite, toutes choses égales d'ailleurs, par un grand vent que dans un air calme.

L'évaporation abaisse la température du liquide où elle se produit. Car cette évaporation ne peut se produire qu'en absorbant une certaine quantité de calorique nécessaire à ce changement d'état, et le liquide l'emprunte aux corps environnants et à lui-même. Ce refroidissement est d'autant plus sensible que l'évaporation est plus prompte et plus plus énergique. Aussi en sortant d'un bain éprouve-t-on un froid assez vif; ce phénomène provient de l'évaporation de la couche d'eau qui couvre le corps, et qui ne se produit qu'en prenant au corps la chaleur nécessaire à ce changement d'état. De l'éther répandu sur la peau produirait une sensation plus vive encore, parce que ce liquide s'évapore plus rapidement. C'est d'après ce principe que pour conserver fraîche en été la liqueur renfermée dans un vase, on enveloppe ce vase d'un linge mouillé afin exciter l'évaporation. Dans les pays chauds on se sert de vases poreux appelés *alcarazas*, qui produisent d'un effet analogue, en entretenant par leur porosité une évaporation continuelle.

16. Condensation des vapeurs et des gaz. Distillation. — La *condensation* ou la *liquéfaction* est le passage d'un corps de l'état aériforme, c'est-à-dire de l'état de gaz ou de vapeur, à l'état liquide. Ce phénomène est produit par l'abaissement de la température et la compression. Le *point de liquéfaction* varie beaucoup suivant les pressions que les gaz ou les vapeurs supportent. Un gaz fortement comprimé exige pour se liquéfier un moindre abaissement de température. Quelquefois, la condensation exige tout à la fois une pression énorme et un grand abaissement de température.

Lorsque les vapeurs se condensent, elles abandonnent leur calorique latent, qui redevient sensible. Cette propriété des vapeurs de restituer leur calorique latent est mise à profit dans le chauffage des bains, des habitations et des serres. Les appareils employés pour ce mode de chauffage consistent en une chaudière où se produit la vapeur, et en un système de tuyaux dans lesquels cette vapeur circule et se condense en abandonnant sa chaleur latente, qui redevient sensible.

La distillation consiste à vaporiser les liquides par la chaleur, et à les ramener ensuite à l'état liquide

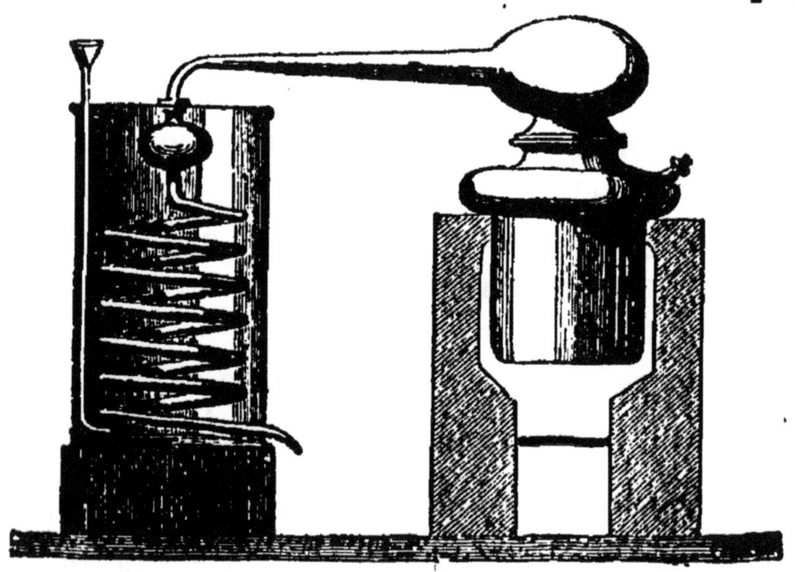

Fig. 68.

par la condensation. Elle a pour objet de séparer les liquides des substances qu'ils contiennent, ou de séparer des substances d'une volatilité différente. On se sert pour ces sortes d'opérations d'un appareil appelé *alambic.* Cet appareil (*fig.* 68) se compose de trois parties : 1° une *cucurbite* ou vase en cuivre placé sur un fourneau, et dans lequel on met la substance à distiller ; 2° un chapiteau qui ferme exactement la cucurbite ; 3° un serpentin ou long tube métallique contourné en spirale. Le serpentin communique avec le chapiteau pour recevoir les vapeurs qui s'échappent de la cucurbite ; on lui fait traverser un vase rempli d'eau froide, et la vapeur se condense par l'effet de l'abaissement de la température : elle passe à l'état liquide. A l'extrémité inférieure du serpentin est adapté un robinet par lequel sort le liquide produit par la vapeur. On distille ainsi les eaux-de-vie, les liqueurs, l'eau, et en général toutes les essences. C'est par la distillation que, dans les voyages de long cours on transforme l'eau de mer en eau potable, en la séparant par la vaporisation et la condensation des matières salines dont elle est chargée.

QUESTIONNAIRE.

1. Quels sont les changements d'état que les corps peuvent subir sous l'action du calorique ?

2. Qu'est-ce que la fusion ? A quel degré fondent la glace ? — le suif ? — la cire ? — le zinc, etc. ? Quels sont les phénomènes qu'on observe pendant la fusion d'un corps ? Qu'appelle-t-on chaleur latente ?

3. Par quels moyens produit-on la fusion ? Qu'appelle-on mélanges réfrigérants ? Quelle application en fait-on ?

4. Qu'est ce que la solidification ? En quel cas prend-elle le nom de congélation ? Quelles sont les lois de la solidification ? Quels changements fait-elle éprouver aux corps sous le rapport de leur volume ?

5. Qu'est-ce que la vaporisation ? En quel cas prend-elle le nom d'évaporation ?

6. Quelle est la chaleur que produit la condensation de la vapeur d'eau ? Quelle application fait-on de ce phénomène ?

7, 8, 9. En quoi consiste la tension des vapeurs ? Est-elle indéfinie comme celle des gaz ? Qu'appelle-t-on *maximum* de tension des vapeurs ? Comment peut on constater ce fait ?

10. La tension des vapeurs varie-t-elle avec la température ? Comment mesure-t-on la tension de la vapeur d'eau pour une température de 0 à 100° ? — pour une température inférieure ? — pour une température supérieure ? Quelle est la loi de tension des vapeurs des autres liquides ?

11. Les gaz se superposent-ils comme le font les liquides en raison de leur densité ? Les vapeurs se forment-elles dans l'air ou dans un autre gaz ? Quelles sont les lois qui règlent dans ce cas leur formation ?

12, 13, 14. Qu'est-ce que l'ébullition ? Décrivez les phénomènes qui précèdent l'ébullition dans un liquide. Quel est le point d'ébullition des autres liquides ? Quelles sont les causes qui peuvent retarder l'ébullition ? En quoi consiste la marmite de Papin ? Quel usage en fait-on ?

15. Qu'est-ce que l'évaporation ? En quels cas se fait-elle le mieux ? Quelles sont les causes qui activent l'évaporation de l'eau ? Quel effet produit l'évaporation sur la température du liquide qui s'évapore ? Citez des faits qui s'expliquent d'après cette observation.

16. Qu'est-ce que la condensation des vapeurs ? De quelles causes dépend-elle ? Sur quel principe repose la distillation ? Décrivez l'alambic. Ses usages ?

CHAPITRE V.

DES MACHINES A VAPEUR.

1. La vapeur, force motrice. — L'emploi de la vapeur comme force motrice n'est pas une invention nouvelle. Héron d'Alexandrie fut le prémier qui en fit usage, et il vivait plus de cent ans avant l'ère chrétienne. Mais on ne commença à appliquer cette force motrice à l'industrie qu'au commencement du siècle dernier. Newcomen construisit, en 1705, une machine atmosphérique, que l'on employa pour l'épuisement des mines. Aujourd'hui on remplace généralement cette machine atmosphérique par des *machines à vapeur*. On appelle ainsi des appareils «où la force élastique de la vapeur d'eau est seule employée comme puissance motrice. » Ces machines sont tellement répandues qu'on ne peut se dispenser de connaître leur mécanisme, au moins d'une manière générale.

2. Théorie de la machine à vapeur. — Toute machine à vapeur se compose essentiellement de deux parties, la *chaudière* et la *machine* proprement dite. La chaudière sert à produire la vapeur nécessaire ; elle est construite de manière à fournir le plus de vapeur dans le moins de temps et avec le moins de combustible possible. La machine proprement dite se compose de l'appareil sur lequel la vapeur agit pour le mettre en mouvement, et transmettre ce mouvement aux mécaniques industrielles.

Soit (*fig.* 69) un corps de pompe *D*, dans lequel se meut un piston *P*, dont la tige *BB* sort du corps de pompe par une ouverture qu'elle ferme hermétiquement ; celui-ci communique, d'un côté, par les tuyaux *RC* et

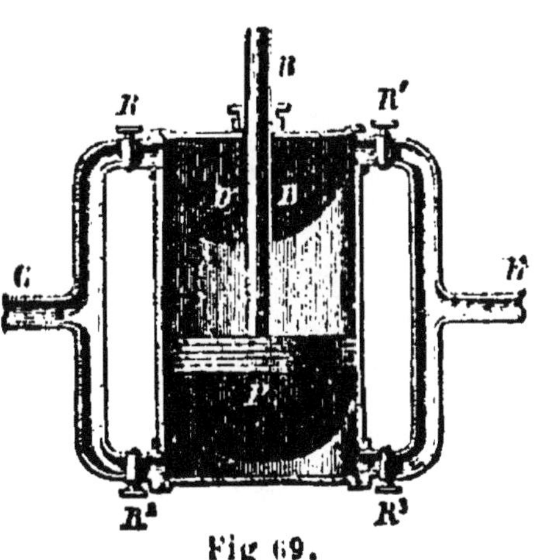

Fig. 69.

R²C, fermés par les robinets *R* et *R²*, avec la chaudière, de l'autre par les tuyaux *R¹E*, *R³E*, fermés par les robinets *R¹* et *R³*, avec un vase refroidi nommé *condenseur*.

Supposons les robinets R^2 et R^1 ouverts; la vapeur arrive par CR^2 sous le piston, et, par sa force élastique, l'oblige à monter; l'air comprimé au-dessus de lui s'échappe par R^1 et E. Fermons ensuite R^2 et R^1 et ouvrons R et R^3; la vapeur arrivant par CR, force le piston à descendre; tandis que la vapeur au-dessous de lui s'échappe par $R^3 E$, et va se liquéfier dans le condenseur. Si nous recommençons alors le premier mouvement, on voit que par l'ouverture et la fermeture alternative des robinets on fait prendre au piston un mouvement de va-et-vient; c'est ce mouvement qui, communiqué à une manivelle, fait tourner une roue, et se transmet à volonté. Mais cette machine ainsi construite exigerait un homme occupé à ouvrir et fermer les robinets : c'est pourquoi on les a remplacés par un mécanisme appelé *tiroir*, que la machine elle-même met en mouvement. En voici la description :

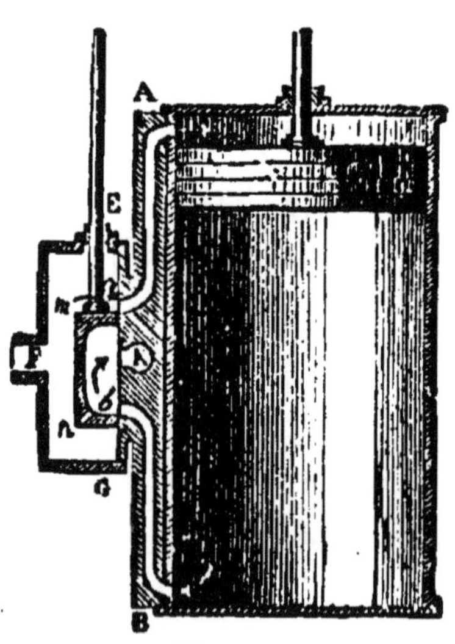

Fig. 70.

Le cylindre dans lequel se meut le piston porte extérieurement (*fig*. 70) une boîte rectangulaire EFG, appelée *boîte à vapeur*, qui communique avec le dessus et le dessous du piston par deux conduits aA et bB, avec la chaudière par le tuyau K, que la figure montre en coupe. Une petite caisse mobile mn, nommée *tiroir*, glisse, à frottement dur, dans l'intérieur de la boîte à vapeur, sur la face externe du corps de pompe ; elle est guidée par une tige E, et sa longueur est telle qu'elle ne puisse recouvrir à la fois les deux ouvertures *a* et *b*, mais qu'elle laisse l'une ouverte tandis qu'elle recouvre l'autre. Cela posé, supposons le tiroir abaissé, c'est-à-dire dans la position de la figure 70 ; on voit que la vapeur arrivant par F passe librement par *a*A, pour presser sur le piston et l'obliger à descendre, tandis que la vapeur comprimée au-dessous de lui passe par B*b*, puis par K, et s'échappe dans le condenseur. Ceci fait, le tiroir remonte et vient dans la position de la figure 71 ; on voit qu'alors la vapeur passant par *b*B fait remonter le piston, tandis que la vapeur comprimée s'échappe par A*a* et K ; et ainsi de suite, à

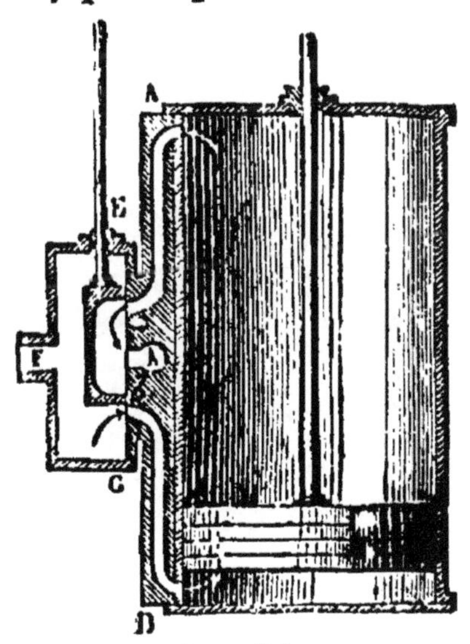

Fig. 71.

chaque mouvement de va-et-vient du tiroir. C'est le mouvement même de va-et-vient du piston qui se transmet par un mécanisme particulier à la tige E du tiroir et le fait mouvoir. Pour mettre la machine en train, il suffit de faire aller deux ou trois fois le tiroir à la main, après quoi, dès que le mouvement est commencé, il se continue de lui-même.

Telle est la théorie d'une machine à vapeur ; décrivons maintenant les détails les plus importants de la chaudière et de la machine.

3. De l'appareil destiné à produire la vapeur.

Chaudière. — La chaudière (*fig.* 72) se compose d'un cylindre CC, portant à sa partie inférieure deux cylin-

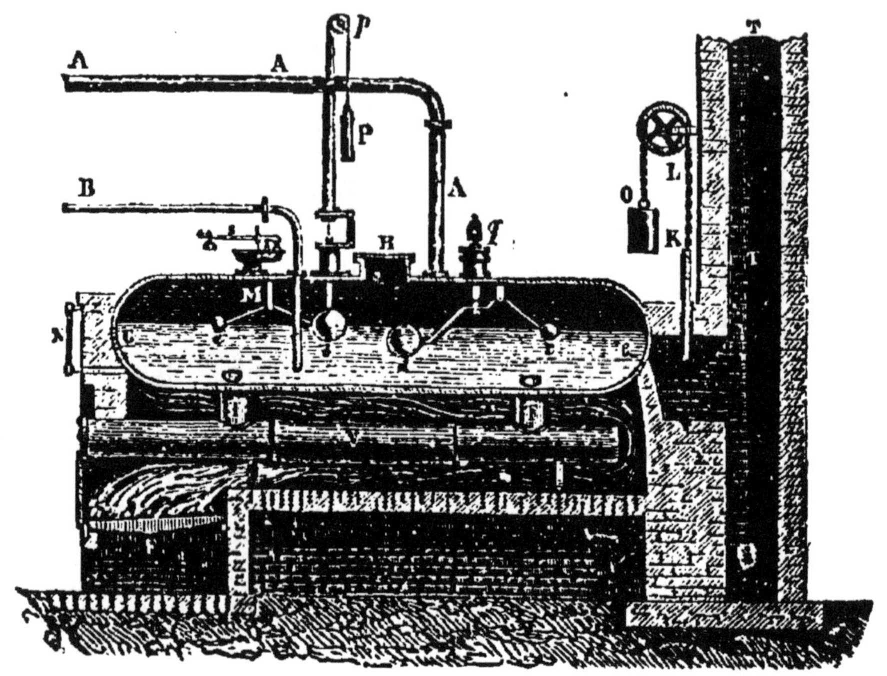

Fig. 72.

dres plus petits V, nommés *bouilleurs*, avec lesquels elle communique par deux tuyaux très-courts T', T'; le tout est solidement fixé dans un foyer F, construit de façon que la flamme et la fumée, avant de s'échapper par la cheminée T, ont dû envelopper la face inférieure des bouilleurs, puis leur face supérieure et la face inférieure de la chaudière. Cette disposition a pour but d'exposer à l'action du feu une grande surface, afin d'obtenir rapidement une grande quantité de vapeur. Un registre, mû par une chaîne LK et un contre-poids O, sert à régler le tirage et à ralentir ou augmenter le feu. La chaudière est un peu plus qu'à moitié pleine d'eau, et la vapeur qui occupe l'espace vide se rend dans la machine par le tuyau AA, tandis que le tuyau B apporte l'eau nécessaire pour remplacer celle que la vaporisation enlève. Une ouverture H, nommée *trou d'homme*, que l'on peut ouvrir à volonté, sert à pénétrer dans la chaudière pour la réparer et la nettoyer.

4. **Appareils de sûreté adaptés à la machine à vapeur.** — Divers appareils de sûreté y sont adaptés; ce sont: 1° la *soupape de sûreté*, destinée à empêcher que la tension de la vapeur ne dépasse une certaine limite. Elle consiste en une soupape ou bouchon conique, sur laquelle presse un levier *s* chargé d'un poids; si la tension de la vapeur devient trop grande, elle vainc la résistance du levier, soulève la soupape, et la vapeur s'échappe.

2° Le *manomètre* destiné à faire connaître sans cesse quelle est la tension de la vapeur. On se sert du manomètre à air comprimé, déjà décrit (p. 104), et du manomètre métallique de Bourdon. Cet appareil est fondé sur la propriété qu'a un tube de métal mince et contourné, comme ABC (*fig.* 73) de tendre d'autant plus à se redresser que l'on exerce dans son intérieur une pression plus forte. Par l'extrémité A il est mis en communica-

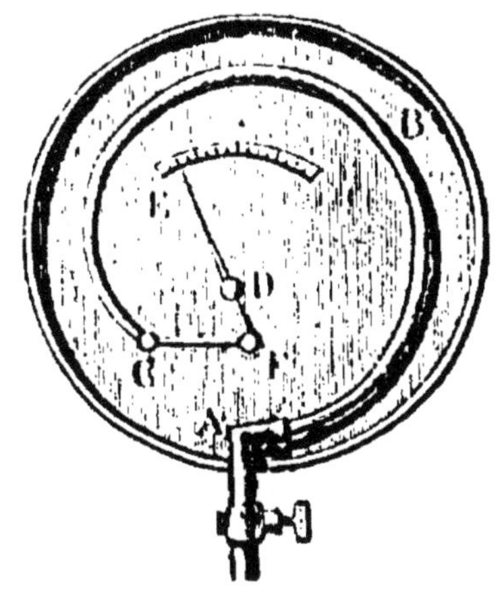

Fig. 73.

tion avec la chaudière ; l'autre extrémité C, fermée, communique son mouvement à une aiguille
EF, tournant sur un axe D, et indiquant la pression
sur un cadran gradué.

3° Le *tube indicateur.* — C'est un simple tube de verre,
N (*fig.* 72) communiquant d'un côté avec l'eau de la
chaudière, de l'autre avec la chambre à vapeur,
et qui, à l'inspection, indique quel est le niveau de
l'eau dans la chaudière, chose importante à connaître ; car si l'eau venait à trop baisser, les parois de
la chaudière se surchaufferaient, et lorsqu'ensuite
on viendrait à rétablir le niveau de l'eau, il se produirait instantanément une grande masse de vapeur, ce qui déterminerait une explosion. On peut
aussi remplacer le tube indicateur par deux robinets, dont l'un s'ouvre un peu au-dessous du niveau
de l'eau, l'autre un peu au-dessus ; en sorte qu'en
les ouvrant, le premier doit toujours donner de l'eau,
et l'autre de la vapeur.

4° Le *flotteur indicateur.* — Cet appareil (*fig.* 74) sert
au même objet. Une sphère creuse en métal A,
maintenue par un pivot B et un contre-poids C, nage
à la surface de l'eau, et communique par une petite
chaîne et une poulie P (*fig.* 72) à un poids B, qui
s'élève ou descend suivant les mouvements du flotteur A, et indique sur une règle graduée la hauteur
de l'eau dans la chaudière.

5° Le *flotteur d'alarme.* — Sa construction est analogue à celle du précédent, sauf que le flotteur A
(*fig.* 74), lorsque l'eau est au niveau voulu, tient fermée une soupape *o* ; si le niveau vient à baisser, la

soupape s'ouvre, et en s'échappant la vapeur fait vibrer un timbre ou sifflet E qui avertit du manque d'eau. Les chaudières ainsi construites ne sont employées que dans les machines fixes, et dont l'emplacement n'est pas limité ; la tension de la vapeur n'y dépasse jamais deux atmosphères. Mais, dans les machines mobiles, comme les locomotives, et les locomobiles que l'on emploie aujourd'hui pour l'agriculture, ces machines ne pouvant avoir qu'une chaudière de faibles dimensions, et exigeant beaucoup de vapeur, leur chaudière n'a point de bouilleurs; elle consiste en un cylindre fermé par des calottes hémisphériques et traversé, dans toute sa longueur, par un grand nombre de tubes communiquant par un bout au foyer et par l'autre à la cheminée ; de sorte que la flamme et tous les produits de la combustion traversent littéralement l'eau de la chaudière. Ce mode de construction offre l'avantage d'une très-grande surface de chauffe et, par suite, d'un échauffement rapide et d'une grande quantité de vapeur ; un cylindre, placé verticalement sur la chaudière, sert de réservoir de vapeur, et un jet de vapeur dirigé dans la cheminée sert à en activer le tirage.

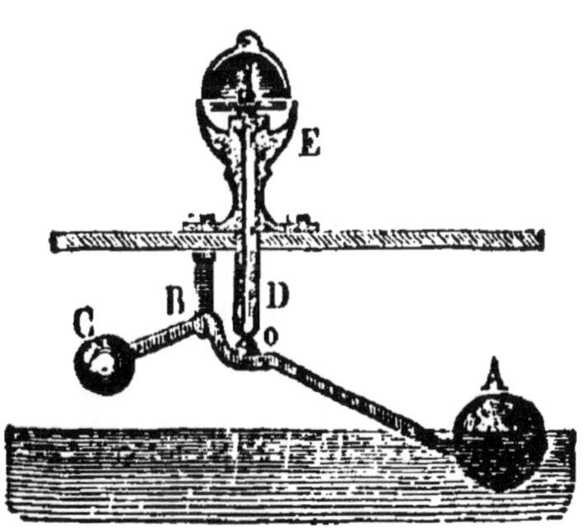

Fig. 74.

5. De la machine proprement dite. Cheval-vapeur. — La machine à vapeur (*fig.* 75) se compose du

corps de pompe A déjà décrit (*fig.* 70 et 71), dans lequel
se meut le piston, sous la pression de la vapeur qui arrive par le tiroir K. La tige du piston, maintenue
dans une direction verticale par le parallélogramme
EF, s'articule à l'une des extrémités du balancier D,

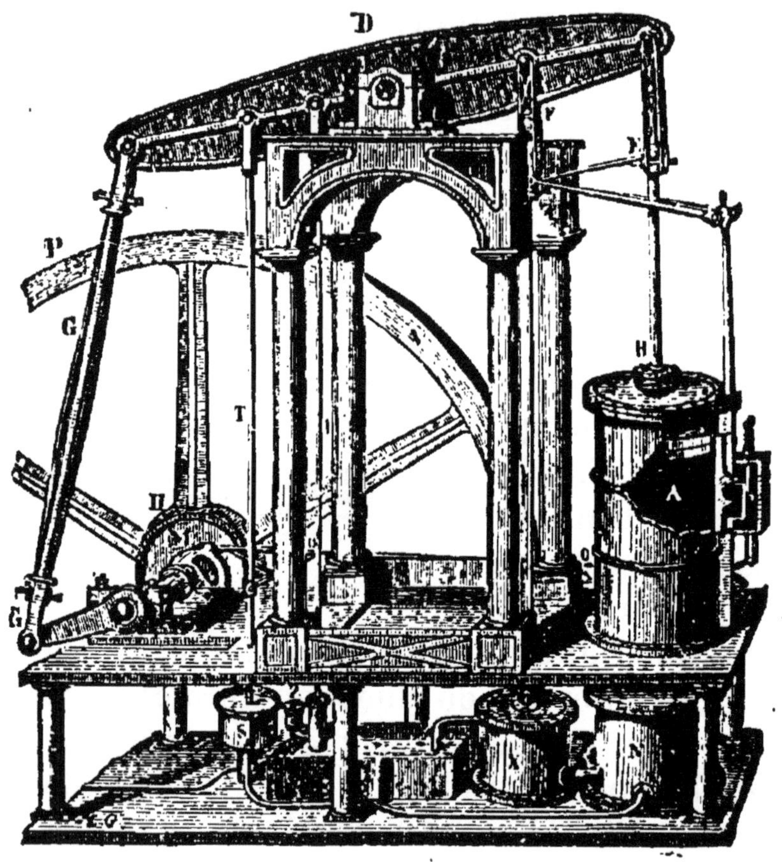

Fig. 75.

tournant autour d'un axe soutenu par quatre colonnes ; elle lui communique un mouvement d'oscillation, que celui-ci transmet, par la tige ou bielle G,
à la manivelle G, qui fait tourner une grande roue
en fonte VP. Cette roue est portée par un axe en fer

très-solide H, nommé *arbre de couche*, auquel, au moyen d'engrenages ou de courroies, on adapte les mécaniques qu'il s'agit de faire mouvoir ; la roue se nomme *volant*, et a pour effet de rendre uniforme le mouvement assez irrégulier que la vapeur communique au piston. On conçoit, en effet, que si le mouvement devient subitement trop rapide, la grande masse de cette roue lui résiste et le ralentit, et que, de même, s'il vient à éprouver un moment d'arrêt, la vitesse acquise de la roue suffit pour entraîner toute la machine. L'arbre de couche porte un rouage *excentrique* M, c'est-à-dire qui ne tourne pas sur son centre, et qui, communiquant un mouvement de va-et-vient à la tige OO, met en mouvement les tiroirs. X est le condenseur, dans lequel une pompe injecte sans cesse de l'eau froide, qui condense la vapeur que le piston y envoie. Cette eau s'échauffe rapidement ; aussi une pompe X, que le balancier fait agir par la tige F, l'aspire sans cesse ; la pompe alimentaire Z, mue par la tige I, utilise cette eau chaude en l'envoyant dans la chaudière, et la pompe S, dite pompe à puits, mue par la tige T, puise dans un réservoir de l'eau froide pour l'envoyer dans le condenseur.

La force des machines s'exprime en *chevaux*. On appelle *cheval-vapeur* l'effort nécessaire pour élever dans une seconde un poids de 75 kilog. à la hauteur de 1 mètre. Ainsi une machine de 5 chevaux est d'une force égale à celle qu'il faudrait pour élever 5 fois 75 kilog. ou 375 kilog. à la hauteur d'un mètre dans une seconde. La force d'un cheval-vapeur est à peu près le double de celle d'un cheval ordinaire.

6. Des diverses machines à vapeur. — Les machines à vapeur fixes peuvent remplacer dans les usines et les manufactures tous les autres moteurs.

Fig. 76.

C Cylindre formant la chaudière.

t Tuyaux enveloppés par l'eau et donnant passage à la fumée qui va du foyer F à la cheminée T.

F Foyer et cendrier.

T Cheminée dont la partie inférieure cylindrique se nomme boîte à fumée.

V V Tuyaux par où s'échappe la vapeur après avoir agi sur les pistons.

P Corps de pompe et piston. On voit la tige B du piston communiquant par la manivelle R le mouvement à la roue motrice M.

r Réservoir de vapeur. On voit dans l'intérieur le tuyau destiné à porter la vapeur aux pistons, et, à la partie supérieure, la soupape de sûreté et le sifflet d'alarme.

Non-seulement on les substitue avec avantage aux hommes et aux chevaux, mais elles suppléent aux machines hydrauliques dans les grandes sécheresses ou dans les gelées.

Les machines mobiles appelées *locomobiles* peuvent servir à l'agriculture et à une foule de travaux publics.

Les machines locomotives (*fig.* 76) ont un mécanisme analogue, seulement il n'y a point de volant; les pistons, au nombre de deux, et jouant alternativement, communiquent directement leur mouvement aux deux grandes roues motrices M, dont la rotation, jointe au frottement sur les rails, fait progresser la machine. Le poids considérable de celle-ci tient lieu de volant quand elle est lancée. Il n'y a point de condenseur : la vapeur qui a produit son effet se perd dans l'air. L'eau d'alimentation est renfermée dans des réservoirs portés sur le *tender* qui suit la machine, d'où, par un tube de communication, une pompe la prend et l'envoie dans la chaudière. Les machines locomotives sont toutes à *haute pression*, c'est-à-dire que la force élastique de la vapeur y est toujours supérieure à 4 atmosphères, mais inférieure à 8.

Les locomotives des chemins de fer sont dues à l'ingénieur anglais Stephenson. Leur poids est d'environ 12,000 kilog., et leur

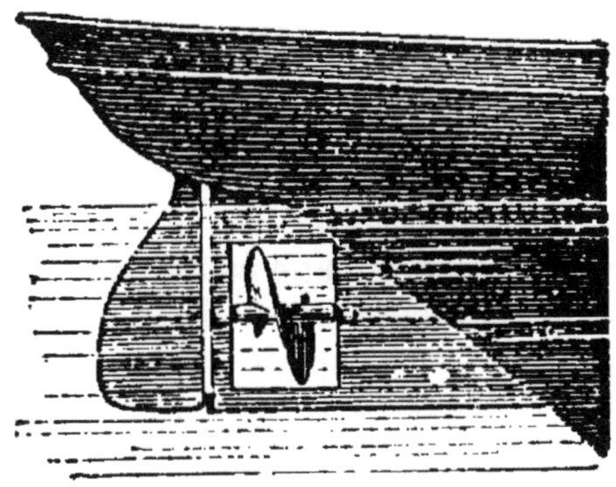

Fig. 77.

force de 60 chevaux. Elles consomment environ 50 litres d'eau et 8 kil. de coke par kilomètre dans une marche de 40 kilomètres à l'heure ; mais elles consomment davantage quand la vitesse est plus grande..

Les machines des bateaux à vapeur sont à double effet, sans condenseur et sans volant. Le mouvement est communiqué à deux roues à palettes au moyen de l'arbre de couche, ou à une *hélice*, qui se trouve à l'arrière du bâtiment. Les roues prennent sur l'eau leur point d'appui, et avancent en la coupant perpendiculairement. L'hélice (*fig.* 77) agit sur l'eau comme une vis dans un écrou, et communique au bâtiment un mouvement très-rapide. Elle est préférable aux roues, parce que, plongeant entièrement dans l'eau, les pressions qu'elle éprouve sont partout égales. De plus, dans les bâtiments de guerre, l'hélice est à l'abri des projectiles de l'ennemi.

QUESTIONNAIRE.

1. Par qui la vapeur a-t-elle été employée pour la première fois comme force motrice? Quel fut l'inventeur de la machine atmosphérique? Par quelle machine est-elle maintenant remplacée? Que faut-il distinguer dans une machine à vapeur?

2. Comment agit la vapeur pour faire mouvoir une machine? Expliquez le mouvement du piston? Qu'est-ce que le tiroir? Comment produit-il le mouvement de va-et-vient du piston?

3, 4. De quoi se compose la chaudière? Qu'appelle-t-on bouilleurs? Dans quel but a-t-on donné cette forme à la chaudière? Comment est construit le foyer? — Qu'est-ce que la soupape de sûreté? comment fonctionne-t-elle?

— Dans quel but se sert-on du manomètre? Décrivez celui de Bourdon. — Décrivez le tube indicateur, le flotteur indicateur, le flotteur d'alarme. — Comment est construite une chaudière de locomotive? Quelle différence dans ses proportions.

5. Décrivez la machine proprement dite. — Expliquez la transmission du mouvement du piston à l'arbre de couche, au volant.— A quoi sert-il? Comment le tiroir est-il mis en mouvement? Quelles sont les pompes que fait aller le balancier? Qu'appelle-t-on cheval vapeur? Quelle est sa valeur?

6. A quoi servent les machines fixes? Quel usage fait-on des machines mobiles? Quelle est leur force? Quelle consommation

font-elles? Quelle application a-t-on faite de la vapeur à la navigation? Quels avantages l'hélice a-t-elle sur les roues?

CHAPITRE VI.

SOURCES DE CHALEUR, HYGROMÉTRIE.

1. Sources de chaleur. — Les principales sources de chaleur sont le soleil, la terre, les combinaisons chimiques, l'électricité et les actions mécaniques.

Le soleil est une source de chaleur très-active et très-puissante, comme on peut s'en convaincre en observant l'action des rayons solaires sur les objets qui y sont exposés. M. Pouillet évalue la quantité de chaleur que le soleil verse chaque année sur la terre, à celle qu'il faudrait pour fondre une couche de glace de 14 mètres d'épaisseur qui la couvrirait entièrement.

La terre possède, indépendamment de la chaleur qu'elle reçoit du soleil, une chaleur qui lui est propre. On a observé, par suite d'expériences fréquemment réitérées en différents lieux, qu'à une certaine profondeur la température d'une même couche reste invariable, mais que cette température s'élève à mesure qu'on creuse davantage. On évalue cette augmentation à 1 degré par 30 mètres de profondeur. Ces expériences ont fait supposer que le noyau de la terre est incandescent, et que c'est le motif pour lequel la chaleur augmente à mesure qu'on approche davantage de son centre.

2. **Dégagements de chaleur. Causes diverses.** — Toutes les combinaisons chimiques produisent un certain dégagement de chaleur. Ainsi, c'est à la combustion du bois et du charbon que nous devons la chaleur qui tempère le froid pendant l'hiver, et c'est la combinaison du carbone du sang avec l'oxygène de l'air qui produit et entretient en nous la chaleur animale. Tous les corps ne dégagent pas la même quantité de chaleur. En cherchant le nombre de kilogrammes d'eau qu'un kilogramme de chaque substance peut élever à un degré en brûlant, on arrive aux résultats suivants :

Hydrogène	33640	Coke	6500
Carbone	7910	Houille grasse	6000
Charbon de bois	7300	Bois parfaitement sec	3600
Bicarbure d'hydrogène	6600	Bois séché à l'air	2800

On voit que l'hydrogène est la substance qui par sa combustion dégage le plus de chaleur.

L'électricité est une cause de chaleur assez puissante, comme nous le verrons plus loin, puisque, à l'aide de la pile de Volta, on peut fondre les métaux les plus durs.

Enfin les actions mécaniques, telles que la percussion, le frottement et la compression, produisent aussi une quantité de chaleur quelquefois très-considérable. En frappant sur une barre de fer ou de tout autre métal avec un marteau ou un balancier, on peut l'échauffer assez pour allumer un morceau de phosphore. Tous les corps solides s'échauffent par le frottement. Deux morceaux de bois sec, frottés vivement l'un contre l'autre, peuvent s'enflammer; la roue d'une voiture peut prendre feu en tournant sur son essieu, et, en frottant deux morceaux de glace dans un lieu où la température est au-dessous de zéro, on parvient à les fondre. Ces effets résultent de ce que le frottement et la percussion font passer à l'état sensible le calorique latent, qui auparavant était renfermé dans le corps soumis à cette action.

Les gaz comprimés dégagent de la chaleur comme les corps solides. Ainsi l'air atmosphérique, réduit au cinquième de son volume, en dégage suffisamment pour enflammer l'amadou. C'est d'après ce principe que sont construits les *briquets à air* (*fig.* 78). Ces briquets ecomposent d'un cylindre de verre ou de laiton fermé à son extrémité inférieure, et d'un piston qui se meut dans ce cylindre. Au-dessous du piston, il existe une petite cavité qui contient un morceau d'amadou. Le piston vivement enfoncé dans le cylindre, l'air se trouve tout à coup comprimé, et cette compression

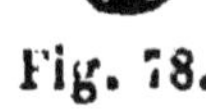

Fig. 78.

dégage assez de chaleur pour enflammer l'amadou.

Le *briquet ordinaire*, qui se compose d'un morceau d'acier et d'une pierre dure appelée *silex*, est une application du dégagement de la chaleur par la percussion et le frottement, puisque, pour obtenir l'étincelle qui enflamme l'amadou, on n'a qu'à frapper la pierre avec l'acier. Autrefois, on se servait de silex pour les *fusils à pierre*; mais il est remplacé par la poudre fulminante, renfermée dans une capsule qu'enflamme la percussion de deux morceaux d'acier ou de fer produisant l'effet d'un marteau frappant sur une enclume.

3. **De l'hygrométrie.** — L'atmosphère contient toujours de la vapeur d'eau, surtout dans ses couches inférieures, parce que l'eau qui est à la surface de la terre s'évapore continuellement. L'hygrométrie a pour objet de mesurer le degré d'humidité de l'air. Nous y rattacherons les météores aqueux, qui résultent de la condensation de la vapeur d'eau dans l'atmosphère, tels que la rosée, les brouillards, les nuages, la pluie, le givre, le verglas, la neige, le grésil et la grêle.

4. **Des hygromètres.** — Pour se rendre compte de l'humidité de l'air, on a recours à des instruments qu'on nomme *hygromètres*. On en distingue de deux sortes : les hygromètres de *condensation* et les hygromètres d'*absorption*. Les premiers sont fondés sur la condensation de la vapeur d'eau par le refroidissement; les seconds, qui sont le plus communément employés, reposent sur les variations de longueur que certaines substances éprouvent dans un air plus ou moins humide. Les substances qu'on emploie pour les construire sont les cheveux dégraissés et les cordes à boyau.

5. Hygromètre à cheveu. — Les cheveux s'allongent par l'humidité et se raccourcissent par la sécheresse. L'hygromètre *à cheveu* aussi appelé hygomètre *de Saussure*, du nom de son inventeur, est fondé sur ce principe. Il consiste en un cadre de laiton (*fig.* 79) muni, à sa partie supérieure, d'une pince. On fixe à cette pince un cheveu, dont l'autre extrémité s'enroule dans une poulie à deux gorges, poulie dont l'axe porte une aiguille qui se meut sur un cadran divisé HS. Dans la seconde gorge de la poulie on enroule un fil de soie, auquel est suspendu un contre-poids. La longueur du cheveu est ordinairement de 24 centimètres ; le diamètre de la poulie a 5 milli-

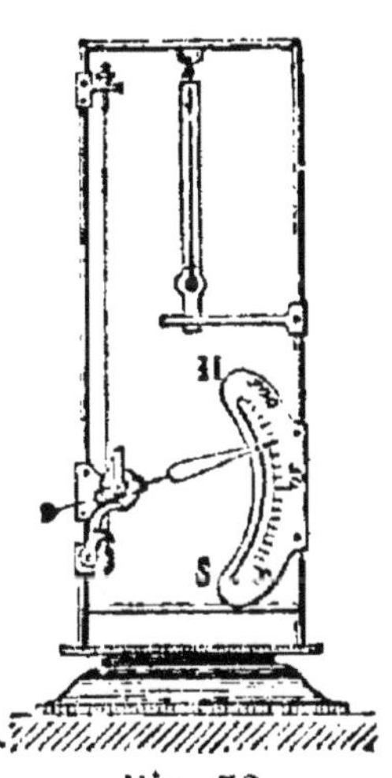

Fig. 79.

mètres, et le poids suspendu au fil de soie est de 2 décigrammes. Ce poids est destiné à donner au cheveu une tension continuelle et toujours égale.

Pour graduer cet hygromètre, on prend deux points fixes, dont l'un est le point d'humidité extrême et l'autre le point de sécheresse extrême. On marque 0 à ce dernier et 100 à l'autre, et l'on divise l'intervalle en 100 parties égales.

Pour obtenir le point d'humidité extrême, on place l'hygromètre sous un récipient dont les parois intérieures sont humectées d'eau pure. On obtient le point de sécheresse extrême en le plaçant ensuite sous un récipient dont on absorbe toute l'humidité avec de l'acide sulfurique concentré.

6. Hygromètre à corde à boyau. — L'hygromètre *à corde à boyau* est fondé sur la propriété qu'a cette corde de se tordre par la sécheresse et de se détordre par l'humidité. On s'en sert quelquefois comme de baromètre pour connaître à l'avance les changements de temps. On représente, en bois, un capucin dont le capuchon mobile est attaché à une corde de cette nature. Quand l'air est sec et que le temps est beau, le capucin a la tête découverte; tandis que, quand l'air est humide et que le temps est pluvieux, il se couvre de son capuchon.

7. État hygrométrique. Table de Gay-Lussac. — L'*état hygrométrique* est le rapport qu'il y a « entre la force élastique de la vapeur renfermée dans un espace donné, et la force élastique qu'aurait la vapeur si l'espace était saturé d'humidité à la même température. » Ainsi, quand on dit que l'état hygrométrique est de 1/3, cela signifie que la vapeur actuelle ayant une force élastique représentée, par exemple, par 1, cette même vapeur, si l'espace en était saturé, aurait 3 pour force élastique.

Gay-Lussac ayant remarqué que chaque degré de l'hygromètre correspondait à un état hygrométrique constant pour le même degré, a fait une table qui indique le rapport de l'hygromètre avec l'état hygrométrique, de sorte que, quand on connaît le degré de l'hygromètre et la température, on peut, en se reportant à cette table, connaître immédiatement l'état hygrométrique correspondant.

RAPPORT DE L'HYGROMÈTRE AVEC L'ÉTAT HYGROMÉTRIQUE.

DEGRÉS DE L'HYGROMÈTRE.	ÉTATS HYGROMÉTRIQUES.
100	1,00
95	0,89
90	0,79
85	0,70
80	0,61
75	0,54
70	0,47
65	0,41
60	0,36
55	0,32
50	0,28
45	0,24
40	0,21
35	0,18
30	0,15
25	0,12
20	0,10
15	0,07
10	0,05
5	0,02
0	0,00

Dans les circonstances ordinaires l'hygromètre marque, en moyenne, 72°; il descend rarement au-dessous de 40°, et ne monte jamais à 100°. A 72 degrés, l'état hygrométrique est 0,50, c'est-à-dire que la force élastique de la vapeur est moitié de ce qu'elle serait si l'air était saturé ; mais il n'y a pas à en déduire d'indication exacte de la quantité de vapeur qu'il contient. Dans les ascensions aérostatiques, on a vu l'hygromètre descendre à 26°, et l'état hygrométrique presque à 0,12. L'air ne renfermait plus que très-peu de vapeur, desséchait rapidement les poumons : il devenait impropre à la respiration.

8. **Des météores aqueux.** — Les principaux météores aqueux produits par la présence de la vapeur d'eau dans l'air sont la rosée, les brouillards, les nuages, la pluie, le givre, le verglas, la neige, le grésil et la grêle.

9. **Rosée.** — On appelle *rosée* les gouttelettes d'eau que l'on remarque le matin sur les plantes et les différents corps placés à la surface de la terre, et qui s'y sont déposées pendant la nuit. Ce phénomène est produit par la condensation de la vapeur d'eau qui est dans l'air, condensation déterminée par le refroidissement des corps placés sans abri à la surface du sol. Pendant une nuit calme et sereine, les corps doués d'un certain pouvoir émissif rayonnent vers les espaces célestes la chaleur qu'ils ont absorbée pendant le jour ; il en résulte un refroidissement sensible, qui se communique aux couches de l'air qui les environne, et donne lieu à la condensation d'une partie de la vapeur qu'il renferme. Cette vapeur s'attache aux plantes et aux autres corps, et produit la rosée.

Ce phénomène n'a pas lieu quand le ciel est couvert, parce que le rayonnement des corps qui sont à la surface de la terre est compensé par celui des nuages, et que, dans ce cas, leur refroidissement est peu sensible. L'agitation de l'air lui est également contraire, parce que le vent, en renouvelant l'air à la surface des corps, les réchauffe à mesure qu'ils tendent à se refroidir, et, mélangeant les couches d'air, s'oppose à leur refroidissement complet. Néanmoins, par un temps trop calme, les corps resteront en contact avec la même couche d'air, et la condensation de la vapeur ne sera pas aussi grande. Les corps abrités par des murs ou des arbres se couvrent de même d'une rosée moins abondante, parce que leur rayonnement est compensé par celui des corps qui les abritent. Enfin, dans la même nuit, les différents corps sont plus ou moins chargés d'humidité, suivant que leur pouvoir émissif est plus ou moins considérable.

10. Brouillards. — Les *brouillards* proviennent de la condensation de la vapeur d'eau contenue dans l'atmosphère, qui, par une cause quelconque, se refroidit ; ils ne renferment pas l'eau à l'état de gouttelettes pleines, car ces gouttelettes ne pourraient rester suspendues dans l'air, mais ils la contiennent à l'*état vésiculaire*, c'est-à-dire que la vapeur forme des vésicules très-petites et très-minces, comme de légères bulles de savon. Saussure a reconnu le premier que ces vésicules étaient creuses et pleines d'air.

11. Nuages et pluies. — Les *nuages* ne sont que des amas de brouillards suspendus dans l'air à différentes hauteurs. Ce sont, en général, des brouillards formés à la surface de la terre et qui s'élèvent en l'air, ou bien les nuages se forment dans les régions supérieures de l'air au moyen de la vapeur qu'il contient, et qui se condense à mesure qu'elle s'élève dans des régions plus froides. Ils restent suspendus dans l'atmosphère et suivent la direction que les courants d'air leur impriment.

Tant que l'eau des nuages reste à l'état vésiculaire, elle demeure suspendue dans l'air ; mais si une compression produite par le vent, ou une action électrique vient à transformer les vésicules en gouttelettes, alors elles tombent et forment la *pluie.*

Pour mesurer la quantité de pluie qui tombe sur la terre pendant un temps donné, on se sert de l'*udomètre* ou *pluviomètre.* Il consiste en un cylindre de laiton surmonté d'un entonnoir qui communique par sa partie inférieure avec un tube de verre destiné à indiquer la hauteur du liquide dans le cylindre (*fig.* 80). Cette hauteur marque l'épaisseur de la couche d'eau que la pluie formerait

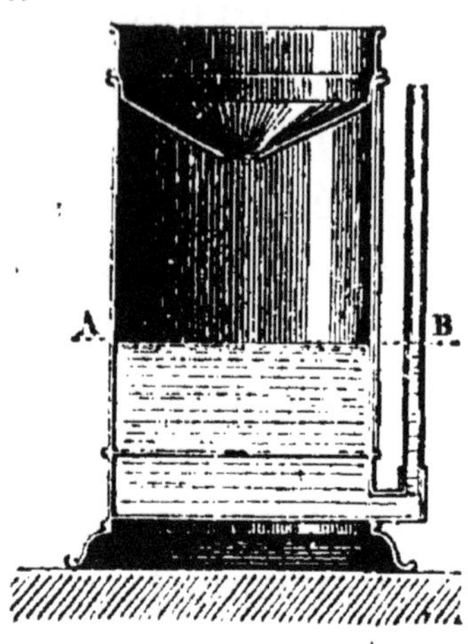

Fig. 80.

si elle ne pénétrait pas dans le sol à mesure qu'elle tombe. On a reconnu qu'il tombe à Paris 56 centimètres d'eau chaque année, tandis qu'à l'équateur il en tombe $2^m,80$, c'est-à-dire cinq fois plus.

12. Givre. Verglas. Neige. Grésil et grêle. — Le *givre* n'est que la rosée congelée par un abaissement de température ; on lui donne aussi le nom de *gelée blanche.* Ce phénomène a lieu en automne et au printemps. Quand l'air qui environne les corps est descendu à la température de 4 ou 5 degrés, les corps qui sont à la surface de la terre peuvent, en se refroidissant, arriver à une température au-dessous de 0, et alors la rosée se congèle. Pour empêcher cette gelée, qui est très-funeste aux plantes, car l'eau contenue dans les jeunes pousses peut se congeler et causer leur mort, on emploie des toiles, des paillassons et même de simples gazes, qui arrêtent le rayonnement des corps et les empêchent de se refroidir.

Le *verglas* est une couche de glace mince et transparente qui recouvre quelquefois la terre après les grandes gelées, quand le dégel commence. Pour que ce phénomène se produise, il faut qu'il tombe une pluie fine, car la surface de la terre étant encore très-froide, chaque goutte se congèle en la touchant.

La *neige* est due à la congélation subite de la vapeur d'eau dans les régions élevées de l'atmosphère. Ses flocons se composent de cristaux à aiguilles fines d'une régularité parfaite, affectant ordinairement la forme d'étoiles à six branches et sous des angles de 69 degrés. La neige est moins dense que l'eau, ce qui, joint à sa forme floconneuse, fait qu'elle tombe plus lentement.

Le *grésil* consiste en de petits grêlons composés d'aiguilles de glace entrelacées et formant de petits globules assez compactes. Il tombe dans nos climats en avril et en mars. On l'attribue à une transformation de la neige qui, après s'être formée dans des couches supérieures, entre en fusion lorsqu'elle descend dans des couches d'une température plus élevée, pour se congeler de nouveau en traversant d'autres couches dont la température est plus basse.

La *grêle* est aussi un effet de la congélation des gouttelettes d'eau qui sont suspendues dans l'air, congélation produite par un effet électrique. On a remarqué que les nuages à grêle sont ordinairement très-élevés, et que leur épaisseur est très-considérable. Ce phénomène est toujours accompagné de coups de tonnerre, qui se font entendre avant et pendant la chute des grêlons. La grêle tombe pendant très-peu de temps; mais elle cause de grands dégâts, surtout dans les récoltes, qu'elle détruit souvent complétement. La coïncidence des phénomènes électriques pendant les orages avec la chute de la grêle prouve que ce phénomène est causé par l'électricité atmosphérique; mais son explication est encore inconnue, de même que le mode de formation des grêlons.

QUESTIONNAIRE.

1, 2. Quelles sont les principales sources de chaleur? Quelle est la quantité de chaleur que produit le soleil? Quelle est la chaleur propre à la terre? Quelles sont les substances qui dégagent le plus de chaleur? Qu'est-ce qui prouve que l'électricité est une cause de chaleur? Quelles sont les actions mécaniques qui produisent la chaleur? Comment la chaleur est-elle dégagée par la percussion? — par le frottement? — par la compression? Comment est construit le briquet à air? Quelle application a-t-on fait à l'armurerie du dégagement de la chaleur par la percussion?

3. Qu'est-ce que l'hygrométrie? Quels sont les météores aqueux qui s'y rattachent?

4, 5, 6. Qu'est-ce qu'un hygromètre? De combien de sortes en distingue-t-on? Quel est le plus employé? Comment se construit l'hygromètre à cheveu? Par qui a-t-il été inventé? Comment est gradué cet hygromètre? Sur quoi se fonde l'hygromètre à corde à boyau? Quel usage en fait-on?

7. En quoi consiste l'état hygrométrique? Quel est son rapport avec l'hygromètre? Quelles sont les variations de l'hygromètre? Quel est l'état hygrométrique à une certaine hauteur dans l'atmosphère? Quelle influence cet état exerce-t-il sur les poumons?

8, 9, 10, 11, 12. Quels sont les météores aqueux dus à la condensation de la vapeur dans l'air? Comment se forme la rosée? Quelles sont les causes qui empêchent la production de ce phénomène à certains jours? Quelles sont les circonstances qui lui sont favorables? Comment se forment les brouillards? — la neige? — la pluie? Avec quel instrument mesure-t-on la quantité d'eau qui tombe dans une année en un endroit quelconque de la terre? Décrivez cet instrument. Comment se forme le givre? A quoi est dû le verglas? Qu'est-ce qui produit la neige? — le grésil? Quelles sont les circonstances qui accompagnent ordinairement la chute de la grêle?

TROISIÈME PARTIE

ÉLECTRICITÉ ET MAGNÉTISME

CHAPITRE PREMIER

DE L'ÉLECTRICITÉ STATIQUE, PHÉNOMÈNES GÉNÉRAUX.

1. De l'électricité en général. — L'électricité est un agent puissant et mystérieux dont la présence a été reconnue par les attractions et les répulsions qu'il produit. Thalès de Milet, qui vivait 600 ans avant J.-C., paraît avoir remarqué le premier la propriété qu'a l'ambre jaune d'attirer les corps quand il a été frotté avec une étoffe de laine. Le nom d'*électricité* vient du mot grec *electron* qui signifie ambre.

Les anciens se bornèrent à cette découverte ; mais, au xvie siècle, Gilbert, médecin d'Elisabeth, reine d'Angleterre, remarqua que l'ambre n'était pas la seule substance qui eût la propriété d'attirer et de repousser les corps par suite du frottement. Il découvrit que le soufre, la résine, la cire à cacheter, le verre et plusieurs autres ont la même propriété. Les savants frappés de ce phénomène s'appliquèrent à l'observer, et ont fait faire à cette partie de la physique de rapides progrès. Cependant, malgré leurs observations et leurs découvertes, on ne connaît point encore la nature et l'origine de cet agent, et l'on se trouve réduit à décrire les phénomènes qu'il produit, sans pouvoir en expliquer la cause. En mettant de côté toute hypothèse, nous considérerons d'abord les phénomènes que présente l'*électricité statique* ou en repos, et ensuite ceux de l'*électricité dynamique* ou en mouvement.

2. De l'électrisation par frottement. — Quand on frotte avec une étoffe en laine ou avec une peau de chat un bâton de verre, d'ambre, de résine ou de cire d'Espagne, le bâton acquiert la propriété d'attirer les corps légers, tels que de petits morceaux de papier, des brins de paille, des barbes de plume : il est devenu électrique. On constate la propriété qu'ont certains corps de devenir électriques par frottement, au moyen du *pendule électrique ;* cet appareil (*fig.* 81) se compose d'une balle de moelle de sureau suspendue par un fil de soie à un support. Si le corps est devenu électrique par le frottement, il attire la balle de sureau, et la laisse en repos dans le cas contraire. Mais cet appareil est peu sensible ; pour constater la présence d'une très-faible quantité d'électricité, on fait usage de l'électroscope décrit plus loin. Le pendule électrique suffit néanmoins pour démontrer que plus le frottement est vif et rapide, plus la quantité d'électri-

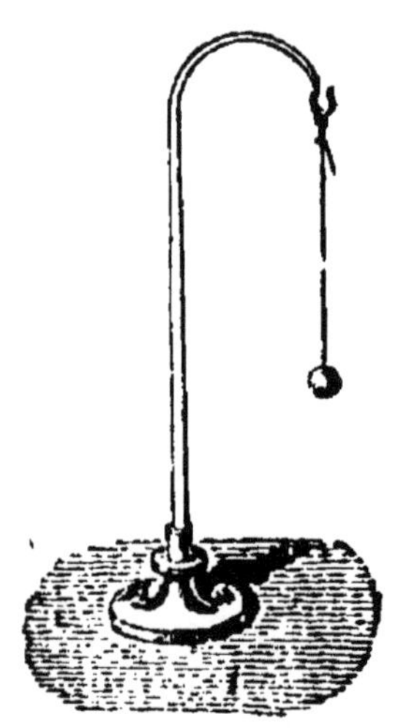

Fig. 81.

cité augmente, et que les attractions électriques dépendent de la distance; elles sont d'autant plus faibles que le corps électrisé est plus éloigné de celui qu'il attire. Les surfaces des corps frottés peuvent même devenir lumineuses dans l'obscurité, et en approchant le doigt d'un bâton de cire d'Espagne on peut en faire jaillir une petite étincelle.

3. De la conductibilité électrique. — On peut aussi électriser certains corps en les mettant en contact avec un autre qui sera devenu électrique par le frottement; dans ce cas les uns présentent aussitôt sur toute leur surface des propriétés électriques, on les nomme corps *bons conducteurs*; tels sont les métaux, le charbon calciné, les fils de lin, l'eau et les liquides en général, la vapeur d'eau et toutes les substances humides. On leur donne ce nom parce qu'ils laissent l'électricité se propager sans lui opposer d'obstacle. Le corps humain est un assez bon conducteur : ainsi une personne en rapport avec une machine chargée d'électricité s'électrise instantanément dans tous ses points; ses cheveux se hérissent, son visage éprouve une sensation analogue à celle qu'y produirait une toile d'araignée, les petits corps légers se précipitent sur elle et s'en éloignent une fois qu'ils l'ont touchée, et on peut même tirer de son corps des étincelles comme celles que l'on obtient de la machine électrique elle-même.

D'autres corps ne s'électrisent pas au contact et ne laissent pas passer l'électricité, mais lui opposent une certaine résistance : on les nomme *mauvais conducteurs*. Tels sont la gomme laque, la cire d'Espagne, toutes les résines, le soufre, le verre, la soie, la terre sèche, les briques, les pierres, les oxydes, les huiles et les gaz secs. On les emploie comme supports des corps conducteurs, et on leur donne à ce titre le nom d'*isoloirs* ou de *corps isolants*. Ainsi lorsqu'on veut électriser une personne, le sol étant un trop bon conducteur et pouvant empêcher l'électricité de s'arrêter sur elle, on isole la personne en la faisant monter sur un petit tabouret dont les pieds sont en verre. Pour électriser les métaux par le frottement, il faut les tenir au moyen d'un manche en verre, car l'électricité s'écoulerait dans le sol par la main de celui qui les frotte, et l'on ne parviendrait pas à les électriser. La conductibilité électrique a été constatée pour la première fois par Gray.

4. **Des deux électricités.**—Un physicien français, Dufay, admit le premier, en 1734, l'existence de deux électricités de nature différente. Il se fonda sur les faits suivants, que l'expérience démontre. Si l'on présente un tube de verre électrisé à un pendule électrique, la boule de sureau vient toucher le tube, dont par suite elle partage l'électricité, mais alors elle s'en éloigne, et est repoussée par lui. Si à cette boule, chargée de l'électricité du verre et repoussée par lui, on présente un bâton de résine frotté, elle sera de nouveau attirée; le même phénomène se produit en commençant l'expérience par le bâton de résine. On a ainsi constaté : 1° que deux corps chargés de la même électricité se repoussent ; 2° que l'électricité développée par le verre est d'une autre nature que celle qui est développée par la résine, puis-

que là où le verre exerce une force attractive la résine exerce une force répulsive, et réciproquement. D'où l'on a désigné l'une de ces électricités sous le nom d'*électricité vitrée* ou *positive*, et l'autre sous le nom d'*électricité résineuse* ou *négative*.

5. Hypothèse de Symner. Lois de Coulomb. —Pour expliquer les effets contraires dus à ces deux sortes d'électricité, Symner, physicien anglais, a supposé l'existence de deux fluides électriques formant, lorsqu'ils sont combinés ensemble, un *fluide neutre* ou naturel. Les deux fluides contraires s'attirent parce qu'ils tendent à reconstituer ensemble le fluide neutre, tandis que les fluides de même nom se repoussent. Cette hypothèse a le mérite d'expliquer assez facilement la plupart des faits, mais il ne faut pas la considérer comme une chose démontrée.

Coulomb a constaté et démontré les lois suivantes, relativement aux attractions et aux répulsions que les corps électrisés exercent les uns sur les autres.

1° *La force d'attraction et de répulsion électrique est proportionnelle aux quantités d'électricité que possèdent deux corps;*

2° *La force d'attraction et de répulsion électrique est en raison inverse du carré des distances,* c'est-à-dire que si la distance qui sépare les deux corps électrisés est trois fois, quatre fois plus grande, ces forces sont neuf fois, seize fois plus petites.

On prouve l'exactitude de ces deux lois au moyen de la *balance de torsion,* appelée aussi *balance de Coulomb.*

6. Distribution de l'électricité à la surface des corps. — On pourrait croire que l'électricité se distribue dans l'intérieur des corps conducteurs comme les gaz dans les espaces vides, mais l'expérience démontre qu'elle se répand seulement à leur surface, et qu'elle y forme une couche excessivement

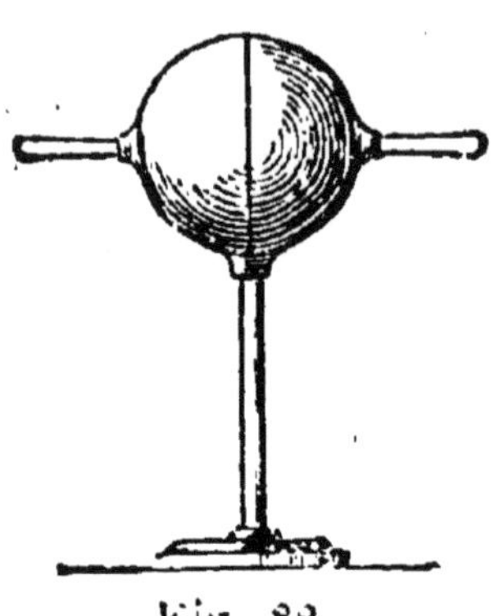

Fig. 82.

mince. Pour le démontrer, on place une sphère métallique isolée dans deux hémisphères (*fig.* 82) munis de manches en verre. On fait communiquer un instant l'un de ces hémisphères avec une machine électrique. Si on les enlève ensuite rapidement au moyen des deux manches isolants, on trouve qu'ils sont électrisés, et que la sphère ne présente aucune trace d'électricité.

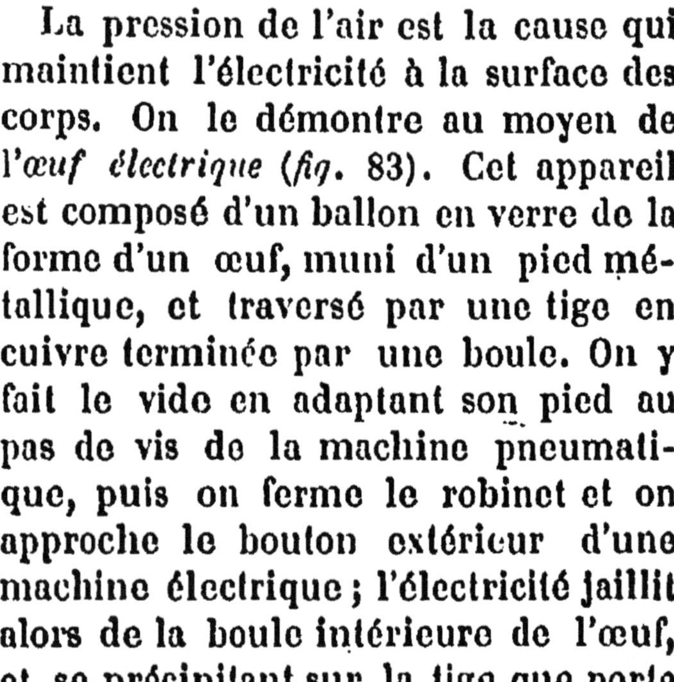

Fig. 83.

La pression de l'air est la cause qui maintient l'électricité à la surface des corps. On le démontre au moyen de l'*œuf électrique* (*fig.* 83). Cet appareil est composé d'un ballon en verre de la forme d'un œuf, muni d'un pied métallique, et traversé par une tige en cuivre terminée par une boule. On y fait le vide en adaptant son pied au pas de vis de la machine pneumatique, puis on ferme le robinet et on approche le bouton extérieur d'une machine électrique ; l'électricité jaillit alors de la boule intérieure de l'œuf, et, se précipitant sur la tige que porte le pied du globe, remplit l'œuf d'une vive lumière, qui produit le plus bel effet dans l'obscurité. On a aussi remarqué que la forme des corps influe beaucoup sur la force ou tension de l'électricité à leur surface. Les corps sphériques sont ceux qui la conservent le mieux. Quand un corps a une forme allongée, la tension électrique s'accroît vers ses extrémités. Si un corps se termine en pointe, la tension électrique devient si grande que l'air ne peut plus lui offrir une résistance suffisante, et que l'électricité s'échappe. Ainsi, pour affaiblir la force d'une machine électrique, il suffit d'adapter quelques pointes à son conducteur, car l'électricité s'écoule à mesure qu'elle se développe. Franklin a découvert le pouvoir des pointes, et c'est à l'application de cette découverte qu'on doit le paratonnerre.

7. De l'électricité par influence.—L'électricité ne se communique pas seulement d'un corps à un autre par le contact, mais on peut encore électriser un corps bon conducteur en le mettant à une certaine distance d'une source électrique. Ce mode de communication se nomme *électrisation par influence.*

Pour étudier ce phénomène, on se sert d'un cylindre de laiton AB (*fig.* 84) terminé par deux surfaces arrondies et supporté par un tube en verre ou par un autre corps isolant.

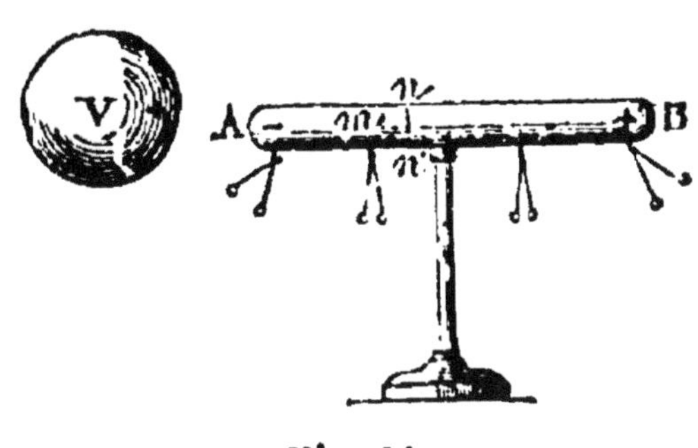

Fig. 84.

On dispose, aux extrémités et le long du cylindre,

des pendules doubles suspendus par des fils conducteurs. En plaçant le cylindre à une certaine distance d'un corps électrisé V, on remarque que les balles de sureau formant chaque pendule s'écartent l'une de l'autre, en vertu de la loi des répulsions électriques entre deux corps chargés de la même électricité ; on voit aussi que celles qui sont le plus près du corps électrisé sont attirées par lui, tandis que celles qui sont à l'extrémité opposée sont repoussées. Les pendules placés près du centre n'éprouvent aucun mouvement et occupent ainsi une ligne que pour ce motif on appelle *ligne neutre*.

Ces faits s'expliquent par la théorie des deux fluides, du *fluide positif* et du *fluide négatif* dont la combinaison constitue un *fluide neutre*. En effet, quand on présente le cylindre au corps V qui est chargé par exemple d'électricité positive représentée par le signe +, l'électricité de ce dernier corps décompose l'électricité neutre du cylindre AB. Elle attire vers elle l'électricité négative, représentée par le signe —, et c'est pour ce motif que les boules de sureau qui participent à cette électricité se dirigent de son côté ; et, de plus, elle repousse à l'extrémité opposée l'électricité positive, et c'est pour ce motif que les boules de sureau s'éloignent. Ces boules de sureau s'écartent l'une de l'autre dans le double pendule par suite de l'action de l'électricité qu'elles reçoivent, et le milieu du cylindre n'indique aucune trace d'électricité, parce que l'action des deux fluides se neutralise à l'endroit où ils se recomposent.

Mais pour obtenir ces phénomènes, il ne faut pas que le cylindre soit placé à une trop grande distance du corps électrisé, ou qu'il en soit trop près. S'il était à une trop grande distance, les pendules ne donneraient aucun signe d'électricité, parce que le corps ne serait pas électrisé. On dit alors qu'il est « hors de la sphère d'activité du corps électrisé. » S'il était trop près, l'étincelle jaillirait.

8. Étincelle électrique. — Quand on soustrait un corps électrisé par influence à l'action de la source électrique qui agissait sur lui, les deux électricités contraires dont il était chargé se recomposent et il cesse d'être électrisé. Pour éviter ce résultat, on place à l'extrémité B du cylindre une chaine métallique (*fig.* 85) qui le met en communi-

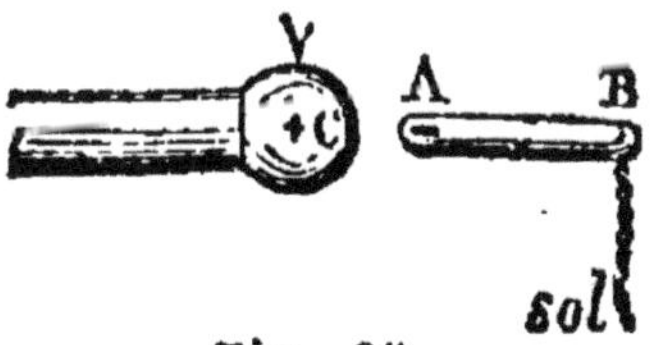

Fig. 85.

cation avec le sol. L'électricité qui se trouvait à l'extrémité du cylindre s'écoule ainsi, et il ne reste plus que l'électricité qui se trouvait au point A, et qui est toujours contraire à celle du corps V dont l'influence l'a dégagée. Il en résulte alors entre le fluide de la source électrique et le fluide contraire du cylindre une attraction qui, si la distance n'est pas trop grande, finit par vaincre la résistance de l'air et amener la réunion des deux fluides, ce qui se manifeste par l'étincelle électrique.

Cette recomposition des deux fluides est toujours provoquée quand on met un corps électrisé près d'un autre corps conducteur. Le bruit qui l'accompagne s'explique par le choc brusque que l'air subit au moment de la réunion des deux électricités. Quant à la lumière qui en résulte, on la regarde comme une des propriétés de la neutralisation de ces deux fluides, mais on n'a pu encore en donner la cause.

QUESTIONNAIRE.

1. Qu'est-ce que l'électricité? D'où lui vient son nom? Quelles observations ont faites les anciens à son sujet? Quels sont les savants modernes qui ont fait faire des progrès à cette partie de la physique? Qu'est-ce que l'électricité statique? — dynamique?

2. Comment l'électricité se produit-elle par le frottement? Qu'appelle-t-en pendule électrique? Décrivez cet instrument.

3. Qu'appelle-t-on corps conducteurs? Quels sont les corps qui sont les meilleurs conducteurs? Qu'appelle-t-on corps isolants?

4. Quel est le physicien qui a admis le premier l'existence de deux électricités? Sur quoi est fondée cette distinction? Quels noms donne-t-on à ces deux sortes d'électricités?

5. Comment Symmer explique-t-il leurs effets contraires? Quelles sont les lois de Coulomb re-lativement aux attractions et aux répulsions électriques?

6. Comment l'électricité se répartit-elle à la surface des corps? Quelle expérience fait-on pour démontrer qu'elle se tient à la surface? En quoi consiste l'œuf électrique? Quelle expérience fait-on avec cet instrument? Quel est le pouvoir des pointes? Par qui a-t-il été découvert?

7. Qu'est-ce que l'électrisation par influence? Décrivez l'instrument avec lequel on observe ce phénomène. Quels sont les faits que l'on remarque? Donnez l'explication de ces faits.

8. Que se passe-t-il quand on soustrait le cylindre à l'action de la source électrique? Par quel moyen peut-on conserver l'électricité sur le corps électrisé par influence? Qu'est-ce qui produit l'étincelle électrique? D'où provient le bruit qui l'accompagne?

CHAPITRE II

MACHINES ET APPAREILS ÉLECTRIQUES,

1. Machines électriques. — La machine que l'on emploie ordinairement pour produire de l'électricité se compose (*fig.* 86) d'un plateau de verre

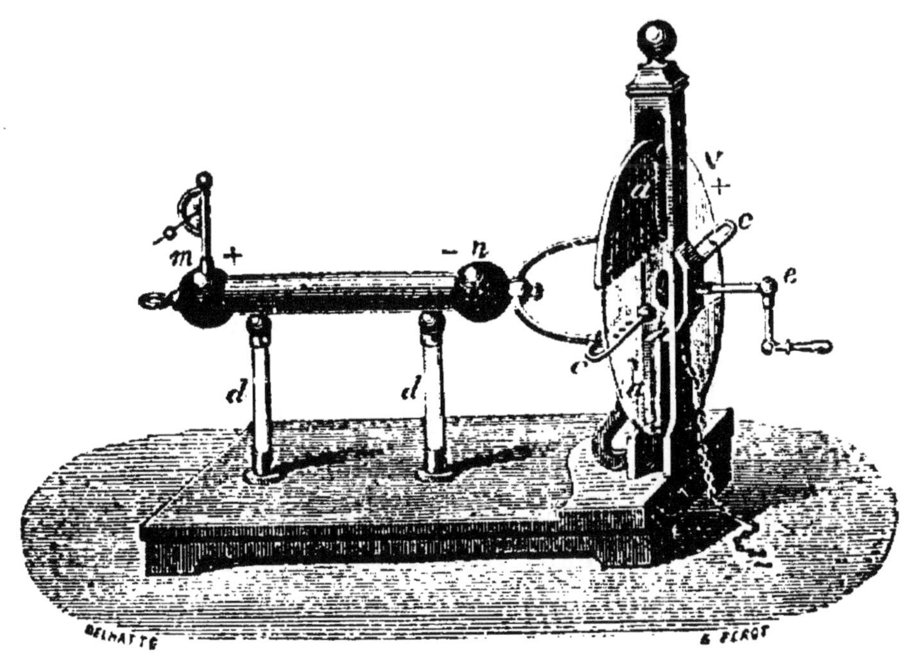

Fig. 86.

de 80 à 140 centimètres de diamètre. Ce plateau tourne entre deux paires de coussins *aa* fixés aux montants qui supportent son axe. Le conducteur de la machine est formé par un cylindre *bb* de cuivre ou de laiton, isolé par des supports de verre *dd*. Son extrémité, voisine du plateau, est munie de deux arcs métalliques *cc*, en forme de fer à cheval, dans la courbure desquels passe le plateau de verre : ils portent intérieurement une rangée de pointes.

Les coussins *aa* entre lesquels tourne le plateau de verre sont rembourrés de crin ; la face qui touche le plateau est en cuir, tandis que la face opposée est en bois ou en métal, communiquant au sol par une chaîne. Le cuir seul, en frottant contre le verre, dégagerait assez peu d'électricité ; on augmente l'action de la machine en recouvrant les coussins d'or mussif (deutosulfure d'étain), ou d'un amalgame de zinc, d'étain et de mercure, parce que ces substances ont la propriété de dégager beaucoup de fluide électrique.

Quand on tourne le plateau de verre, son frottement contre les coussins produit à sa surface l'électricité vitrée ou positive, pendant que les coussins se chargent au contraire d'électricité résineuse ou négative. C'est pour que l'électricité des coussins ne vienne pas neutraliser l'électricité contraire développée sur le plateau, qu'on met les coussins en rapport avec le sol au moyen d'une chaîne ou d'autres conducteurs suivant la manière dont la machine électrique est construite.

L'électricité vitrée du plateau conservant ainsi son action décompose le fluide neutre du conducteur de la machine. Elle repousse alors l'électricité de même nom à l'extrémité la plus éloignée de ce conducteur, tandis que l'électricité de nom contraire s'échappe par les pointes des fers à cheval entre lesquels tourne le plateau, se précipite sur l'électricité du plateau, et, en se combinant avec elle, neutralise son action et fait repasser le plateau à son état naturel. Le mouvement du plateau continuant, une nouvelle décomposition de son électricité a lieu et envoie à l'extrémité du conducteur une nouvelle quantité d'électricité vitrée. Après un certain nombre de tours, l'électricité accumulée du conducteur acquiert une tension qui la rend capable de résister à la répulsion de l'électricité du plateau. Alors le conducteur arrive à un *maximum* qu'il ne peut dépasser. Ce *maximum* dépend de l'état hygrométrique de l'air; il est d'autant plus faible que l'air est plus humide.

La machine électrique ordinaire ne donne que de l'électricité vitrée ou positive. La machine électrique de Van-Marum donne, à volonté, de l'électricité positive ou négative; celle de l'Anglais Nairn donne à la fois les deux espèces d'électricité.

2. **Électrophore.** — On peut remplacer, en certains cas, la machine électrique par un appareil inventé par Volta, et qu'on nomme *électrophore*. Cet appareil (*fig*. 87) se compose d'un gâteau de résine AB et d'un plateau de métal CD muni d'un manche de verre servant à le poser et à l'enlever. Pour charger l'électrophore, on électrise d'abord le gâteau de résine en le battant avec une peau de chat; il se

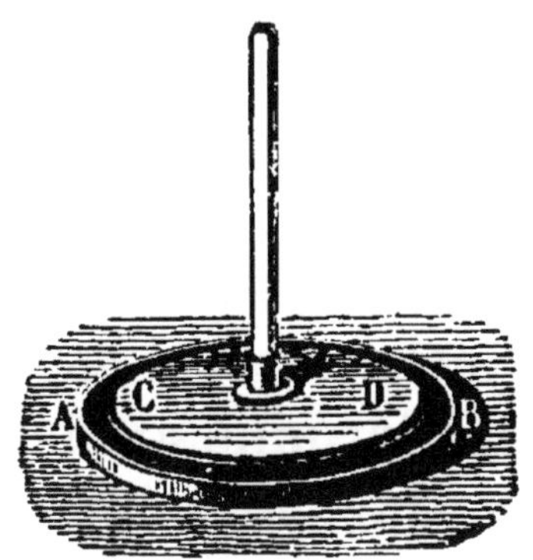

Fig. 87.

charge ainsi d'électricité négative, puis on applique à sa surface le plateau de métal. Le fluide neutre du plateau est alors décomposé par influence ; son électricité négative se rend à la partie supérieure, et son électricité positive à la surface inférieure. Si l'on enlève le plateau, la recomposition des deux fluides a lieu, et l'on n'obtient aucun effet. Mais si on approche le doigt pendant que le plateau est encore sur le gâteau de résine, l'électricité négative repoussée passe dans le sol, et il reste chargé d'électricité positive. On peut alors en tirer une brillante étincelle. Si on le replace sur le gâteau après qu'il a été déchargé et qu'on le touche de nouveau avec le doigt, on pourra, après l'avoir soulevé, en tirer une seconde étincelle ; et le même phénomène pourra être renouvelé un très-grand nombre de fois, sans qu'il soit nécessaire de recharger le gâteau de résine. L'électrophore s'emploie souvent en chimie quand on a besoin d'une étincelle électrique ; il est plus commode en certains cas que la machine électrique, parce qu'il est plus portatif.

3. **Électroscope.** — L'électroscope est un petit appareil qui sert à reconnaître la présence de la plus petite quantité d'électricité et la nature de cette électricité. Cet appareil se compose d'un conducteur fixe terminé en haut par une boule (*fig.* 88), et d'un conducteur mobile enfermé dans une cloche de verre dont le fond est métallique. Le conducteur mobile peut consister en deux lames d'or ou en deux pailles légères comme dans la figure *a*, ou bien en deux fils

de métal très-fins portant à leurs extrémités deux boules de sureau comme dans la figure *b*. Dans le premier cas l'électroscope se nomme *électroscope à pailles* ou *à lames d'or*, tandis que dans le second on

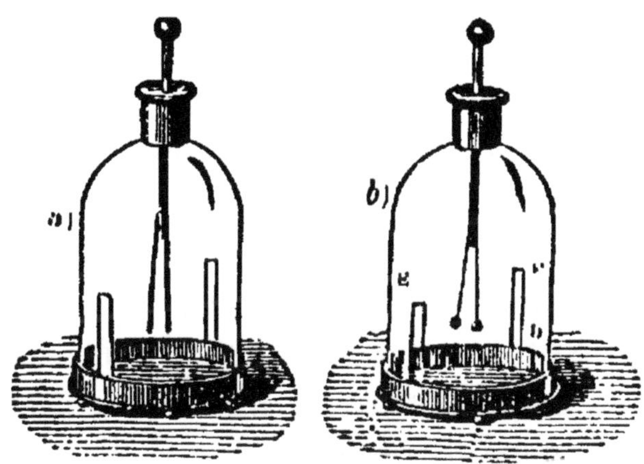

Fig. 88.

lui donne le nom d'électroscope *à balles de sureau*. A l'intérieur de la cloche il y a deux lames d'étain EC et DF qui s'élèvent verticalement à la hauteur des pailles ou des boules de sureau. Si ces boules s'écartent au point de toucher les lames d'étain, elles se déchargent sur elles, ce qui les empêche de communiquer avec le verre, auquel elles pourraient donner une électricité qu'il conserverait longtemps, ce qui amènerait des erreurs dans les expériences.

Pour reconnaître la présence de l'électricité dans un corps au moyen de l'électroscope, on approche ce corps de la boule extérieure. S'il est vraiment électrisé, il décompose par influence l'électricité neutre du conducteur, attire à lui l'électricité de nom contraire à la sienne, et repousse l'électricité de même nom à l'extrémité du conducteur mobile. L'action de cette électricité se manifeste aussitôt par le mouvement des boules de sureau qui s'écartent l'une de l'autre.

Pour reconnaître la nature de l'électricité, on approche de la boule, pendant qu'elle est sous l'influence du corps en expérience, un autre corps chargé d'électricité positive ou négative, mais parfaitement connue : si par sa présence les boules de sureau divergent davantage, il est évident que l'électricité de l'appareil et, par suite, celle du premier corps, sont de même nature que celle du corps qu'on lui présente. Si au contraire les boules de sureau se rapprochent, c'est une preuve que l'électricité de l'appareil et celle du corps sont contraires à celle de l'objet qui lui est présenté.

4. Condensateurs électriques. 1° *Condensateur ordinaire.* — Le *condensateur* est un appareil au moyen duquel on peut accumuler sur une surface une certaine quantité d'électricité. Il se compose essentiellement de deux corps conducteurs séparés par un corps non conducteur. Sa forme peut varier beaucoup, mais les principaux sont le condensateur ordinaire, la bouteille de Leyde, les jarres et les batteries électriques.

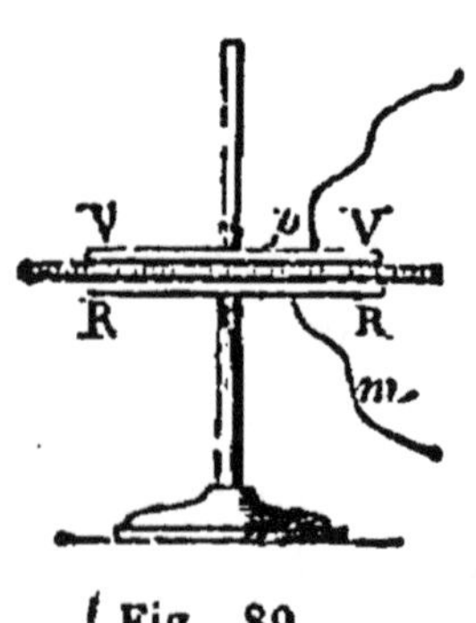

Fig. 89.

Le *condensateur ordinaire* est formé de deux plateaux métalliques V et R (*fig.* 89) d'un même diamètre, séparés par un corps isolant, comme une lame de verre, une couche de vernis, une feuille de taffelas ciré. On met le plateau supérieur V en communication avec une source constante d'électricité positive ou négative produite par une machine électrique, et on fait communiquer le plateau inférieur R avec le sol. Si le plateau V était mis seul en rapport avec la source électrique, il se chargerait d'électricité jusqu'à concurrence de la quantité suffisante pour faire équilibre à l'électricité de la machine électrique, c'est-à-dire jusqu'à ce qu'il y eût sur la même étendue de la machine et du plateau la même quantité d'électricité ; mais si l'on forme le condensateur en mettant ce plateau sur un autre et en les séparant par une lame de verre, il électrisera par influence le plateau inférieur, et alors il repoussera son fluide positif dans le sol et attirera son fluide négatif. Ce fluide réagira à son tour sur le fluide positif du plateau supérieur et le neutralisera en grande partie : le plateau supérieur n'étant pour ainsi dire plus électrisé, ou, du moins, son électricité étant devenue inactive, neutralisée qu'elle est par l'électricité contraire du plateau inférieur, le plateau supérieur pourra recevoir une nouvelle quantité d'électricité. Le même phénomène se reproduira, et à la suite de ces neutralisations successives on finira par accumuler ou par condenser sur l'appareil une très-grande quantité d'électricité.

Le plateau qui communique avec la source électrique se nomme *plateau collecteur*; celui qui est en rapport avec le sol s'appelle *plateau condensateur*, ce dernier étant la cause de la condensation.

Quand on veut décharger l'appareil, on peut le

faire lentement ou instantanément. Pour le décharger lentement, on touche du doigt le plateau supérieur et l'on en tire ainsi une légère étincelle, car il contient toujours une petite quantité d'électricité libre : on le présente ensuite au plateau inférieur, et l'on obtient le même phénomène. On va ainsi de l'un à l'autre plateau, jusqu'à ce que l'appareil soit complétement déchargé.

Pour le décharger subitement, on touche d'une main l'un des plateaux, et l'on approche l'autre main du plateau opposé. Aussitôt l'appareil perd du même coup toute son électricité, car, en mettant ainsi les deux électricités en contact immédiat par l'intermédiaire du corps humain, qui, on le sait, est bon conducteur, elles se recomposent, l'appareil revient à l'état neutre, et l'on éprouve une commotion proportionnelle à la quantité d'électricité qu'on y avait accumulée. On évite cette secousse, qui est toujours désagréable et qui pourrait devenir dangereuse, au moyen d'un instrument appelé *excitateur*. Cet appareil se compose (*fig.* 90) de deux arcs métalliques AB et AC qui peuvent se mouvoir autour d'une charnière, et qui sont garnis de manches isolants en

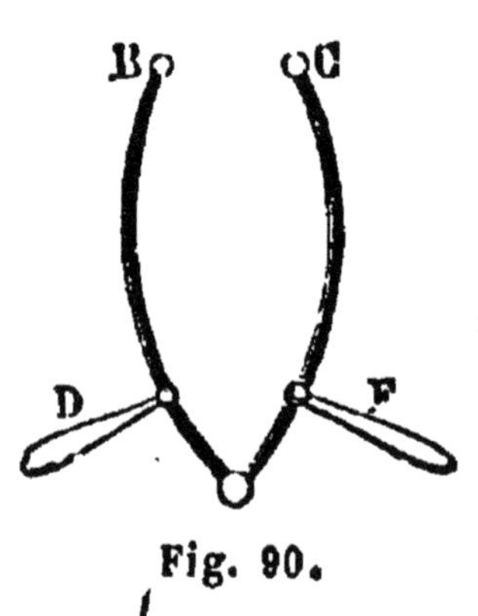

Fig. 90.

verre D et F. Ces deux arcs sont terminés à leur extrémité supérieure par deux boules en laiton B et C. On met l'une de ces boules en contact avec l'un des plateaux du condensateur, et on approche l'autre boule du deuxième plateau. Arrivée à une certaine distance, elle en fait jaillir une forte étincelle, et l'appareil se trouve déchargé. —

On a remarqué que l'électricité se trouvait en grande partie à la surface de la lame de verre ou du corps isolant qui sépare les deux plateaux : car, quand l'appareil est chargé, on peut enlever le plateau supérieur avec un manche isolant et le remettre à l'état naturel en le touchant avec le doigt ; on peut ensuite soulever la lame de verre en la tenant par le bord, et faire passer également le plateau inférieur à l'état naturel en le déchargeant de son électricité. Si l'on remet la lame de verre avec les plateaux, comme ils étaient auparavant, et qu'on approche l'excitateur, on obtient une étincelle presque aussi forte que si les plateaux n'avaient pas été déchargés.

5. Des condensateurs électriques.
2° *Bouteille de Leyde.* — La bouteille de Leyde est ainsi nommée de la ville où l'inventa le Hollandais Musschenbroeck, en 1747. Cet appareil n'est qu'un condensateur d'une forme particulière. Il consiste en un flacon de verre (*fig.* 91) rempli d'un corps conducteur, par exemple de feuilles d'or ou de clinquant, et recouvert à l'extérieur, jusqu'aux deux tiers de sa hauteur, d'un autre corps conducteur, tel qu'une feuille d'étain. Ces deux substances font l'office des deux plateaux du condensateur ordinaire : on les nomme les deux *armatures* ; et le verre du flacon tient lieu de la lame de verre

Fig. 91.

ou du corps isolant qui les sépare. On fait passer par le bouchon de la bouteille une tige métallique qui plonge à l'intérieur et qui se termine à l'extérieur par un bouton. En mettant ce bouton en communication avec la machine électrique, et tenant la bouteille à la main par la panse garnie d'étain, l'électricité pénètre dans l'intérieur de la bouteille et agit sur l'armature intérieure de la même façon que sur le plateau supérieur d'un condensateur ordinaire. Cette armature intérieure électrise, par influence, l'armature extérieure, comme le plateau supérieur électrise le plateau inférieur à travers la lame de verre dans le condensateur ordinaire : la bouteille se trouve alors chargée, par suite des neutralisations successives qui ont lieu dans ce cas comme dans le précédent.

On peut aussi décharger cette bouteille lentement ou instantanément. Pour la décharger lentement, la bouteille étant placée sur un corps isolant, on touche les armatures l'une après l'autre, jusqu'à ce qu'on ait enlevé toute l'électricité qu'elles renfermaient. Si on veut la décharger subitement, on fait usage de l'excitateur; on appuie une des branches contre l'une des armatures, on approche la seconde branche de l'autre, et on obtient une forte étincelle : ou bien, en saisissant d'une main l'armature extérieure, on approche l'autre main du bouton communiquant à l'armature intérieure; ce qui produit une commotion assez vive.

6. **Jarres et batteries électriques.** — Une *jarre* est une grande bouteille de Leyde, à goulot

très-large, dont l'intérieur et l'extérieur sont recouverts d'une feuille d'étain qui forme ses armatures.
La tige qui traverse le bouchon de cette jarre est
droite et terminée à sa partie inférieure par une
chaîne métallique qui la met en communication
avec l'armature inférieure
de la jarre. La réunion
de plusieurs jarres forme
la *batterie électrique.* On obtient cet instrument, en
faisant communiquer en-
semble les armatures ex-
térieures des jarres, en
plaçant les jarres sur une

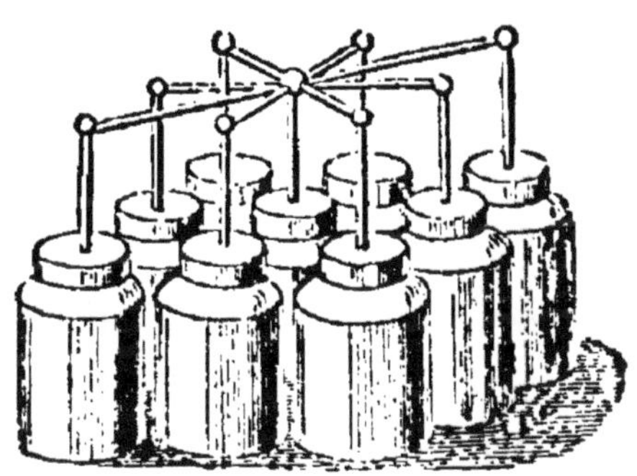

Fig. 92.

même feuille d'étain. Quant aux armatures intérieures, on les met en relation les unes avec les
autres au moyen de tiges de cuivre qui les unissent
deux à deux (*fig.* 92).

Les batteries se chargent absolument de la même
manière que la bouteille
de Leyde, c'est-à-dire en
mettant leur armature in-
térieure en rapport avec
la machine électrique au
moyen des tiges métalliques
qui traversent les bouchons
des jarres, et en mettant
leur armature extérieure
en communication avec le
sol.

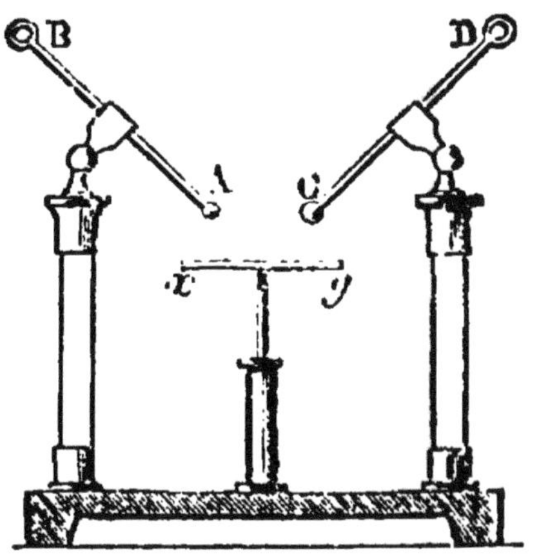

Fig. 93.

Pour décharger une batterie électrique, on se sert

d'un instrument appelé *excitateur universel* (*fig.* 93). Cet instrument se compose de deux tiges métalliques AB et CD supportées par des colonnes de verre, et mobiles en tous sens. Au milieu on place un support *xy* qu'on peut monter et descendre à volonté, et qui est destiné à porter le corps qui doit recevoir la décharge électrique. On met une des tiges AB en communication avec l'armature intérieure d'une batterie, et l'autre tige CD en rapport avec l'armature extérieure, et aussitôt la décharge a lieu sur le corps placé entre ces deux tiges.

7. Effets de l'étincelle électrique. — L'étincelle électrique produit des effets physiologiques, chimiques, mécaniques, lumineux et calorifiques.

Les effets *physiologiques*, c'est-à-dire les effets produits sur le corps de l'homme et des animaux, consistent dans la commotion qu'on éprouve quand on touche à la fois aux deux armatures d'un condensateur quelconque. Cette commotion, lorsqu'elle a pour cause une batterie électrique, peut être assez forte pour paralyser et même pour foudroyer un être vivant. On en fait l'expérience sur des oiseaux, des lapins et même sur des animaux plus difficiles à tuer.

Les effets *chimiques* consistent dans la décomposition et la recomposition de certains corps. C'est ce qu'on démontre avec le *pistolet de Volta*. On appelle ainsi un petit vase en fer-blanc (*fig.* 94) traversé à sa partie latérale par une tige métallique *mn* terminée par un bouton à chacune de ses extrémités. Le bouton situé à l'intérieur est très-rapproché de la paroi. On remplit ce vase d'un mélange de deux volumes d'hydrogène et d'un volume d'oxygène, et on le ferme avec un bouchon de liége. En mettant l'extrémité *n* en rapport avec une machine électrique, l'étincelle jaillit aussitôt entre l'extrémité *m* et la paroi du vase. Les deux gaz se combinent immédiatement : il en résulte une forte détonation et une tension considérable qui jette le bouchon au loin. La

Fig. 94.

décharge d'une bouteille de Leyde enflamme l'alcool, celle d'une batterie électrique enflamme la poudre, et il ne faut qu'une étincelle pour enflammer l'éther. L'étincelle électrique décompose le gaz ammoniac, les acides sulfurique et chlorhydrique ; mais il faut un grand nombre d'étincelles pour opérer ces décompositions, tandis que les combinaisons s'obtiennent instantanément et par une seule étincelle.

Les effets *mécaniques* résultent de l'action de l'étincelle électrique sur le bois, la pierre, le verre, et en général sur tous les corps mauvais conducteurs qu'elle peut briser ou percer, même quand ils ont plusieurs centimètres d'épaisseur. La décharge d'une bouteille de Leyde suffit pour percer une carte ou même une feuille de verre.

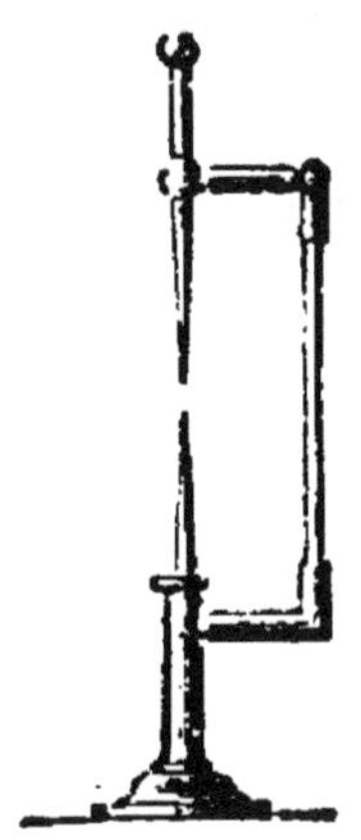
Fig. 95.

L'appareil destiné à faire cette expérience se compose de deux tiges métalliques isolées l'une de l'autre (*fig.* 95), et mises dans la position verticale. Leurs extrémités se terminent par une pointe, et elles sont suffisamment éloignées l'une de l'autre pour que la décharge ait lieu dans l'espace intermédiaire qui les sépare. Si dans cet espace on met une carte ou une lame de verre, l'étincelle électrique, en jaillissant, les percera d'un trou plus ou moins grand.

Le *tourniquet électrique* fournit encore une démonstration assez ingénieuse des effets mécaniques de l'électricité. Cet appareil se compose (*fig.* 96) de plusieurs rayons effilés partant tous du même centre, et recourbés dans le même sens. Si on le pose sur un pivot vertical communiquant avec le conducteur

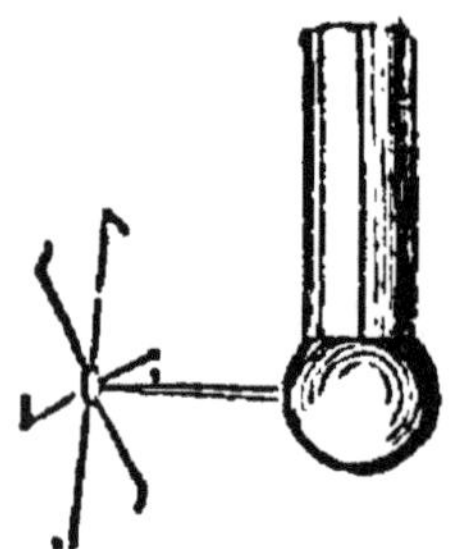

Fig. 96.

d'une machine électrique, aussitôt qu'il est électrisé ce tourniquet se met en mouvement et tourne dans le sens inverse de la courbure des rayons; le même effet se produirait si ces rayons étaient creux et qu'un liquide ou un gaz s'écoulât par leurs extrémités. Dans l'obscurité, l'électricité qui s'écoule forme aux extrémités des rayons des aigrettes lumineuses qui donnent à cet appareil l'apparence d'une roue de feu ; c'est ce qui lui a fait aussi donner le nom de *soleil électrique.*

— Cette dernière expérience révèle les *effets lumineux* de l'étincelle électrique. On les constate d'ailleurs au moyen de nombreux instruments. On se sert ainsi pour la même expérience des *tubes* et des *carreaux étincelants.*

Les tubes étincelants (*fig.* 97) sont des tubes de verre munis de viroles métalliques à leurs extrémités, et dans l'intérieur desquels sont collés de petits losanges d'étain disposés en spirale, de manière que leurs pointes soient très-rapprochées, mais laissent entre elles de faibles intervalles. Lorsque l'étincelle pénètre dans l'intérieur du tube pour aller d'une extrémité à l'autre, elle suit le chemin tracé par les losanges; elle se répète en même temps à tous les in-tervalles qu'ils laissent et, dans l'obscu-rité, le tube devient resplendissant de lu-mière sur toute la ligne qui passe par les pointes opposées des losanges.

Les carreaux étincelants sont des car-reaux de verre dont une des faces est recouverte d'une petite lame d'étain que l'on a découpée de manière à produire des solutions de continuité au moyen

Fig. 97.

desquelles on peut représenter différents objets, tels qu'un portrait, un édifice, une croix, etc. A chaque étincelle que reçoit cette bande métallique le dessin est illuminé.

La lumière électrique est très-vive, et on peut l'employer avec avantage quand il s'agit d'éclairer de grands espaces et à une grande distance.

Quant aux *effets calorifiques* de l'électricité, ils n'ont pas seulement pour résultat d'échauffer subitement les corps qu'elle traverse, ils peuvent encore les porter au rouge-blanc et même les fondre et les volatiliser. Les corps qui sont bons conducteurs subissent le mieux son action; ainsi l'or et l'argent se fondent et se volatilisent plus facilement que l'étain et le fer, parce qu'ils sont doués d'une plus grande conductibilité. D'après ce principe, si on électrise des fils de soie dorés, l'or qui les couvre est volatilisé, tandis que la soie reste intacte. On peut de cette manière enlever la dorure sur un livre.

Quant on met une feuille d'or entre deux cartes

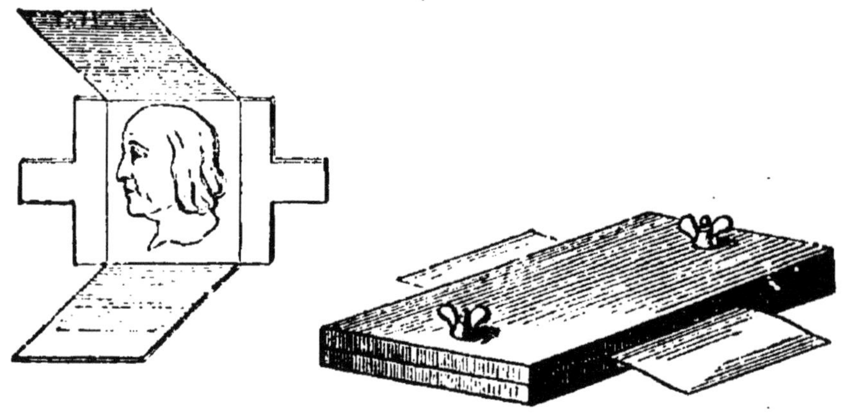

Fig. 98.

blanches et qu'on les presse fortement, si l'on fait passer une décharge électrique par la lame d'or, l'or se volatilise et les cartes ne se ressentent nullement de la chaleur, seulement on remarque sur elles une empreinte de couleur brune produite par la vapeur d'or.

C'est ce qui a donné l'idée des *portraits électriques* (*fig.* 98). Pour faire cette expérience, on découpe à jour un portrait sur une carte ou sur une feuille de bon papier, et l'on garnit cette carte de deux bandes d'étain à ses extrémités ; on place ensuite cette découpure sur un ruban de satin blanc ou une carte blanche, et on la recouvre d'une feuille d'or qui communique avec les deux bandes d'étain ; enfin on met sur cette feuille une nouvelle carte, et l'on comprime fortement le tout au moyen d'une presse. On fait ensuite passer la décharge d'une batterie électrique à travers la feuille d'or, au moyen des deux bandes d'étain qu'on met en communication avec l'excitateur universel. L'or se volatilise, et comme il n'a pas d'autre issue que les jours de la découpure, il laisse sur la carte blanche ou sur le ruban de satin l'empreinte du portrait qu'on a découpé.

QUESTIONNAIRE.

1. De quoi se compose une machine électrique ? Qu'emploie-t-on pour que le plateau de verre dégage une plus grande quantité d'électricité ? Comment le conducteur de la machine électrique se charge-t-il ? Y a-t-il différentes sortes de machines électriques ?

2. Qu'est-ce que l'électrophore ? Comment se charge-t-il ? Quel usage en fait-on ?

3. Qu'est-ce que l'électroscope ? Qu'appelle-t-on électroscope à pailles d'or ? — à balles de sureau ? A quoi sert l'électroscope ?

4. Qu'est-ce que le condensateur ? De quoi se compose un condensateur ordinaire ? Qu'appelle-t-on plateau collecteur ? — plateau condensateur ? Où l'électricité s'accumule-t-elle ? Comment se décharge le condensateur ?

5. Qu'est-ce que la bouteille de Leyde ? Comment cet appareil est-il construit ? Comment se décharge-t-il ?

6. Qu'est-ce qu'une jarre électrique ? — Une batterie électrique ? Qu'appelle-t-on excitateur universel ? A quoi sert cet instrument ?

7. Quels sont les effets de l'électricité ? Quels sont ses effets physiologiques ? Quels sont ses effets chimiques ? Qu'appelle-t-on pistolet de Volta ? Quelles sont les combinaisons et les décompositions qu'on obtient au moyen de l'étincelle électrique ? Quels sont les effets mécaniques de l'étincelle électrique ? Quels sont les effets mécaniques de l'électricité ? Décrivez le perce-carte. En quoi consiste le tourniquet électrique ? Pourquoi l'appelle-t-on

soleil électrique? Quels sont les effets lumineux de l'étincelle électrique? Qu'appelle-t-on tubes étincelants? Qu'appelle-t-on carreaux étincelants? Quels sont les effets calorifiques de l'électricité? Quelle différence y a-t-il sous ce rapport entre les corps conducteurs et non conducteurs? Qu'est-ce qui a donné l'idée des portraits électriques? Comment ces portraits se font-ils?

CHAPITRE III

DE L'ÉLECTRICITÉ ATMOSPHÉRIQUE.

1. Électricité des nuages. — Franklin a démontré le premier, en 1752, par des expériences faites à Philadelphie, que l'électricité des nuages est de même nature que celle de nos machines électriques. Pour s'en convaincre, il a lancé d'abord un cerf-volant de taffetas vers un nuage orageux, et a fixé au sol l'extrémité inférieure de la corde, en ayant soin de l'isoler. Il remarqua que la corde agissait alors comme un corps électrisé, ce qui lui prouva que le nuage avait électrisé par influence le cerf-volant servant d'instrument. Si l'on joint à la corde quelques fils métalliques, afin de la rendre meilleure conductrice, on obtient des décharges considérables; on a remarqué des étincelles qui avaient plusieurs pieds de longueur et qui étaient capables de foudroyer l'observateur.

Franklin s'est assuré du même fait au moyen d'une longue barre, isolée à son pied, et qu'il avait fixée au sommet d'une maison (*fig.* 99). Cette barre était terminée en pointe à sa partie supérieure. Quand un nuage orageux passait au-dessus, il l'électrisait par influence, et l'on remarquait qu'elle attirait les corps légers et qu'elle donnait des étincelles comme le conducteur d'une machine électrique. Pour en tirer sans danger des étincelles, on se servait d'un excitateur, en tenant l'une des branches en communication avec le sol, et en approchant l'autre de la barre de fer. On put ainsi obtenir des étincelles mesurant plusieurs mètres de longueur,

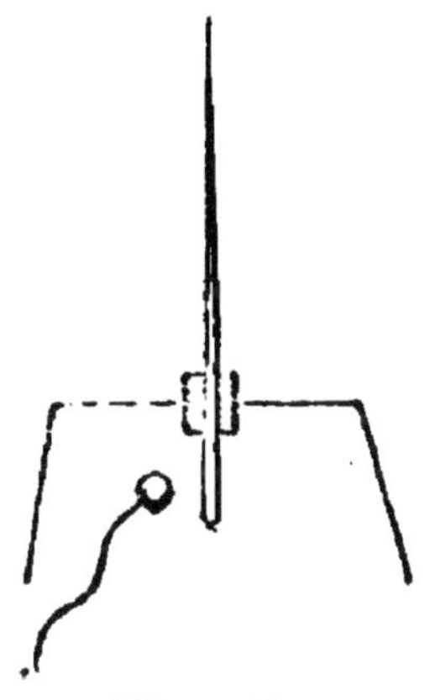

Fig. 99.

et chaque étincelle était accompagnée d'une forte détonation. Romas, en renouvelant l'expérience de Franklin, fut même une fois renversé par une violente décharge, et Richmann fut foudroyé par une lame de feu qui vint le frapper au front.

Pour reconnaître la présence de l'électricité sur la barre de fer qu'il avait ainsi adaptée à la toiture de sa maison, Franklin imagina un appareil très-ingénieux, qu'on a appelé le *carillon électrique.* Cet appareil se compose de trois timbres (*fig.* 100) et de deux petites balles métalliques que l'on suspend à une tige de laiton. Les timbres placés aux

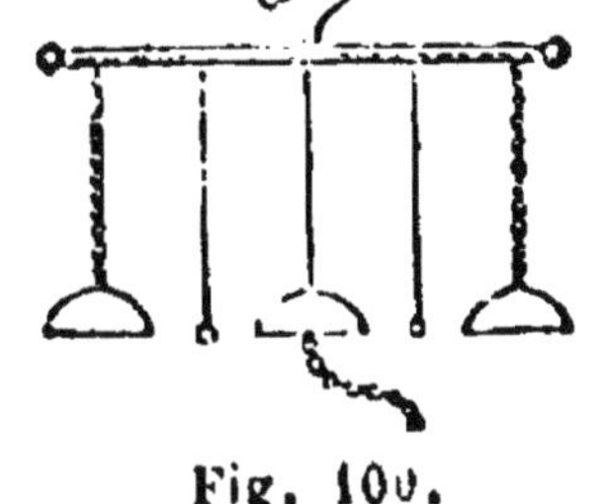

Fig. 100.

extrémités sont supportés par des fils conducteurs ou plutôt des chaînettes de laiton; le timbre du milieu et les petites balles par des corps non conducteurs, tels que des cordons de soie. Quand on fait communiquer la tige de l'appareil avec une source électrique et le timbre du milieu avec le sol, les balles se portent sur les timbres extrêmes qui les attirent, mais aussitôt qu'elles les ont touchés, elles sont repoussées, suivant la loi des attractions et des répulsions électriques ; elles vont alors frapper contre le timbre du milieu, qui les décharge de leur électricité et les rend à l'état naturel. Elles sont de nouveau attirées vers les timbres des extrémités, puis repoussées, et ce mouvement de va-et-vient produit un carillon qui, par la rapidité des sons, peut faire juger de la quantité d'électricité dont le conducteur est chargé.

2. Foudre, éclairs et tonnerre. — L'atmosphère contient presque toujours de l'électricité. On a reconnu qu'elle était électrisée positivement par un temps sec, et négativement par un temps humide. Les nuages peuvent être considérés comme des conducteurs fortement électrisés, qui sont chargés, les uns d'électricité positive, et les autres d'électricité négative. Un nuage orageux agit par influence, sur la terre, de la même manière qu'un corps électrisé agit sur les corps placés à sa proximité. La *foudre* n'est pas autre chose que l'étincelle électrique qui jaillit entre deux nuages, ou entre un nuage et la terre. La lumière qui accompagne cette étincelle produit l'*éclair*, et le bruit qui en résulte forme le *tonnerre*. Ce bruit provient des vibrations que produisent dans l'air le refoulement violent et la température élevée qui accompagnent la recomposition des deux électricités. L'intervalle qui s'écoule entre l'éclair et le tonnerre dépend de la distance qu'il y a de l'observateur à l'endroit où l'étincelle a jailli. Si l'on est à 340 mètres de cet endroit, on n'entend le bruit qu'une seconde après avoir vu l'éclair, et si l'on est à trois fois cette distance, on ne l'entend que trois secondes plus tard. Mais ce calcul ne peut être qu'approximatif, parce que la rapidité du son et son intensité sont parfois modifiées par les répercussions multipliées des maisons, des montagnes, des nuages ou des autres corps.

L'action d'un nuage électrisé dépend beaucoup de la disposition des corps avec lesquels il est en rapport. C'est pour cela que pendant un orage il faut faire attention à la situation des lieux où l'on se trouve. Ainsi il y a plus de danger à être sur un lieu élevé que dans un endroit bas ; on doit éviter les arbres isolés se terminant en pointe, comme les hêtres et les peupliers ; il ne faut pas courir en tenant à la main un instrument en fer, comme le font les habitants des campagnes lorsqu'ils portent leurs faux sur leurs épaules. Les clochers attirent la foudre parce qu'ils se terminent en pointe et qu'ils sont garnis de fer. C'est aussi une imprudence que de sonner les cloches pendant l'orage, et l'on cite de nombreux cas de mort causés par cette imprudente habitude.

3. Du choc en retour. — Dans un orage on peut être tué sans être frappé directement par l'éclair, c'est ce qu'on nomme le *choc en retour*. Ainsi, lorsqu'un nuage orageux passe au-dessus d'un corps, il l'électrise par influence ; et s'il arrive que ce nuage soit tout à coup déchargé par une étincelle qu'il lance vers un autre nuage ou sur un corps élevé qui se trouve à la surface du sol, le corps qui était auparavant soumis à son influence revient brusquement à l'état naturel, et il en résulte une commotion si forte qu'elle peut occasionner la mort.

4. Paratonnerres. — Franklin, ayant reconnu la nature de l'électricité des nuages et le pouvoir des pointes, imagina le paratonnerre en 1755. Cet instrument, destiné à préserver de la foudre les édifices, se compose de deux parties : une tige métallique et un fil conducteur. La tige métallique consiste en une barre de fer de 7 à 9 mètres de longueur, terminée par une pointe de platine, parce que ce corps est celui des métaux qui s'oxyde et se fond le moins facilement. Le conducteur est une tringle en fer qui communique avec la tige et de là descend dans le sol, où on l'enfonce profondément.

Quand un nuage chargé d'électricité passe au-dessus d'un édifice armé d'un paratonnerre, il décompose le fluide neutre de l'édifice, attire vers lui l'électricité de nom contraire et repousse vers le sol l'électricité de même nom. Cette électricité de nom contraire que le nuage attire vers lui s'échappe par la pointe du paratonnerre, et tend à neutraliser l'électricité dont est chargé ce nuage orageux et à le ramener à l'état naturel. Ainsi, au lieu de soutirer l'électricité du nuage, comme on le suppose communément, le paratonnerre repousse vers la nuée l'électricité de nom contraire à la sienne et paralyse ainsi son action.

C'est là l'effet le plus habituel, mais il arrive aussi

que, la tension de l'électricité du nuage étant trop forte, l'étincelle se produit entre le nuage et le paratonnerre, c'est-à-dire, que le tonnerre tombe sur le paratonnerre ; dans ce cas, au moyen du conducteur, l'excès d'électricité va se perdre dans le sol, et l'édifice est ainsi préservé.

Pour qu'un paratonnerre ne soit pas dangereux, il faut : 1º que la tige et le conducteur soient d'un diamètre suffisant pour ne pas être fondus ou volatilisés par l'étincelle électrique ; 2º qu'il n'y ait aucune solution de continuité de la tige au sol ; 3º que le conducteur se perde dans une terre humide ou dans un puits, pour que l'écoulement de l'électricité de même nom que celui de la nue se fasse facilement dans le sol ; 4º que le conducteur communique avec les pièces de zinc ou de métal qui, dans le voisinage de la tige du paratonnerre, forment la toiture de l'édifice qu'on veut protéger, afin d'éviter les explosions latérales qui pourraient avoir lieu sans cette précaution.

QUESTIONNAIRE.

1. Comment Franklin s'est-il rendu compte de la nature de l'électricité des nuages ? Quelles expériences a-t-il faites ? En quoi consiste le carillon électrique ? Expliquez le son qu'il rend.

2. Comment peut-on considérer les nuages au point de vue de l'électricité ? Qu'est-ce que la foudre ? — l'éclair ? — le tonnerre ? Pourquoi n'entend-on le bruit du tonnerre qu'après avoir vu l'éclair ? Que faut-il observer pendant un orage pour ne pas s'exposer à être foudroyé ?

3. En quoi consiste le choc en retour ? Quel effet peut-il produire ?

4. Par qui le paratonnerre fut-il inventé ? En quoi consiste-t-il ? Quelle est son action sur les nuages ? Quelles sont les conditions que doit remplir le paratonnerre ?

CHAPITRE IV

ÉLECTRICITÉ DYNAMIQUE OU GALVANISME.

1. Découverte de Galvani. L'électricité n'avait été observée qu'à la surface des corps, où la maintient la pression atmosphérique, lorsqu'un professeur de Bologne, Galvani, reconnut, en 1789, un nouvel ordre de faits produits par l'électricité en mouvement, et formant ce qu'on appelle des *courants électriques*. Un hasard le mit sur la voie de cette découverte. Il avait préparé plusieurs grenouilles pour différentes expériences. En les suspendant à un balcon de fer au moyen de fils de cuivre qui passaient entre les nerfs lombaires et la colonne vertébrale, il remarqua que, si le vent poussait les muscles de la grenouille contre le fer du balcon, il en résultait, dans les membres de l'animal, une agitation assez violente. Il en conclut qu'il y avait dans la grenouille une électricité particulière, qu'il nomma *électricité animale*, et il compara cet animal à une bouteille de Leyde, regardant les muscles et les nerfs comme les armatures de l'instrument, les couches grasses interposées comme la lame isolante, et les métaux mis en contact comme des excitateurs.

2. Expériences et théorie de Volta. — Volta, professeur à Pavie, observa que les contractions de la grenouille étaient plus fortes quand on mettait en contact deux métaux différents, *fer et cuivre* ou *zinc et cuivre*, que quand on se servait d'un seul métal. Ce fait lui fit soupçonner que l'électricité ne provenait nullement de la grenouille, et qu'elle était plutôt produite par le contact des métaux. Dans cette hypothèse la grenouille n'était qu'un électroscope naturel et très-sensible, qui accusait la présence de l'électricité. Il fit différentes expériences pour prouver que l'électricité peut être développée par le seul contact de deux substances hétérogènes, et il conçut une théorie d'après laquelle il admettait que le contact de deux métaux différents ou de deux corps hétérogènes suffisait pour décomposer leur fluide neutre, et diriger le fluide positif sur l'un de ces corps et le fluide négatif sur l'autre.

Mais, tout en reconnaissant qu'en certains cas le contact des métaux peut être une cause d'électricité, on admet aujourd'hui que, dans les appareils que nous allons décrire sous le nom de *piles*, le développement de l'électricité est dû principalement à l'action chimique qui se produit entre le zinc et l'eau acidulée qui est nécessaire pour que l'expérience réussisse. Le fluide négatif se porte sur le métal et le fluide positif sur l'acide.

3. Pile de Volta. — La pile inventée par Volta en 1800 est aussi appelée *pile à colonne*, parce qu'elle se compose de disques de zinc et de disques de cuivre superposés en colonne, comme des pièces de monnaie que l'on met les unes sur les autres pour en faire des *piles*. Pour former une pile électrique, on soude ensemble un disque de zinc et un disque de cuivre, ce qui forme un *élément* de la pile (*fig.* 101). On place un premier élément sur une lame de verre, et l'on met au-dessus une rondelle de drap imbibée d'eau

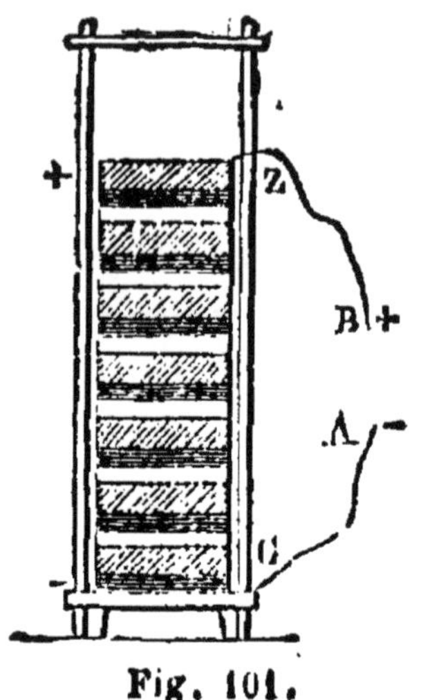

Fig. 101.

salée ou acidulée. On place ensuite alternativement des éléments et des rondelles, disposés de telle façon que le cuivre, le zinc et le drap soient toujours dans le même ordre; et, pour donner à la colonne plus de fixité, on engage les éléments et les rondelles entre trois tubes verticaux en verre montés sur une forte rondelle de bois et retenus à leurs extrémités supérieures par une autre rondelle. On distingue dans une pile deux *pôles*; ce sont les deux extrémités, où la tension électrique est la plus considérable. Le *pôle positif* est celui où s'accumule l'électricité positive : dans la pile à colonne, c'est l'extrémité terminée par un zinc; et le *pôle négatif* est celui où s'accumule l'électricité de nom contraire. Il correspond à l'extrémité formée par un cuivre. On marque ces pôles par les signes $+$ et $-$. On attache à ces pôles des fils métalliques ZB et CA, auxquels on donne le nom de *rhéophores*, c'est-à-dire porteurs de courants, parce qu'ils sont destinés à diriger les courants électriques.

Lorsqu'on veut savoir si un fil est traversé par un courant électrique, on le tient au-dessus d'une boussole parallèlement à l'aiguille aimantée; l'aiguille

change alors de position et tend à former une croix
avec le fil traversé par le courant électrique. L'extrémité de ces fils porte le nom d'*électrode*.

**4. Différentes dispositions des piles voltaï-
ques.** — On distingue trois sortes de piles voltaïques,
les piles à un seul liquide, les piles à deux liquides
et les piles sèches.

5. Piles à un seul liquide. 1° *Piles à auges.* —
La pile à colonne que nous venons de décrire est
à un seul liquide. Son principal inconvénient, c'est
que la pesanteur des élé-
ments fait écouler l'eau
acidulée, et que son action
se trouve ainsi restreinte
quant à la durée et à l'intensité, parce que les rondelles de drap ne tardent
pas à se dessécher. On pré-

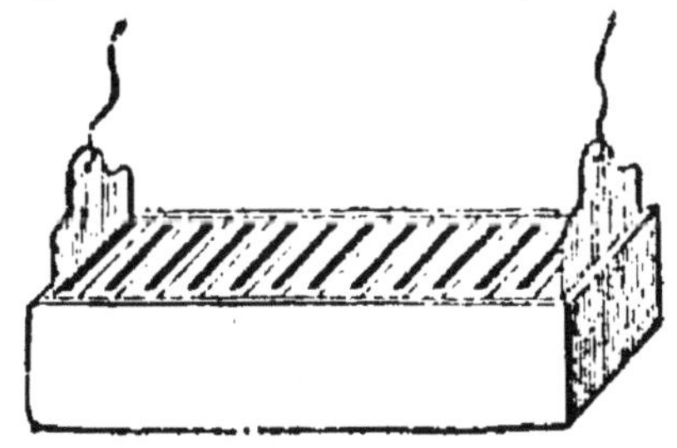

Fig. 102.

fère pour ce motif la *pile à auges* (*fig.* 102). Cette pile
se compose, comme la pile à colonne, de plaques de
zinc et de cuivre soudées ensemble. On glisse chacune de ces plaques dans des rainures faites de
distance en distance dans les côtés d'une caisse en
bois. Ces rainures et le fond de la caisse sont recouverts d'un mastic isolant, et les intervalles qui se
trouvent entre chaque plaque forment ce qu'on
appelle les *auges* de la pile. On les remplit en grande
partie d'eau acidulée, et comme l'action de l'acide
sur les métaux est ici constante et égale dans
toutes les parties, on échappe à l'inconvénient que
présente la pile à colonne. Dans les deux auges extrê-

mes de la pile sont plongées deux plaques de cuivre soudées à des fils de même métal ; ces fils servent de rhéophores soit pour conduire le courant à volonté, soit pour faire communiquer entre eux les deux pôles de la pile.

6. **Piles à un seul liquide.** 2° *Pile de Wollaston.* — La pile de Wollaston, ou *pile à bocaux*, est une autre modification de la pile de Volta. Cette pile se compose d'une traverse de bois horizontale à laquelle on attache les éléments dont est formé l'appareil (*fig.* 103). Chacun de ces éléments consiste en une lame de cuivre *ccc* soudée à une plaque de zinc *z* beaucoup plus large. Cette plaque est entourée sur ses deux faces d'une lame de cuivre *c'c'* qui l'enveloppe sans la toucher, et qui va se souder à la lame de zinc suivante, et ainsi de suite. Les éléments se succèdent et s'unissent les uns aux autres de la même manière et dans le même ordre, de sorte que

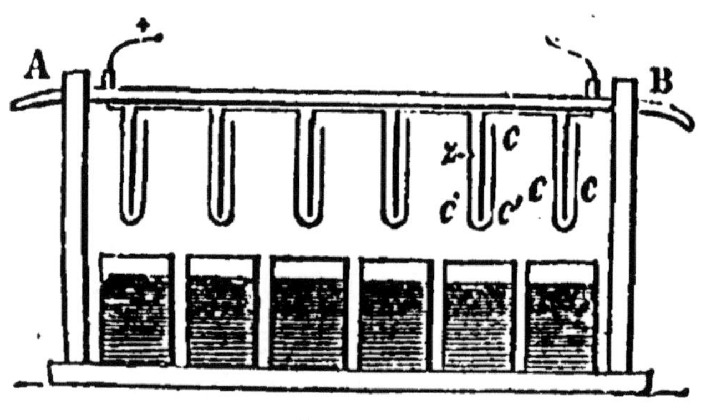

Fig. 103.

la série commence par un zinc et finit par un cuivre. Pour mettre la pile en activité, on plonge chaque élément (ou réunion de deux plaques), dans des bocaux remplis d'eau acidulée. La *pile à auges* a l'inconvénient de ne pouvoir être arrêtée dans son action qu'autant qu'on la renverse, tandis que, pour la *pile à bocaux*, il suffit de soulever la traverse en bois de manière que les plaques soient hors de l'eau.

7. Piles à deux liquides. 1° *Pile de Daniell.* — A l'époque où ces deux piles seules étaient connues, l'action d'une seule d'entre elles était insuffisante, et l'on en réunissait plusieurs en faisant communiquer ensemble leurs pôles positifs et leurs pôles négatifs. Mais leur action ne pouvait être constante. Les métaux attaqués par les acides entrant après un certain temps en dissolution, l'action chimique, source de l'électricité, s'affaiblissait dans la même proportion, et le courant électrique se trouvait interrompu. C'est pour cette raison que ces piles ne sont plus employées

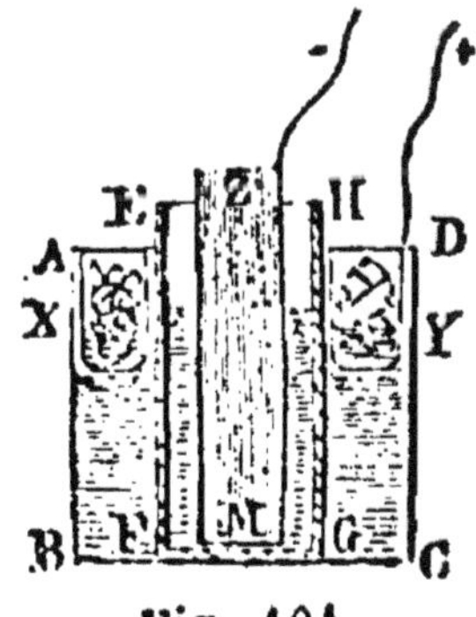

Fig. 104.

aujourd'hui, et qu'on les a remplacées universellement par les piles à deux liquides, nommées en général *piles à courant constant.* Les plus remarquables de ces piles sont celles de Daniell, de Becquerel et de Bunsen.

Le chimiste anglais Daniell est le premier qui ait employé ces sortes de piles. Les éléments ou les couples dont se composent sa pile sont formés d'un vase en cuivre ABCD (*fig.* 104); d'un cylindre poreux EFGH, en terre ou en porcelaine dégourdie, fermé à sa base; et d'un cylindre creux ZM de zinc amalgamé (c'est-à-dire recouvert à sa surface d'une petite quantité de mercure), et ouvert à ses deux extrémités. On met dans le vase poreux une dissolution de chlorure de sodium ou de sulfate de zinc, et on remplit le vase de cuivre d'une dissolution saturée de sulfate de cuivre. On fixe à la partie supérieure du vase de cuivre un petit panier à jour AXYD du même métal, dans lequel on met des morceaux de sulfate de cuivre, qui se dissolvent et qui entretiennent le liquide de la pile dans le même état de saturation. Pour mettre cette pile en activité, on fait communiquer le cuivre et le zinc, et on obtient le courant électrique en faisant communiquer les divers éléments de la pile par leurs pôles contraires.

8. **Piles à deux liquides.** 2º *Piles de Becquerel et de Bunsen.* — Les piles de Becquerel et de Bunsen ne sont que des modifications de la pile de Daniell. Dans la pile de Bunsen le cuivre est remplacé par un charbon particulier, que l'on trouve dans les cornues où l'on distille la houille pour faire le gaz, et qui est très-bon conducteur de l'électricité. Les liquides sont remplacés par une solution d'acide sulfurique étendu d'eau, que l'on met dans le vase extérieur, ABCD (*fig.* 104), et par de l'acide azotique que l'on verse dans le cylindre de porcelaine EFGH. Ce sont ces piles qu'on emploie aujourd'hui pour le service des lignes télégraphiques.

9. **Piles sèches.** — Les *piles sèches* sont celles où l'on ne fait usage d'aucun liquide. La principale pile sèche est celle de Zamboni ; c'est une pile à colonne formée de rondelles de papier qu'on a recouvertes

d'un côté d'une mince feuille d'argent ou de zinc, et de l'autre de bioxyde de manganèse pulvérisé. Cette pile est trop faible pour donner une étincelle et produire une commotion, mais elle est remarquable par la constance de son action, qui peut durer plusieurs années.

10. Différents effets des piles voltaïques. 1° *Effets physiologiques.* — Les effets que l'on a obtenus au moyen des courants électriques sont très-variés et très-curieux. Nous distinguerons ici les effets physiologiques, les effets physiques et les effets chimiques, suivant la nature des diverses applications que l'on en a faites.

Les effets physiologiques sont des commotions plus ou moins fortes que l'on éprouve quand on fait communiquer les deux pôles d'une pile en les touchant avec les mains mouillées. Nous avons remarqué qu'on éprouvait une secousse quand on subissait la décharge d'une bouteille de Leyde, mais dans ce cas la commotion est passagère; tandis, que quand on est en rapport avec une pile, la commotion est continue, en vertu de la propriété que possède la pile de se charger d'elle-même lorsque ses fluides sont recomposés. On a eu recours en médecine aux courants électriques pour guérir la goutte, les paralysies, les rhumatismes; mais on n'a pu obtenir que le soulagement et non la guérison des malades.

11. Effets des piles. 2° *Effets physiques.* — Les principaux effets physiques dus aux piles de Volta sont des effets de chaleur et de lumière. Avec une pile puissante on fond les métaux les plus durs, même ceux qui résistent au feu du foyer le plus intense, comme le platine. Les fils d'or, de cuivre, d'argent, soumis aux courants électriques, donnent des étincelles diversement colorées, et se volatilisent avec rapidité ; l'étain se change en houppes soyeuses et flottantes, le fer et l'acier en petites boules éblouissantes qui s'oxydent au contact de l'air.

Les étincelles qui jaillissent des piles voltaïques produisent la lumière la plus vive, la seule qu'on puisse comparer à la lumière du soleil. Mais les effets lumineux dus à ces appareils se font surtout re-

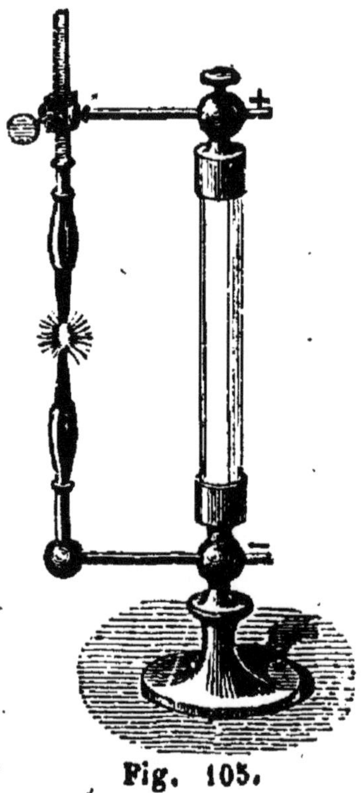

Fig. 105.

marquer lorsque les courants traversent des corps conducteurs qu'ils rendent incandescents. C'est l'observation de ce phénomène qui a conduit à une des applications les plus intéressantes que l'on ait faites en essayant l'*éclairage électrique*. Un savant anglais, Davy, en fit le premier l'expérience, à Londres, en 1811. L'appareil employé à cet effet (*fig.* 105) se compose de deux tiges métalliques adaptées à une colonne de verre, et terminées chacune par un cylindre contenant un petit cône de charbon métalloïde provenant des cornues à gaz et conduisant bien l'électricité. Ces deux cônes sont placés à une petite distance l'un de l'autre. Aussitôt qu'on met l'appareil en communication avec les deux pôles d'une pile, au moyen de la garniture dont est munie la colonne de verre, les molécules du charbon en contact arrivent à une température très-élevée, capable de fondre en un instant un fil de platine. Si l'on éloigne de quelques millimètres les deux cônes de charbon, il s'établit entre eux une lumière tellement vive, qu'on peut à peine en supporter l'éclat. Cette lumière a déjà été employée plusieurs fois pour éclairer les ouvriers maçons dans leurs travaux. Il a

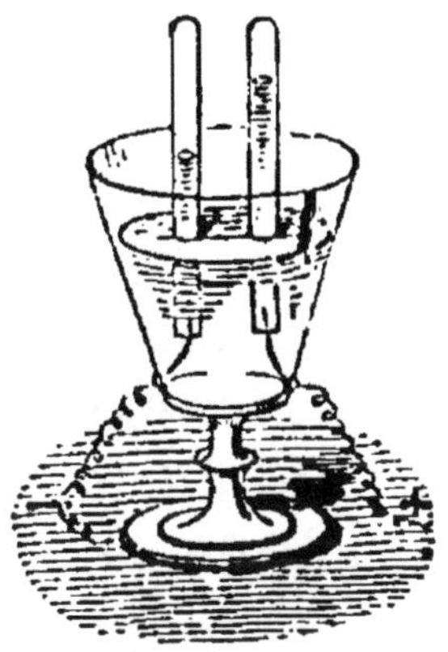

Fig. 106.

suffi de deux piles de Bunsen de 50 éléments chacune pour éclairer 800 ouvriers dans la construction des docks Napoléon.

12. **Effets des piles.** 3° *Effets chimiques.* — La pile a été appliquée pour la première fois à la chimie en 1800. On s'en servit d'abord pour décomposer l'eau. Carlisle et Nicholson observèrent pour la première fois que, si l'on plonge les *rhéophores* d'une pile dans de l'eau acidulée, il en résulte des bulles de gaz qui se dégagent à la surface. On s'est assuré que ces bulles étaient dues à la décomposition de l'eau, au moyen d'un petit appareil qu'on désigne sous le nom de *voltamètre* (*fig.* 106). Cet appareil consiste en un vase de verre dont le fond est traversé par deux lames de platine qui s'élèvent au dedans à un ou deux centimètres. On le remplit à moitié d'eau acidulée, et on met sur les lames de platine deux petites cloches pleines d'eau ; on fait communiquer les deux

lames de platine avec les pôles d'une pile, et on recueille dans chaque cloche le gaz qui se dégage. On trouve que la cloche qui recouvre l'électrode négatif renferme de l'hydrogène, et celle qui recouvre l'électrode positif contient de l'oxygène; de plus l'hydrogène est en volume double de l'oxygène, ce qui est en effet la proportion dans laquelle ces deux gaz se combinent pour former l'eau.

Tous les oxydes se décomposent comme l'eau par l'action de la pile; l'oxygène se porte toujours à l'électrode positif et le métal à l'électrode négatif. Davy a le premier reconnu au moyen de la pile que la potasse, la soude, la chaux, que l'on avait regardées comme des corps simples, étaient des corps composés. Par l'action de la pile, les acides et les sels se décomposent également ; dans les acides, l'oxygène se porte au pôle positif et l'autre corps qui est combiné avec lui au pôle négatif. Pour les sels qui sont à l'état de dissolution, l'acide se porte au pôle positif et la base au pôle négatif. Souvent la base est elle-même décomposée en oxygène, qui se rend au pôle positif, et en métal, qui va au pôle négatif.

13. **Applications industrielles. Galvanoplastie.** — On fait dans les arts et l'industrie de nombreuses applications de la pile et de ses actions chimiques; les plus remarquables sont la galvanoplastie, et le procédé au moyen duquel on dore ou on argente les métaux.

Par la galvanoplastie on recouvre d'une couche de cuivre ou de tout autre métal en quantité plus ou moins épaisse, une statuette de plâtre, une médaille,

un camée, et en général tous les corps, en leur conservant leur forme et même leurs traits les plus dé-
liés. Pour cuivrer le bois ou le plâtre, on *métallise* la
surface des objets en les recouvrant préalablement
d'une légère couche de plombagine ou d'argent qui
les rende bons conducteurs. On plonge ensuite l'objet que l'on veut cuivrer dans une dissolution de
sulfate de cuivre, et on le met en communication
avec le pôle négatif d'une pile; on plonge en même
temps une lame de cuivre dans la même dissolution, et on la met en rapport avec le pôle positif de
la même pile. Le courant électrique s'établit, et le
cuivre se dépose peu à peu sur tous les points de la
surface en formant une couche uniforme.

Les premières expériences de galvanoplastie ont

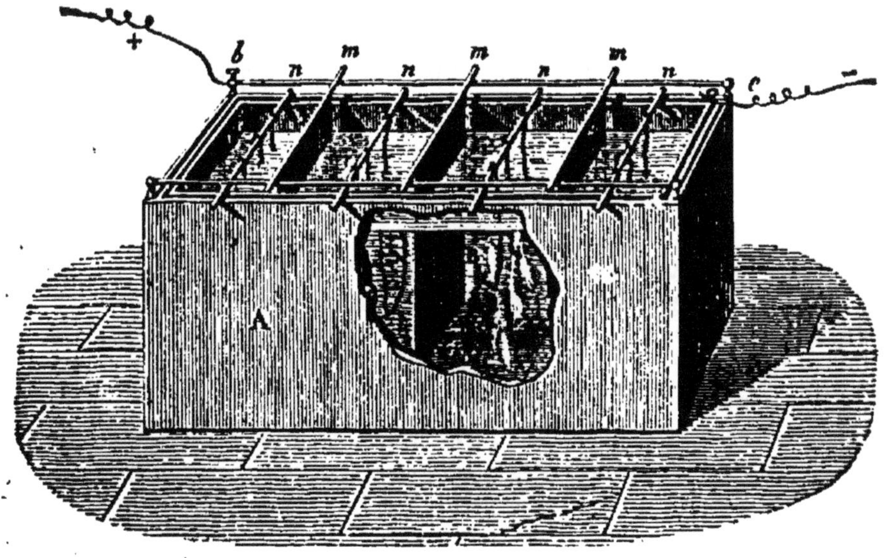

Fig. 107.

été faites en 1837. M. de la Rive a, le premier, doré
le laiton et l'argent au moyen de l'action de la pile.

Mais, en 1840, MM. Elkington et de Ruolz ont découvert un procédé plus économique, et qui donne une dorure plus belle et plus sûre. Pour dorer les métaux, M. de Ruolz a employé une dissolution composée de 400 parties d'eau, 10 parties de cyanure de potassium et 1 partie de chlorure d'or. On les argente avec du cyanure d'argent dissous dans le cyanure de potassium ; on les platinise avec du chlorure double de platine et de potassium dissous dans la potasse caustique. On peut les cobaltiser, les cuivrer, les zinguer, les étamer en employant des dissolutions convenables. Le procédé appliqué par MM. Christofle aux services de table, donne des résultats si satisfaisants, que l'œil le plus exercé pourrait prendre pour de l'or ou de l'argent véritables ce qui n'est que doré ou argenté. La figure 107, représentant une cuve à argenter, munie de supports métalliques et en communication avec les rhéophores d'une pile, donnera une idée de ces procédés.

QUESTIONNAIRE.

1. Quelle est la découverte faite par Galvani ? Comment a-t-il fait cette découverte ? Quelle hypothèse fit-il à ce sujet ?

2. Quelles expériences a faites Volta ? Quel fut son sentiment sur l'électricité animale ? Quelle est l'opinion qu'on admet aujourd'hui ?

3. Qu'appelle-t-on pile à colonne ? de quoi se compose-t-elle ? Qu'est-ce qui constitue un élément de la pile ? Quels sont ses pôles ? Qu'est-ce que les rhéophores ? Qu'appelle-t-on électrode ?

4, 5, 6, 7, 8, 9. Combien y a-t-il de sortes de piles voltaïques ? Décrivez la pile à auges. A quels inconvénients obvie-t-elle ? Décrivez la pile à bocaux. Quels sont les avantages qu'elle présente ? Qu'appelle-t-on piles à courant constant ? Décrivez la pile de Daniell. Comment la met-on en action ? Quelles sont les autres piles du même genre ? Qu'est-ce que les piles sèches ?

10, 11, 12. Quels sont les effets physiologiques des piles ? Quels sont leurs effets calorifiques? Comment produit-on l'éclairage électrique? Qui en a fait le premier l'expérience? Quelle application en a-t-on déjà faite? Comment décompose-t-on l'eau au moyen de la pile? Comment décompose-t-on les oxydes? — les acides? — les sels?

13. En quoi consiste la galvanoplastie? Comment cuivre-t-on les métaux et les autres corps? A quelle époque a-t-on fait les premières expériences de galvanoplastie? Quel est le procédé de dorure et d'argenture de MM. de Ruolz et Elkington? Quelle application en fait-on dans l'industrie? Quels en sont les avantages?

CHAPITRE V

DU MAGNÉTISME.

1. Aimants naturels et aimants artificiels. — On appelle *aimants* les corps qui ont la propriété d'attirer le fer et quelques autres métaux. On désigne sous le nom de *magnétisme* l'agent qui produit ce phénomène et la théorie qui a pour but de l'expliquer. On distingue les aimants en aimants *naturels* et aimants *artificiels*. Les aimants naturels, que l'on appelait autrefois pierre d'aimant, en grec *magnès*, d'où est venu le mot *magnétisme*, sont assez répandus sur le globe. Ils se composent de fer et d'oxygène formant un oxyde de fer que les chimistes désignent sous le nom particulier d'*oxyde magnétique*.

Les aimants artificiels sont des barreaux ou des aiguilles d'acier qui ne possèdent pas naturellement les propriétés des aimants naturels, mais qui les acquièrent par leur influence. Les aimants artificiels sont plus puissants que les aimants naturels, et on a observé que leurs propriétés sont absolument les mêmes. La force attractive des différentes sortes d'aimants a reçu le nom de force magnétique.

Cette force n'est pas la même dans tous les points d'un même aimant. Ainsi, en roulant dans la limaille de fer un barreau aimanté, on voit qu'elle s'attache avec plus de force et en plus grande quantité aux extrémités du barreau, et qu'elle décroît à mesure qu'elle s'en éloigne, à ce point qu'au milieu elle devient nulle (*fig.* 108). Les deux extrémités du barreau

Fig. 108.

où la force magnétique est la plus grande se nomment les *pôles* de l'aimant. La partie où cette force paraît nulle est appelée *ligne neutre*. Les deux pôles d'un aimant indifféremment attirent toujours le fer, mais si on les présente à la même extrémité d'un autre aimant, l'un le repousse et l'autre l'attire. Ainsi, supposons un aimant mobile, pouvant par exemple tourner sur un pivot, et qu'à une de ses extrémités, que nous appellerons A, on présente successivement les deux pôles d'un autre aimant; on verra que l'un d'eux attire A, tandis que l'autre le repousse; et que, présentés à l'autre extrémité B du premier aimant, celui qui repoussait A attire B, et réciproquement celui qui attirait A repousse B. On a remarqué, de plus, que c'étaient les pôles doués des mêmes propriétés qui se repoussaient, et ceux doués des propriétés inverses qui s'attiraient. Cette identité avec les attractions et les répulsions électriques, a conduit à supposer deux fluides magnétiques, comme on suppose dans la théorie de l'électricité deux fluides électriques. Ces deux fluides ont été appelés l'un *fluide austral* et l'autre *fluide boréal*, et les extrémités où ils s'accumulent prennent le nom de *pôle austral* et de *pôle boréal*, par suite d'une remarquable analogie avec les pôles terrestres. Réunis, ces deux fluides constituent un fluide neutre comme les deux fluides électriques, et ce fluide neutre est décomposé par l'aimantation. Après l'aimantation, lorsque les deux fluides sont en liberté, chacun d'eux se porte aux extrémités du corps qui les contient, agit par répulsion sur lui-même et par attraction sur le fluide opposé. On a reconnu que le fluide magnétique est impondérable ; car on peut aimanter avec un même aimant plusieurs barreaux d'acier, et après l'opération le poids des barreaux n'est pas augmenté ni celui de l'aimant diminué.

2. **Substances magnétiques.** — On appelle substances magnétiques celles qui sont susceptibles d'être attirées par l'aimant, et auxquelles il peut communiquer ses propriétés. Les plus remarquables de ces substances sont le fer, l'acier, le nickel, le cobalt et le chrôme. Ces substances contiennent les deux fluides, mais à l'état de combinaison ou de neutralisation. Sous l'influence d'un aimant ces fluides sont séparés, et les corps eux-mêmes deviennent aimant ; chez certains d'entre eux, comme le fer, cette aimantation ne persiste qu'autant que dure la pré-

sence de l'aimant; chez d'autres, comme l'acier, elle persiste encore après, et souvent même toujours. On explique ce phénomène en supposant dans ces corps une force qu'on nomme *force coercitive*, qui s'opposerait à la décomposition et à la recomposition du fluide neutre. Cette force varie suivant la nature des corps. Elle est plus difficile à vaincre dans l'acier que dans le fer. Elle est même nulle dans le fer doux, mais elle devient assez puissante dans le fer tordu, battu et oxydé. La trempe est aussi une des causes qui contribuent beaucoup à l'augmenter; car elle est bien plus grande dans l'acier trempé que dans l'acier qui ne l'est pas, et elle est en proportion de la dureté de la trempe.

L'aimantation a lieu par influence comme l'électrisation. Ainsi, en présentant au pôle d'un aimant un petit morceau de fer doux, ce morceau adhère à l'aimant et peut exercer sur un autre morceau de fer la même action que l'aimant lui-même. Le second morceau peut ensuite en attirer un troisième, et ainsi de suite. Mais si l'on détache de l'aimant le premier morceau aimanté, tous les autres se séparent en même temps et ne conservent plus aucune trace de leur aimantation.

3. **Magnétisme de la terre.** — D'après de nombreuses observations, on a été amené à considérer le globe terrestre comme un vaste aimant, dont les pôles seraient voisins des pôles géographiques. La force magnétique de la terre a une influence immédiate sur la direction que prend une aiguille aimantée mobile. Car si l'on fixe une aiguille aiman-

tée à un pivot sur lequel elle puisse librement tourner, on remarque qu'elle prend toujours la même direction. Ainsi à Paris l'aiguille aimantée se tourne maintenant d'elle-même à 20°, 30' à l'ouest du pôle nord du globe.

On distingue le méridien terrestre du méridien magnétique. Le méridien terrestre d'un lieu est marqué par le grand cercle qui passe par ce lieu et par les deux pôles de la terre. Le méridien magnétique d'un lieu est déterminé par le grand cercle qui passe par ce lieu et par les deux pôles magnétiques du globe. L'angle formé par la direction de l'aiguille aimantée, c'est-à-dire du méridien magnétique, et celle du méridien terrestre se nomme *déclinaison*. Cet angle varie avec les temps et les lieux, et la déclinaison est tantôt orientale et tantôt occidentale. Ainsi, en 1580, à Paris, la déclinaison était de 11°, 30 à l'est ; en 1663 elle était nulle ; en 1785 elle était de 22° à l'ouest ; aujourd'hui elle paraît retourner vers l'est, puisqu'elle n'est plus que de 20°, 30'.

L'inclinaison est l'angle que fait, avec la ligne horizontale passant par son centre, une aiguille aimantée suspendue de manière à tourner dans un plan vertical et préalablement dirigée suivant le méridien magnétique. Ainsi, en suspendant par son centre de gravité une aiguille d'acier à l'aide d'un fil de soie, on verra que cette aiguille reste horizontale tant qu'elle n'est pas aimantée. Si on l'aimante, elle se dirige dans le sens du méridien magnétique ; mais si, lui conservant cette même direction, on la traverse par un axe horizontal, la forçant ainsi à ne tourner que dans un plan vertical, on voit aussitôt le pôle austral baisser tandis que le pôle boréal se relève ; le contraire a lieu dans l'autre hémisphère. L'angle qu'elle fait alors avec la ligne horizontale est l'*angle d'inclinaison*. Cet angle varie également suivant les temps et les lieux. On a remarqué que l'angle d'inclinaison a constamment diminué à Paris depuis 1671. Il est descendu de 75 degrés à 66 environ.

L'angle d'inclinaison va en croissant à mesure que l'on s'approche de l'un ou de l'autre des pôles magnétiques ; à égale distance des deux pôles il est nul, et l'aiguille reste horizontale. Si l'on joint par une ligne les points de la surface du globe où l'inclinaison est nulle, on obtient une ligne assez irrégulière, que l'on nomme *équateur magnétique*.

On a désigné sous le nom de *pôle boréal* le pôle magnétique nord du globe, et sous celui de *pôle austral* le pôle sud. Mais il est à remarquer que, comme les fluides de même nom se repoussent, et que les fluides de nom contraire s'attirent, on a dû désigner en sens inverse les pôles de l'aiguille aimantée et appeler : pôle austral celui qui se dirige vers le nord, pôle boréal celui qui se tourne vers le sud.

4. Boussoles. — Les boussoles sont des instruments destinés à mesurer la déclinaison ou l'inclinaison magnétique. On distingue par conséquent deux sortes de boussoles, la *boussole de déclinaison* et la *boussole d'inclinaison*.

5. Boussole de déclinaison. — La boussole de déclinaison est très-fréquemment employée. Elle sert aux navigateurs pour se diriger sur mer, et elle est employée par les arpenteurs et et les géographes pour le lever des plans. Elle était en usage chez les Chinois plus de 1000 ans avant Jésus-Christ, mais elle n'a été connue en Europe qu'en 1180, et n'y a été en usage qu'au xiv⁰ siècle ; c'est elle qui a amené les grandes découvertes géographiques qui ont distingué les temps modernes.

La boussole de déclinaison consiste en un cercle NESO divisé en 360 degrés égaux, sur lequel sont marqués les quatre points cardinaux : nord, sud, est, ouest et tous les points intermédiaires (*fig.* 109). Au centre est un pivot vertical, sur lequel est suspendue, par un petit chapeau en agate, une aiguille aimantée ayant la

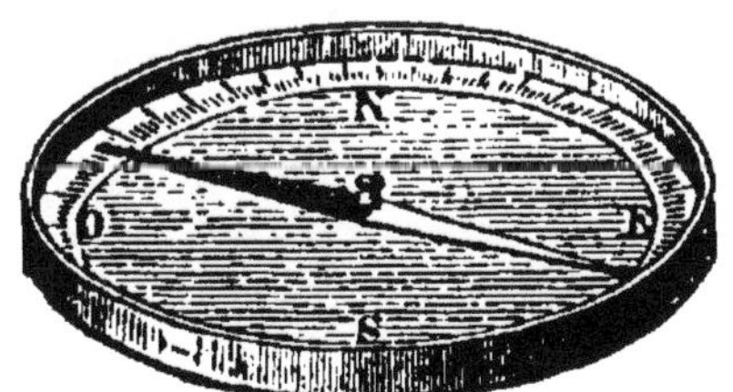

Fig. 109.

forme d'un losange très-allongé, et qui, grâce au mode de suspension adopté, jouit d'une extrême mobilité.

Pour mesurer avec cet appareil la déclinaison d'un lieu, on dirige la ligne NS de manière qu'elle coïncide avec le méridien géographique du lieu, puis, quand l'aiguille aimantée est devenue stationnaire, on mesure, à l'aide des degrés marqués sur le cadran, l'angle qu'elle fait avec la ligne NS ; cet angle est la déclinaison du lieu où l'on fait l'observation : et, suivant que cet angle se forme du côté de l'est ou de l'ouest, la déclinaison est dite orientale ou occidentale.

6. Boussole d'inclinaison. — La boussole d'inclinaison se compose d'une aiguille aimantée AB, qui a la forme d'un losange allongé comme dans la boussole de déclinaison. Cette aiguille (*fig.* 110) est

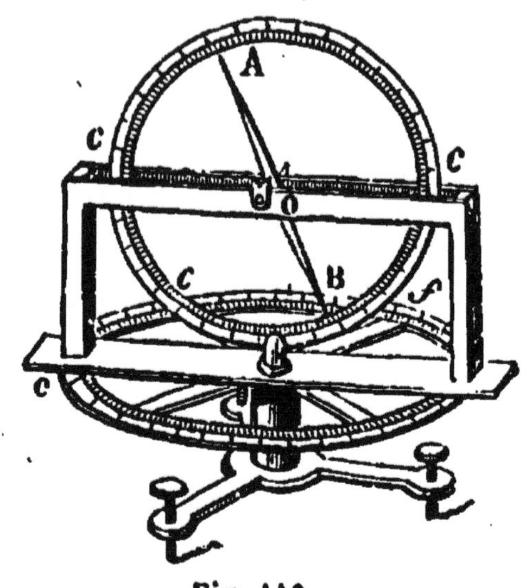

Fig. 110.

mobile autour d'un axe horizontal O passant par son centre de gravité. Elle est entourée d'une cage de verre qui la protége contre l'agitation de l'air, et ses extrémités se meuvent sur un cercle vertical *ccc* dont le limbe est gradué. L'axe de l'aiguille et le cercle vertical sont portés par un cadre de cuivre *cc*, qui est lui-même mobile sur un cercle horizontal *cf* que soutient le pied de l'appareil. On cale l'instrument au moyen de trois vis, c'est-à-dire que l'on ramène le cercle *cf* dans un plan horizontal. Pour connaître l'angle d'inclinaison, il suffit de tourner l'instrument de manière que le limbe vertical se trouve dans la direction du méridien magnétique, direction qu'indique une boussole de déclinaison placée d'ordinaire dans le pied, et de lire sur le limbe le degré auquel répond l'extrémité inférieure ou supérieure de l'aiguille.

7. Aimantation. — Les substances magnétiques peuvent être aimantées par l'action des aimants, par l'action de la terre et par l'action des courants électriques.

8. Aimantation par l'action des aimants. — L'aimantation par les aimants se fait par trois méthodes, par *simple touche*, par *touches séparées* et par *double touche*.

Par *simple touche,* on fait glisser le pôle d'un aimant sur le barreau que l'on veut aimanter, et l'on répète cinq ou six fois ces frictions dans le même sens, c'est-à-dire en commençant toujours à la même extrémité. L'aimant décompose le fluide neutre du barreau, attire le fluide de même nom et repousse le fluide de nom contraire. Il fait ainsi passer successivement chaque point du barreau par les deux états magnétiques, ce qui nuit beaucoup à l'action de ce procédé. L'extrémité du barreau que l'aimant quitte la dernière prend un pôle contraire à celui de cet aimant, tandis que l'autre prend le pôle du même nom.

La méthode à *touches séparées*, appelée aussi méthode Duhamel (*fig.* 111), consiste à placer au milieu du barreau à aimanter *ab* les deux pôles de nom contraire de deux aimants qu'on met en regard, et à faire glisser l'un de A en *b* et l'autre de B en *a*. On les replace ensuite au milieu, et on recommence plusieurs fois la même opération, en allant constamment du milieu aux extrémités, et en donnant aux barreaux glissants un mouvement lent et uniforme.

La méthode à *double touche*, qu'on désigne aussi sous le nom de méthode d'Æpinus, consiste à placer

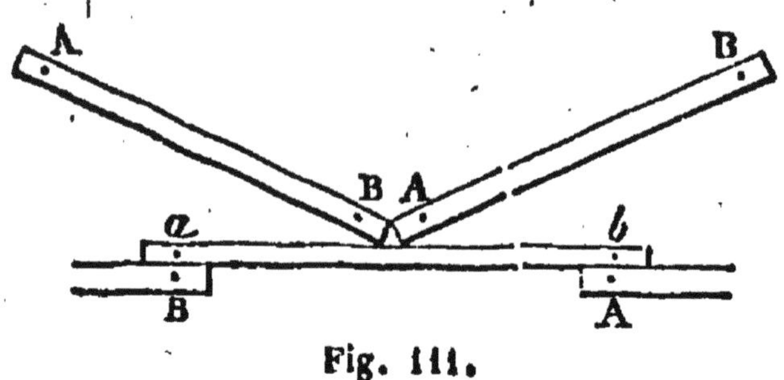

Fig. 111.

la barre que l'on veut aimanter sur des barreaux fixes (*fig.* 112), et à se servir de deux aimants dont on

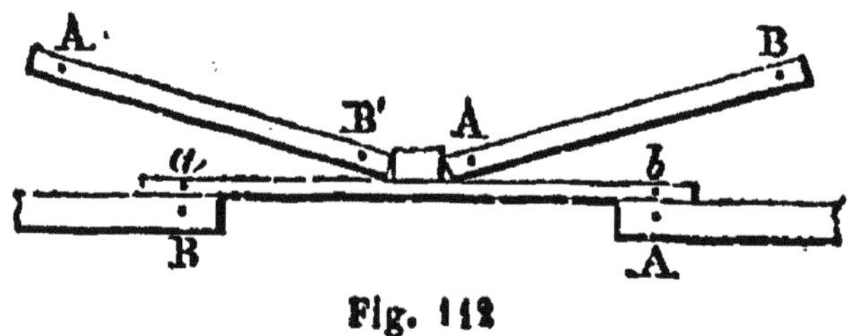

Fig. 112

applique les pôles contraires au milieu de la lame à aimanter, mais de manière que leurs pôles soient de même nom que ceux des barreaux inférieurs; la position des lettres A et B dans la figure indique suffisamment la disposition à observer. On maintient les deux aimants à une petite distance l'un de l'autre au moyen d'une petite pièce de bois ou de substance non magnétique. On incline les barreaux glissants de 15 ou 20 degrés seulement. On les fait aller du milieu vers l'une des extrémités, et de cette extrémité vers l'autre. Il faut avoir soin de passer le même nombre de fois sur chaque point de la lame, ce qui oblige à finir au milieu. On emploie cette méthode principalement pour les lames et les barreaux dont l'épaisseur dépasse 5 à 6 millimètres.

L'acier peut recevoir par l'aimantation une quantité de magnétisme proportionnée à l'énergie des barreaux employés pour l'aimanter. Mais, quelle que soit la force magnétique qu'il acquiert, il n'en conserve qu'une quantité déterminée, qui dépend de sa force coercitive. On dit qu'il est *saturé de magnétisme*, ou qu'il est *aimanté à saturation*, lorsqu'il contient la quantité maximum de fluide magnétique qu'il peut conserver.

Pour conserver les aimants naturels ou artificiels, on les met en contact avec des pièces de fer doux qu'on appelle les *armatures de l'aimant*. Chacun des pôles de l'aimant décompose le fluide neutre de l'armature dont il est garni, attire le fluide contraire et repousse le fluide de même nom; le fluide attiré réagit à son tour sur les fluides de l'aimant et les empêche de se recomposer.

Pour augmenter la force des aimants artificiels, on en réunit ensemble plusieurs par leurs pôles de même nom, et on constitue ainsi des *faisceaux magnétiques*. On dispose les divers barreaux dont l'ensemble doit former un faisceau, de telle sorte qu'étant en nombre impair celui du milieu soit le plus long, et que les autres aillent en retrait les uns sur les autres. Ainsi disposés, on les unit fortement à l'aide d'une armature en métal qui les presse. Souvent les barreaux sont contournés en fer à cheval (*fig.* 113), de telle sorte que les pôles étant l'un à côté de l'autre, la force attractive totale soit doublée.

15.

On y fait adhérer d'ordinaire une plaque de fer doux, nommée armature, portant un crochet pour suspendre des poids ; la présence de cette armature est

Fig. 113.

nécessaire pour conserver la force magnétique de l'aimant. C'est pour cette raison que les barreaux droits doivent être conservés par paires, couchés l'un à côté de l'autre, les pôles contraires en regard, et unis par deux armatures de fer doux.

9. **Aimantation par l'action de la terre.** — On peut aussi aimanter un barreau de fer ou d'acier au moyen de l'action de la terre. Il suffit de le placer à peu près dans la direction de l'axe magnétique du globe, c'est-à-dire dans la position de l'aiguille de déclinaison. Mais il perd sa puissance magnétique aussitôt qu'on le dérange de cette position : pour la lui faire conserver, il suffira de frapper la barre de fer de quelques coups de marteau à l'une ou à l'autre de ses extrémités.

10. **Aimantation par les courants électriques.** — La chaleur fait perdre à un aimant naturel ou artificiel sa vertu magnétique ; car si l'on chauffe un aimant à la chaleur rouge, il ne possède plus, après son refroidissement, aucune trace de magnétisme libre. Les courants électriques ont au contraire la vertu de dégager et d'accroître la force magnétique dans les substances qui en sont susceptibles. Ainsi, en

plaçant un barreau d'acier sous l'influence d'un courant électrique passant dans un fil métallique en spirale dont ce barreau occupe le centre, l'acier s'aimante et conserve ensuite son aimantation. Le fer doux s'aimante aussi par ce procédé, mais sa force magnétique cesse dès que le courant ..rrête : c'est ce qu'on appelle un *électro-aimant*.

QUESTIONNAIRE.

1. Qu'appelle-t-on aimants ? Qu'est-ce que les aimants naturels ? — les aimants artificiels ? Quels sont les plus puissants ? Qu'est-ce que la force magnétique ? Qu'appelle-t-on pôles d'un aimant? — ligne neutre ? Quelle analogie y a-t-il entre l'électricité et le magnétisme ? Quelle hypothèse a-t-on faite sur le fluide magnétique ?

2. Qu'appelle-t-on substances magnétiques ? Qu'est-ce que la force coercitive ? De quelles causes dépend-elle ? Comment peut-on aimanter des corps par influence? Citez une expérience.

3. Quelle est l'influence du magnétisme de la terre? Quelle est la direction du méridien magnétique? Qu'entend-on par déclinaison ? — par inclinaison ? Qu'est-ce que l'équateur magnétique ? Quel est le pôle boréal ? — le pôle austral ?

4, 5, 6. Qu'est-ce qu'une boussole? Décrivez une boussole de déclinaison. Quel usage en fait-on? Décrivez la boussole d'inclinaison.

7, 8. Quelles sont les différentes méthodes d'aimantation ? En quoi consiste la méthode à simple touche? par touches séparées ? — à double touche ? Quel nom donne-t-on à ces deux dernières méthodes ? Qu'appelle-t-on point de saturation? Qu'est-ce que les armatures d'un aimant? A quoi servent-elles ? Qu'est-ce qu'un faisceau magnétique ?

9. Comment peut-on aimanter par l'action de la terre? Quel est l'effet de la chaleur sur l'aimant?

10. Quel est l'effet des courants électriques? Qu'appelle-t-on électro-aimant ?

CHAPITRE VI

DE L'ÉLECTRO-MAGNÉTISME.

1. Objet de l'électro-magnétisme. — L'électro-magnétisme est cette partie de la physique qui étudie l'action réciproque des courants sur les aimants et des courants sur les courants.

2. Action des courants sur les aimants et réciproquement. — Un physicien danois, OErsted, professeur à Copenhague, découvrit le premier, en 1820, l'action des courants électriques sur l'aiguille aimantée. Il remarqua qu'ils la faisaient dévier de sa position, et qu'elle tendait à se mettre en croix avec la ligne suivie par le courant. L'angle qu'elle fait avec sa position première est d'autant plus ouvert que le courant est plus énergique.

Ampère a indiqué de la manière suivante de quel côté se dirige l'aiguille. En supposant un observateur couché dans la direction du courant, la face tournée vers l'aiguille, les pieds correspondant au pôle positif et la tête au pôle négatif de la pile, le pôle austral de l'aiguille se porte toujours à sa gauche. C'est ce qu'on exprime en personnifiant le courant lui-même, et en disant que le pôle austral de l'aiguille se tourne à la gauche du courant

La réciprocité de l'action des aimants sur les courants se démontre par la même expérience. Ainsi, quand l'aimant est fixe et que le courant traverse un fil mobile, ce fil se met en mouvement et tend à faire un angle droit avec l'aimant, le pôle austral occupant toujours la gauche.

Dès lors on peut expliquer l'action de la terre sur les aiguilles aimantées sans la supposer, comme nous l'avons fait précédemment, aimantée elle-même ; il suffit d'admettre (ce qui est plus compréhensible), qu'un courant électrique continu la parcourt dans le sens de l'équateur, et de l'est à l'ouest.

3. Observations d'Ampère. — Ampère a découvert qu'indépendamment de l'action réciproque des courants et des aimants, les courants agissaient eux-mêmes les uns sur les autres. Il a ainsi formulé les lois qui les régissent dans leur réciprocité d'action.

1° Deux courants parallèles s'attirent s'ils vont dans le même sens ; ils se repoussent s'ils vont en sens contraires (on admet, mais c'est une simple hypothèse, qu'un courant électrique va du pôle négatif au pôle positif) ;

2° Quand deux fils métalliques, traversés par des courants, forment un angle quelconque, les deux courants s'attirent s'ils s'approchent ou s'éloignent en même temps du sommet de l'angle ; ils se repoussent si l'un d'eux s'en approche et que l'autre s'en éloigne ;

3° Deux courants s'attirent ou se repoussent avec des forces numériquement égales, selon qu'ils vont dans le même sens ou dans des sens contraires ;

4° L'action d'un courant sinueux est égale à celle d'un courant rectiligne terminé aux mêmes extrémités et s'écartant peu du premier.

Ampère a été amené, par ses observations sur les courants, à rejeter l'ancienne hypothèse d'un fluide magnétique particulier, et à supposer que le magnétisme n'était pas autre chose que l'électricité elle-même. En effet, deux fils de cuivre contournés en spirale, formant ce que l'on appelle des *solénoïdes*, agissent l'un sur l'autre absolument comme deux aimants et produisent des effets identiques. C'est pour ce motif qu'aujourd'hui on préfère cette hypothèse, qui a d'ailleurs l'avantage de simplifier les agents dans la nature.

4. **Rhéomètre.** — Pour apprécier la force des courants les plus faibles, Schweigger inventa, peu de temps après la découverte d'OErsted, un appareil qu'on désigne sous le nom de *rhéomètre* ou de *galvanomètre*. Réduit à sa plus simple expression, l'appareil consisterait en une aiguille aimantée mobile, au-dessus ou au-dessous de laquelle passerait un fil métallique destiné à conduire le courant, dont la présence serait révélée par la tendance de l'aiguille à se mettre en croix avec le fil. Mais il a d'abord été nécessaire de soustraire l'aiguille aimantée à l'action directrice des pôles de la terre; action qui, dans la plupart des cas, aurait lutté victorieusement contre l'influence des courants faibles. On y a réussi en suspendant à un fil de soie très-délié deux aiguilles aimantées d'égale force AB, A'B', enfilées parallèlement, l'une au-dessus de l'autre, dans une paille, et dont les pôles sont dirigés en sens contraire; ce système, nommé *astatique*, est presque complétement insensible à l'action de la terre. Le fil conducteur

abcd est contourné en rectangle disposé par rapport aux aiguilles comme le montre la figure 114, ce qui a pour résultat de soumettre les deux aiguilles à une dévia-tion dans le même sens. De plus, au lieu d'un seul fil, dont l'action serait trop faible, on se sert d'un fil enroulé sur une bobine de bois rectangulaire à plusieurs centaines de tours, ce qui multiplie considérablement

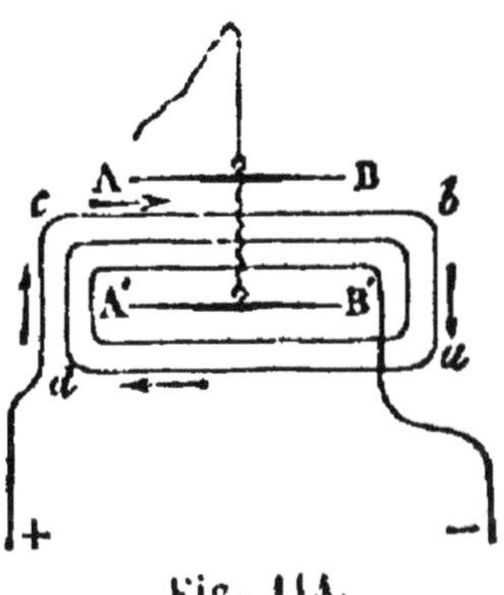

Fig. 114.

l'action du courant, et permet de constater la pré-sence et d'apprécier l'intensité de courants très-faibles. Enfin l'aiguille supé-rieure (*fig.* 115) se meut sur un cadran horizontal gradué, permettant de représenter en degrés la déviation de l'ai-guille. Tout l'appareil est en-fermé dans une cloche de verre qui le met à l'abri des agitations de l'air.

5. Électro-aimant. — Les courants électriques ont la pro-

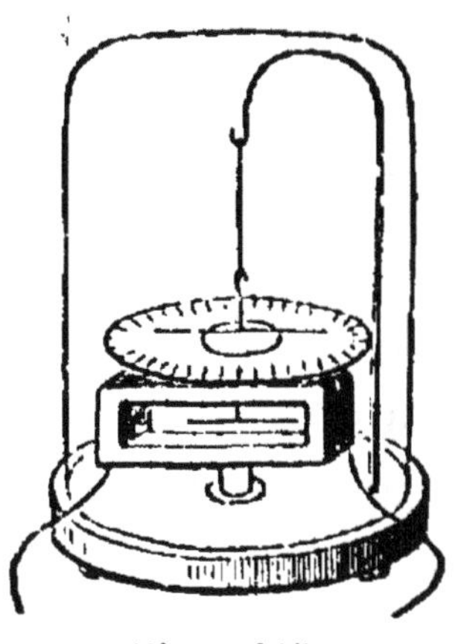

Fig. 115.

priété, comme nous l'avons dit, d'aimanter les substances magnétiques. Si l'on enroule un fil de cuivre recouvert de soie autour d'un tube de verre, et que l'on place dans ce tube un bar-reau d'acier, il est aimanté presque aussitôt que le courant est établi. On peut aimanter de même un barreau de fer doux, mais celui-ci perd sa vertu magnétique aussitôt que le courant vient à cesser. C'est d'après ce principe que l'on a construit les *électro-aimants*.

Pour construire un électro-aimant, on recourbe une barre de fer doux en fer à cheval (*fig.* 116); on enveloppe chacune des branches d'un même fil de cuivre revêtu de soie, et on met en communication les deux extrémités du fil avec les deux pôles d'une pile voltaïque. Le barreau de fer se transforme subitement en un aimant assez puissant pour supporter un poids de plusieurs kilogrammes. La force de l'électro-aimant dépend du diamètre de la barre de fer aimantée, de sa longueur, du nombre des circonvolutions du fil de cuivre et de l'intensité du courant. Une barre de fer de 4

Fig. 116.

centimètres de diamètre sur 40 centimètres de longueur, entourée d'un fil de cuivre de 1000 mètres, et soumise à l'action d'un courant fourni par un élément ou deux d'une pile de Bunsen, serait capable de porter un poids de plus de 400 kilogrammes.

6. **Télégraphie électrique.** — La télégraphie électrique est une des applications les plus ingénieuses et les plus intéressantes des électro-aimants. C'est à l'aide de la propriété que possède le fer doux d'acquérir et de perdre subitement son aimantation qu'on est parvenu à remplacer si avantageusement les télégraphes aériens par les télégraphes électriques. Car

les premiers exigeaient des stations intermédiaires entre les points avec lesquels il fallait communiquer; ils ne pouvaient fonctionner de nuit, et de jour la transmission des dépêches était interrompue dès qu'une brume s'élevait. Le télégraphe électrique est pour ainsi dire instantané, et il n'a aucun des inconvénients du télégraphe aérien.

Cette belle invention est généralement attribuée au professeur américain Morse, qui assure qu'il conçut son télégraphe le 19 octobre 1832. Mais son appareil ne fut soumis à des expériences publiques que le 2 septembre 1837, et il ne commença à fonctionner qu'en mai 1844, entre Washington et Baltimore. M. Wheatstone lui dispute l'honneur de cette invention. Ce qu'il y a de certain, c'est qu'il découvrit le télégraphe à cadran qu'on commença à employer en 1841, et enfin le télégraphe anglais qui fonctionne depuis 1846. On n'a fait usage du télégraphe en France que depuis le 9 décembre 1844. — On distingue trois sortes de télégraphes électriques, le télégraphe à cadran, le télégraphe écrivant et le télégraphe à signaux.

7. **Télégraphe à cadran.** — *1° Point d'arrivée; récepteur.* — Nous décrirons d'abord le télégraphe à cadran, qui diffère peu de celui qui est employé en France par les administrations des chemins de fer.

Un télégraphe se compose de deux appareils différents: l'un qui est au point de départ et l'autre au point d'arrivée.

L'appareil qui est au point d'arrivée, et qu'on appelle *récepteur*, se compose d'un électro-aimant fixe *ab* et d'une plaque *cd* en fer doux mobile autour d'un axe *d* (*fig*. 117). Un petit ressort *e* en cuivre main-

Fig. 117.

tient la plaque *cd* à une petite distance de l'électro-aimant. Aussitôt que le courant électrique est établi, la plaque est attirée par les pôles *a* et *b* de l'électro-aimant et vient s'appliquer sur lui; et, dès qu'il est interrompu, elle est ramenée par le ressort à la position qu'elle occupait auparavant. Ainsi, à chaque passage et à chaque arrêt du courant elle fait une double oscillation qu'elle communique, par le levier *no*, à une ancre *rs*. A chaque oscillation celle-ci laisse passer une dent de la roue dentée *m* dont l'axe porte une aiguille,qui se meut sur un cadran divisé, comme dans les horloges ordinaires. Tout cet appareil est renfermé dans une caisse verticale, de manière qu'il n'y a que le cadran et l'aiguille qui paraissent en dehors.

Ce cadran est divisé en vingt-six cases égales, qui contiennent les vingt-cinq lettres de l'alphabet, une croix † pour indiquer que le mot est fini, ou le point où l'on doit placer l'aiguille, l'appareil étant au repos. Le nombre des oscillations fait arrêter l'aiguille du cadran sur telle ou telle lettre. Ainsi l'aiguille étant au point de repos, pour indiquer la lettre C (troisième de l'alphabet), il suffit de produire trois oscillations, c'est-à-dire trois passages de courant. Celui qui est chargé de recevoir la dépêche prend ces lettres les unes après les autres et en forme des mots.

8. Télégraphe à cadran. — 2° *Point de départ; manipulateur.* — Au point de départ, il faut qu'il y ait une pile de Bunsen ou de Bréguet destinée à produire le courant électrique. Près de la pile est un appareil particulier appelé le *manipulateur*. Cet appareil a pour but de transmettre ou d'interrompre à volonté le courant de la pile au fil conducteur, et de régler ainsi le nombre d'oscillations que l'on veut transmettre à l'aiguille de l'électro-aimant.

Le manipulateur (*fig.* 118) consiste en une roue dentée *R*, mise en communication constante avec le pôle négatif de la pile par la tige de cuivre *N*, assez élastique pour permettre la rotation de la roue, et munie d'un renflement supérieur qui établit une communication constante. Par une autre tige *M*, cette roue communique avec le pôle positif, mais le courant ne peut passer que lorsque les pointes des dents de la roue rencontrent le renflement supérieur de la tige *M*; dans toute autre position le courant est interrompu. Au moyen d'une manivelle *OL* on fait

tourner cette roue, qui est armée de vingt-six dents,
et qui, par suite, dans une rotation complète, produit
vingt-six communications et vingt-six interruptions

Fig. 118.

du courant. La manivelle marche sur un cadran portant comme celui du récepteur un signe d'arrêt ou
repos † et les vingt-cinq lettres de l'alphabet.
Lorsque cet appareil communique avec le récepteur, au moyen des fils conducteurs du courant, tous
les mouvements que l'on imprime à la manivelle
sont mathématiquement reproduits par l'aiguille du
récepteur : il est donc aisé de comprendre comment
on peut ainsi transmettre des mots et des phrases
entières.

Le manipulateur et le récepteur sont mis en rapport par ces fils conducteurs que l'on voit, soutenus,
le long des routes ou des chemins de fer, sur des po-
teaux, au moyen de supports isolants en porcelaine
ou en verre. Ces fils peuvent même passer sous
terre et au fond de la mer, pourvu qu'on les re-

couvre d'une couche isolante de gutta-percha.

On a placé dans les récepteurs un mouvement d'horlogerie dont la détente peut être dégagée par le mouvement du levier. Ce mouvement sert à avertir l'observateur de se tenir prêt à recevoir la dépêche qu'on veut lui transmettre. Aussitôt que la détente est dégagée, un petit marteau frappe sur un timbre et fait ainsi un bruit assez fort.

9. **Télégraphe écrivant.** — Le *télégraphe écrivant*, inventé par l'Américain Morse, a l'avantage de laisser la dépêche écrite, ce qui permet de rectifier l'erreur que l'on aurait pu commettre en prenant mal certaines lettres. Au lieu de se servir des lettres de l'alphabet, et de les indiquer au moyen d'une aiguille, comme le fait le télégraphe à cadran, il marque sur du papier des points ou des lignes de convention qu'on interprète ensuite.

Le récepteur de ce télégraphe se compose d'un électro-aimant vertical, au-dessus duquel se trouve une petite plaque de cuivre qui fait corps avec un levier à l'extrémité duquel est un poinçon. Quand le courant est produit, le levier s'élève, en vertu de la force attractive de l'électro-aimant, et s'abaisse ensuite par l'effet d'un ressort. A chaque mouvement le poinçon marque sur une feuille de papier un point (.) ou une ligne (—) suivant le temps qu'on le laisse poser. On a attaché à ces points et à ces lignes la valeur des lettres, en vertu de conventions particulières. Ainsi Morse a employé un point et une ligne (.—) pour la lettre A, une ligne et trois points (—...) pour la lettre B, trois points (...) pour la lettre C, une ligne et un point (—.) pour la lettre D, etc. Ce télégraphe est employé aujourd'hui dans presque toutes les administrations télégraphiques de l'Europe, à l'exception de l'Angleterre. Il transmet en moyenne cinq ou six mots par minute.

10. **Télégraphe à signaux.** — Le *télégraphe à signaux* est plus compliqué que les deux autres, mais on l'emploie quelquefois de préférence, parce qu'il a l'avantage de ne pas faire connaître le sens de la dépêche à l'observateur qui la reçoit. Dans le télégraphe français le récepteur est muni de deux aiguilles qui reproduisent les mêmes signaux que les télégraphes aériens. Il faut pour ce télégraphe deux récepteurs et deux manipulateurs distincts, deux piles et deux fils conducteurs pour chaque appareil. Ce télégraphe a été employé en France exclusivement pendant dix ans, et il a été remplacé ensuite par le télégraphe écrivant de Morse, qui a aussi l'avantage de conserver le secret des dépêches, puisque la valeur des signes peut être arbitrairement changée.

11. **Horloges électriques.**—On a fait l'application des électro-aimants aux horloges aussi bien qu'aux télégraphes. On fait ainsi mouvoir simultanément les aiguilles de plusieurs cadrans, de manière qu'ils indiquent tous au même instant la même heure qu'une horloge ordinaire. C'est ainsi que sont mues les aiguilles de toutes les horloges employées dans les stations des chemins de fer.

L'horloge régulatrice qui doit conduire toutes les aiguilles des cadrans des différentes stations remplit

·la fonction de manipulateur. Une de ses roues métalliques porte 60 dents et fait un tour par minute. Les dents de cette roue frappent successivement un petit levier qui communique avec l'appareil horaire. A chaque coup du petit levier toutes les aiguilles des divers cadrans avancent d'une seconde. Elles suivent ainsi le même mouvement et marquent la même heure, à quelque distance qu'elles soient placées, car à des distances de plusieurs lieues même la transmission de l'électricité peut être considérée comme instantanée.

QUESTIONNAIRE.

1. Quel est l'objet de l'électro-magnétisme?

2, 3. Par qui l'action des courants électriques a-t-elle été découverte? Qui a indiqué leur direction? Quelle est l'action des aimants sur les courants? Les courants ont-ils une action mutuelle? Quelles sont les lois des courants électriques dans leur réciprocité d'action? Quelle est l'hypothèse d'Ampère sur le magnétisme?

4. Qu'est-ce que le rhéomètre? Par qui a-t-il été inventé? Décrivez-le.

5. Qu'est- e que l'électro-aimant? Comment se construit-il? Quelle est la force d'un électro-aimant?

6. Quelle application en a-t-on faite? A quoi sert le télégraphe électrique? De combien de sortes en distingue-t-on?

7, 8, 9, 10. Décrivez l'appareil qui est au point d'arrivée dans le télégraphe à cadran. Quel est celui qui est au point de départ? Qu'appelle-t-on manipulateur? Qu'est-ce que le récepteur? Comment le récepteur et le manipulateur sont-ils mis en rapport? Décrivez le télégraphe écrivant. Comment fonctionne-t-il? En quoi consiste le télégraphe à signaux?

11. Qu'est-ce que les horloges électriques? Quel en est l'avantage? Quelle fonction remplit l'horloge régulatrice? Comment fait-elle fonctionner l'appareil horaire?

QUATRIÈME PARTIE

ACOUSTIQUE

NOTIONS GÉNÉRALES.

1. De l'objet de l'acoustique. — L'acoustique est la partie de la physique qui a pour objet l'étude du son et les lois d'après lesquelles il se produit et se propage.

Le son est la sensation que perçoit l'organe de l'ouïe sous l'influence de certaines vibrations des corps que l'air lui transmet.

Quand un corps produit un son, ses molécules possèdent un mouvement vibratoire pendant toute la durée du son lui-même. Si l'on arrête ce mouvement, aussitôt le son cesse de se faire entendre. Par exemple, si l'on frappe un vase de verre avec un petit morceau de fer, il rend un son très-distinct, mais si l'on arrête les vibrations en touchant le vase avec la main ou seulement avec le doigt, le son cesse.

Il y a une grande différence entre le *bruit* et le *son musical*. Cette différence provient de ce que dans le son musical les vibrations sont continues et d'égale durée, tandis que dans le bruit elles sont tout à fait irrégulières et confuses.

Pour la transmission ou la propagation du son d'un endroit à un autre, il faut un milieu matériel, ou, en d'autres termes, cette transmission ne peut avoir lieu dans le vide. Pour s'en convaincre, on place sous le récipient d'une machine pneumatique un mouvement d'horlogerie muni d'un timbre et d'un petit marteau. Si l'on vient à faire le vide, on voit le marteau qui continue à frapper sur le timbre, mais, à mesure que l'air devient plus rare, le son est moins intense. On finit même par ne plus rien entendre.

2. Qualités du son. — On distingue dans les sons trois qualités ou trois caractères, l'*intensité*, la *hauteur* et le *timbre*.

L'intensité ou la force du son est d'autant plus grande que les vibrations du corps sonore ont plus d'étendue. C'est ce qu'il est facile d'observer au moyen d'une corde fixée à ses extrémités et suffisamment tendue. En effet, si l'on pince cette corde, le son d'abord très-intense décroît à mesure que la grandeur des vibrations diminue, et l'aspect renflé vers le milieu que prend la corde pendant toute la durée du son, prouve l'existence de ces vibrations et en rend sensible la grandeur décroissante.

La hauteur du son, c'est-à-dire son degré de gravité ou d'acuité, dépend du nombre de vibrations que rend un corps sonore dans un temps donné. Plus le nombre de ces vibrations est considérable et plus le son est aigu. On a reconnu, par des expériences, que le son le plus grave que l'oreille de l'homme puisse entendre correspond à 16 vibrations par seconde, et le plus aigu à 48,000. Lorsque deux sons produisent sur notre oreille la même sensation de gravité ou d'acuité, on dit qu'ils sont à l'*unisson*.

Le timbre du son est ce qui nous fait distinguer les uns des autres des sons qui ont la même hauteur et la même intensité. Ainsi on ne confond jamais les sons des instruments à vent et des instruments à cordes, et on distingue aussi parfaitement ceux de la voix humaine. Le timbre du son dépend de la nature du corps sonore, de la manière dont il est mis en vibration et de la nature des corps environnants qui doivent propager le son.

3. Vitesse du son. — Le son se propage non-seulement dans l'air, mais encore dans les corps gazeux, liquides ou solides. Sa vitesse varie suivant la nature du milieu qui lui sert de véhicule.

Pour déterminer la vitesse du son dans l'air, on a tiré le canon sur une montagne assez élevée. Des observateurs, placés à différentes distances, voyaient la lumière produite par la poudre au moment de l'explosion, et mesuraient avec soin, au moyen d'appareils fort exacts, l'intervalle qui s'écoulait entre l'apparition de la lumière et l'audition du son ; sachant quel intervalle les séparait de l'endroit où le canon était placé, ils ont pu mesurer ainsi le temps que met le son à parcourir un certain espace. L'expérience a démontré que le mouvement du son est uniforme, c'est-à-dire qu'il met un temps double, triple ou quadruple à parcourir des espaces deux, trois ou quatre fois plus grands. On a calculé qu'il parcourt environ 340 mètres par seconde.

On a reconnu par ces expériences que le vent n'a

point en réalité d'influence sur la vitesse de transmission du son. Quelles que soient sa force et sa direction, le son ne s'en transmet pas moins avec la même vitesse; seulement, si le vent est contraire, le son se propage moins loin, et à égale distance il est beaucoup plus faible. La température a aussi un effet peu sensible. En général, pourtant, plus elle est basse et l'air sec, plus la transmission est rapide ; plus l'air est humide ou raréfié, plus la transmission est incomplète. Du reste, la hauteur, le timbre, l'intensité du son n'influent en rien sur sa vitesse.

Le son se propage aussi dans les gaz, car si, après avoir fait le vide dans un ballon, on y introduit de l'hydrogène, de l'acide carbonique, d'autres gaz ou des vapeurs, on obtient les mêmes phénomènes que quand il était rempli d'air.

Le son se transmet aussi et avec une beaucoup plus grande intensité, au travers des corps solides et liquides. Ainsi, en frappant avec la tête d'une épingle le pied d'un chêne coupé, si l'on met son oreille à l'autre extrémité, on entend distinctement ce son, tout faible qu'il est. Des plongeurs qui travaillent au fond d'une rivière entendent le bruit que l'on fait sur le bord, et à une grande distance ; en mettant l'oreille sous l'eau, on entend le bruit qu'ils font eux-mêmes.

Des expériences faites en 1827, par MM. Colladon et Sturm, sur le lac de Genève, ont prouvé que dans l'eau la vitesse du son est de 1435 mètres par seconde, c'est-à-dire quatre fois plus grande que dans l'air. Dans les corps solides la vitesse est encore plus grande. Ainsi, en prenant la vitesse dans l'air pour unité, on trouve que la vitesse dans l'argent est 9, dans le cuivre 11, dans le fer, l'acier et le verre 17, dans les différentes essences de bois elle varie de 11 à 17.

4. Vibrations ; instruments à cordes et instruments à vent. — Dans les instruments à cordes les vibrations dépendent de la longueur, de la tension, de la grosseur et de la densité des cordes mises en mouvement. On a reconnu à ce sujet les quatre lois suivantes :

1° *Le nombre de vibrations d'une corde est en raison inverse de sa longueur*, c'est-à-dire que, si une corde est deux fois moins longue, elle donne un nombre double de vibrations.

Ainsi, dans un violon, on fait rendre à une même corde des sons différents en faisant varier avec le doigt la longueur de la partie vibrante : et, connaissant sa longueur et le nombre de vibrations correspondant au son que l'on veut produire, on peut calculer l'endroit exact où il faut appuyer le doigt pour produire le son voulu ; c'est ce que l'on a fait pour le piano.

2° *Le nombre des vibrations est en raison inverse de la grosseur et du diamètre de la corde.* Ainsi le diamètre d'une corde étant deux fois plus petit que celui d'une autre corde, elle fera, dans le même temps et avec la même tension, un nombre de vibrations deux fois plus grand. C'est pour cela que, dans un instrument à cordes, on met des cordes de diverses grosseurs, ce qui permet de leur faire rendre divers sons quoiqu'elles soient de même longueur.

3° *Le nombre des vibrations est en raison directe de la racine carrée de la tension qu'on fait subir à la corde.* Ainsi la force que produit cette tension étant 4 fois ou 9 fois plus considérable, le nombre de vibrations est 2 ou 3 fois plus grand.

De là la nécessité des chevilles dans un violon, pour, en faisant varier les tensions des cordes, faire varier leur son; dans le violon, l'oreille seule guide l'artiste, mais dans la construction d'un piano, c'est par cette loi que l'on calcule la tension de chaque corde.

4° *Le nombre de vibrations est en raison inverse de la racine carrée de la densité de la corde;* par conséquent, si une corde a une densité 9 fois plus grande qu'une autre, elle fera dans le même temps, et avec la même tension, un nombre de vibrations 3 fois plus petit. C'est ce qui fait que dans un violon, une harpe, etc., certaines cordes sont enveloppées de métal; en augmentant ainsi leur densité, on évite d'avoir à les faire très-grosses ou très-longues.

Dans tous les instruments, pour rendre les vibrations plus sonores, on monte les cordes sur un chevalet qui s'appuie sur la face supérieure d'une caisse en bois très-mince, nommée *table d'harmonie*, et qui est elle-même ouverte de manière à mettre en communication l'air intérieur qu'elle renferme avec l'air extérieur, et à donner plus de force aux ondes sonores.

Dans les instruments à vent, c'est la colonne d'air que ces instruments contiennent qui sert de corps sonore; le musicien met en vibration, par son souffle, certaines parties de l'instrument qui communiquent ces vibrations à l'air, et produisent le son. Car il suffit de mettre l'air lui-même en vibration pour qu'il produise un son, comme on le voit par l'expérience si vulgaire du fouet qui, en fendant l'air, produit souvent des sons très-vifs et très-aigus.

Parmi les instruments à vent on distingue les *instruments à bouche* et les *instruments à anche*. Dans les instruments à bouche, tels que le cor, la trompette, la flûte, ce sont les lèvres du musicien qui, par leurs vibrations communiquées à l'air, produisent les sons. Dans les instruments à anche, comme le hautbois, la clarinette, le basson, c'est une languette élastique de bois ou de métal qui remplit cette fonction. Quant aux sons divers, ils sont produits, soit par des contractions variées des lèvres, soit par les clefs de l'instrument, qui raccourcissent ou allongent la colonne d'air vibrante.

5. **Réflexion du son**. — Lorsque le son rencontre un obstacle, il se réfléchit « en faisant un angle de réflexion égal à l'angle d'incidence. » On observe souvent la réflexion du son sur les rochers, les murs, les voiles des vaisseaux, les surfaces liquides et même sur les nuages ; c'est ce qui produit les *échos* et les *résonnances*.

6. **Réflexion du son**. — 1° *Échos*. — L'écho existe quand le son réfléchi est parfaitement distinct du son direct ; il y a seulement résonnance quand le son réfléchi se confond avec le son direct.

L'expérience prouve que l'oreille perçoit distinctement dix syllabes par seconde. Le son parcourant 340 mètres par seconde, ou 34 mètres en $\frac{1}{10}$ de seconde, il faut qu'on soit au moins éloigné de 17 mètres de l'obstacle réflecteur pour que le son réfléchi ne se confonde pas avec le son direct. Car pour que ces deux sons soient distincts, il faut qu'ils aient au moins à parcourir 17 mètres, ce qui, pour l'aller et le retour, forme les 34 mètres ou la dixième partie de seconde nécessaire pour que l'oreille distingue les deux sons successifs. Il suit, de là, qu'autant de fois il y aura 17 mètres de distance entre l'observateur et l'obstacle qui produit l'écho, autant celui-ci pourra répéter de syllabes successives.

Quand on est placé entre deux réflecteurs éloignés, on peut entendre un grand nombre de fois le même son, de même qu'entre deux glaces on peut voir un très-grand nombre de fois le même objet. L'écho de Simonetta, en Italie, répète jusqu'à 40 fois le même son ; celui de Woodstock, en Angleterre, fait entendre jusqu'à 17 syllabes. Près de Verdun il y a deux tours qui répètent 12 ou 13 fois la même syllabe. Dans les caveaux du Panthéon l'écho est si distinct et si sonore, qu'on croirait que les syllabes qu'on prononce sont répétées par d'autres personnes qui se trouveraient dans une galerie voisine.

7. **Réflexion du son.** — 2° *Résonnances.* — Les résonnances se rencontrent dans les lieux fermés et de peu d'étendue. Les sons réfléchis donnent ainsi de l'éclat, de la force et plus de durée aux sons directs. Quand une salle est bien construite sous le rapport de l'acoustique, elle facilite beaucoup la tâche de l'orateur ou du chanteur. Cependant il ne

faut pas non plus que les résonnances soient trop fortes, parce qu'elles finiraient par incommoder les
auditeurs, ou trop longues et tardives, parce qu'elles
se confondraient avec les sons suivants, et, en mu-
sique surtout, troubleraient l'harmonie.

8. Porte-voix, tuyaux, cornet acoustique. —
Le *porte-voix* est un tube de fer-blanc destiné à transmettre la voix à de très-grandes
distances (*fig.* 110). Sa forme est légèrement
conique, il a un mètre ou deux de longueur,
et est très-évasé à son extrémité la plus
large. La réflexion est une des causes de
l'effet produit par cet instrument, parce
qu'elle rend les ondes sonores plus parallèles
à l'axe du tube, et empêche par conséquent
leur divergence, mais la forme évasée de la
partie inférieure de l'instrument a aussi
une grande influence.

Fig. 119.

Les *tuyaux acoustiques* ou *tubes parlants* sont des
appareils fondés sur la transmission presque parfaite du son dans les tubes. On en fait usage dans
les maisons de commerce pour que le chef et les employés puissent facilement communiquer d'un
étage ou d'un bureau à un autre. Ils se composent
d'un tube creux de caoutchouc, de la grosseur du
doigt, terminé à ses deux extrémités par un pavillon
de bois fermé par un petit sifflet qu'on peut ôter à
volonté. Ce sifflet sert à appeler l'attention de la personne à laquelle on veut parler. Si le chef ôte son
sifflet et qu'il souffle dans le tube, le sifflet de l'employé se fait aussitôt entendre. Le maître remet de

suite son sifflet, et l'employé lui fait savoir par le même moyen qu'il est à sa disposition. Il lui communique alors ses ordres en parlant dans le tuyau, et l'autre, en appliquant son oreille au pavillon du tube, entend aussi distinctement que s'il était près de celui qui lui parle.

Le cornet acoustique est un tube conique recourbé à son milieu. On s'en sert pour se faire entendre des personnes qui sont très-sourdes ; les médecins l'emploient aussi dans le diagnostic de certaines maladies (*fig.* 120). Quand on veut parler à une personne sourde à l'aide de cet instrument, on met l'extrémité la plus petite

Fig. 120.

dans le creux de son oreille, et l'on parle dans le pavillon, qui est beaucoup plus évasé. Les sons sont réfléchis par les parois intérieures du cornet, et vont se concentrer dans le tuyau de l'oreille, où ils produisent une sensation plus forte.

QUESTIONNAIRE.

1. Quel est l'objet de l'acoustique ? Qu'est-ce que le son ? Quelle différence y a-t-il entre le bruit et le son musical ? Le son se transmet-il dans le vide ?

2. Quelles sont les qualités du son ? Qu'est-ce qui produit son intensité ? D'où proviennent ses différents degrés de gravité ou d'acuité ? Qu'est-ce que le timbre du son ? Quelles sont les causes qui le déterminent ?

3. Quelle est la vitesse du son dans l'air ? Quelles sont les circonstances qui peuvent la modifier ? Le son se propage-t-il dans les autres gaz ? Quelle est sa rapidité dans l'eau ? — dans l'argent ? — le cuivre ? — le fer ? — le bois ?

4. Quelles sont les lois qui règlent les vibrations des cordes ? Exposez chacune de ces lois. Qu'est-ce qui produit les différents

sons que donnent les instruments à vent ? Combien y a-t-il de sortes d'instruments à vent ?

5. Qu'est-ce qui produit la réflexion du son ? Qu'appelle-t-on écho ? A quelle distance doit-on se trouver du point réflecteur pour que l'écho ait lieu ? Qu'est-ce que la résonnance ? Quelles en sont les conséquences relativement à l'orateur et aux auditeurs ?

6. A quoi sert le porte-voix ? Comment est-il construit ? Quel usage fait-on des tuyaux acoustiques ? Décrivez-les. Quel usage fait-on du cornet acoustique ? De quelle cause dépend son effet ?

CINQUIÈME PARTIE

OPTIQUE

CHAPITRE PREMIER

PHÉNOMÈNES GÉNÉRAUX DE LA LUMIÈRE.

1. De la lumière. — L'optique est la partie de la physique qui étudie la lumière, ses phénomènes et ses lois.

La lumière est cet agent naturel qui nous fait voir les objets extérieurs. Parmi les corps il y en a qui sont lumineux et d'autres qui ne le sont pas. Les corps lumineux sont ceux qui ont la propriété d'émettre de la lumière autour d'eux et dans tous les sens, comme le soleil et certains corps phosphorescents. Les corps non lumineux peuvent être *diaphanes* ou transparents, translucides et opaques. Les corps diaphanes sont ceux qui laissent voir à travers leur épaisseur la forme et la couleur des objets, comme le verre, l'air, l'eau, etc. Les corps translucides laissent passer une certaine quantité de lumière, mais cette quantité n'est pas assez grande pourqu'on puisse distinguer, à travers, la forme des objets ; tels sont le papier, les étoffes, les verres dépolis. Enfin les corps opaques sont ceux qui ne peuvent être traversés par aucune portion de lumière, comme le bois, le fer, l'or, etc. Mais il est à remarquer qu'aucun corps, n'est absolument opaque, quelle que soit sa densité ; ainsi l'or, ou un autre métal réduit en feuilles très-minces, devient translucide.

La nature de la lumière nous est encore complétement inconnue. Pour en expliquer la cause, on a eu recours à deux hypothèses, celle de *l'émission* et celle des *ondulation*. La première hypothèse est due à Newton, la seconde à Descartes. Newton suppose que la lumière est produite par un fluide matériel, impondérable, extrêmement subtil, que les corps lumineux lancent autour d'eux dans toute les directions, et qui met ainsi ces corps en communication avec les organes de la vue. Descartes au contraire attribue la lumière à des mouvements vibratoires excités dans un milieu éminemment élastique et subtil qui existe dans toute la nature et qu'il a nommé *éther*. L'hypothèse de Newton a été admise par tous les physiciens jusqu'au commencement de ce siècle, mais elle est maintenant abandonnée, parce qu'elle se trouve contredite par un grand nombre de faits qu'on a observés dans ces derniers temps, et qui donnent à la seconde hypothèse une grande apparence de vérité.

2. Propagation et vitesse de la lumière. — La lumière se propage en ligne droite dans les milieux homogènes, c'est-à-dire dans les espaces pleins ou vides qui ont partout les mêmes propriétés et au même degré. C'est pour ce motif que, si l'on vient à placer un corps opaque sur la ligne droite menée de l'œil à un objet quelconque, on cesse de voir cet objet. On peut aussi s'en assurer par l'expérience suivante. Il suffit de placer l'un derrière l'autre plusieurs écrans percés d'un trou au milieu. Si l'on met toutes ces ouvertures sur la même ligne, et qu'on place une bougie devant la première, on apercevra parfaitement la lumière de cette bougie à travers toutes les autres. Mais il n'en sera plus de même si l'on dérange les écrans et que les ouvertures ne soient plus sur la même ligne.

La lumière traverse le vide : on peut s'en convaincre en mettant un ballon de verre où l'on a fait le vide entre l'œil et l'objet qu'on regarde. Elle le traverse même avec une rapidité prodigieuse. Un astronome danois, Roëmer, a calculé le premier, en 1667, sa vitesse. D'après des observations que l'on a faites sur les éclipses des satellites de Jupiter, on a trouvé que la lumière parcourt environ 77,000 lieues par seconde, et qu'elle met 8 minutes 13 secondes pour franchir l'espace qui nous sépare du soleil. L'étoile la plus rapprochée de nous étant à plus de 200,000 fois la distance du soleil, il faut par conséquent, à sa lumière plus de 3 ans 80 jours pour arriver jusqu'à nous. Et, s'il est vrai qu'il y a des étoiles qui sont encore 1000 fois plus éloignées, leur lumière mettrait plus de 3000 ans à nous parvenir.

3. Ombre et pénombre. — Lorsqu'un corps opaque se trouve à une certaine distance d'un corps lumineux, il arrête la lumière qui tombe sur sa surface, et il y a derrière ce corps un espace totalement privé de lumière qu'on appelle *ombre*. Autour de cet espace il s'en trouve un autre qui n'est éclairé que faiblement, et qu'on désigne sous le nom de *pénombre*.

Pour se rendre compte de ce double effet, supposons une sphère lumineuse A et une sphère opaque B placées à une certaine distance (*fig.* 121). Traçons

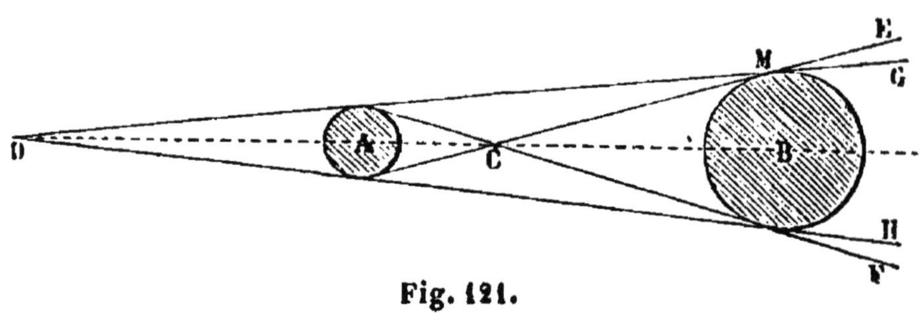

Fig. 121.

les deux cônes GDH et ECF formés par des lignes tangentes à ces deux sphères. Tous les points situés au delà de la sphère B dans l'intérieur du cône GDH seront complétement dans l'obscurité, puisqu'aucun des rayons lumineux partant de la sphère A ne peut pénétrer dans cet espace. L'intervalle HG sera l'ombre du corps B. La pénombre comprendra l'intervalle EG ou HF. Car si l'on considère un point au-dessus du point G, il est facile de reconnaître qu'il recevra une partie de la lumière émise par la partie de la sphère au-dessus de la ligne CE, et cette lumière sera d'autant plus grande que le point considéré sera plus près du point E, où il y aura lumière complète. L'ombre ira donc en diminuant du point G, où elle est complète, au point E, où elle est nulle. Cet intervalle d'ombre décroissante forme la pénombre. La même observation est applicable à l'intervalle HF.

4. Intensité de la lumière. — L'intensité de la lumière varie suivant sa course et sa direction, et en raison de la distance des corps lumineux. L'expérience a démontré que l'intensité de la lumière est en raison inverse du carré des distances, c'est-à-dire que si un corps lumineux est 4 fois plus éloigné, il éclairera 16 fois moins.

C'est ce qu'on démontre au moyen du photo-

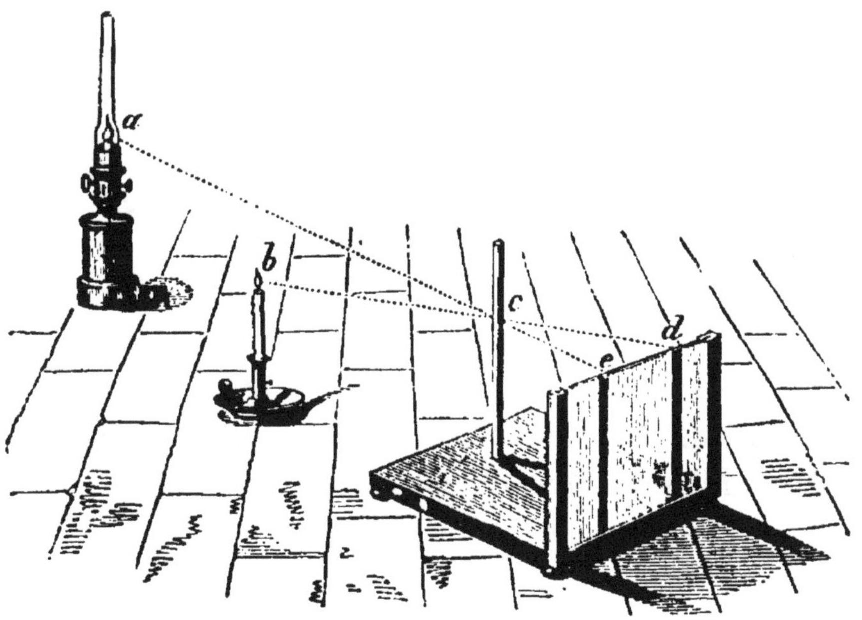

Fig. 122.

mètre, en faisant voir qu'une surface donnée étant éclairée par deux lumières, il faut à une distance triple 9 lumières semblables pour obtenir la même clarté.

Le *photomètre* de Rumford est l'instrument qu'on préfère quand il s'agit d'apprécier l'intensité d'une lumière quelconque. Il se compose d'un écran vertical, translucide, fait par exemple en verre dépoli, devant lequel on fixe une tige verticale opaque (*fig.* 122). On place à une assez grande distance de l'écran les deux lumières dont on veut apprécier l'intensité, de façon à ce qu'elles projettent, sur l'écran, deux ombres du corps opaque assez rapprochées pour en faciliter la comparaison. L'intensité de la lumière est la même quand les deux ombres ont la même teinte. On vérifie la loi précédente en montrant que l'intensité des mêmes lumières est en sens inverse proportionnelle aux carrés des distances. Car, à des distances doubles, on ne peut obtenir le même effet qu'autant qu'on quadruple les lumières; ainsi une bougie à un mètre éclaire autant que 4 bougies à 2 mètres, ou que 9 bougies à 3 mètres.

5. Réflexion de la lumière. — Lorsque plusieurs rayons lumineux tombent sur un corps, une partie pénètre dans ce corps et l'autre se réfléchit à sa surface.

La lumière, en se réfléchissant, obéit aux mêmes lois que la chaleur. Ainsi :

1° *L'angle de réflexion est égal à l'angle d'incidence;*

2° *Le rayon incident et le rayon réfléchi sont dans un même plan perpendiculaire à la surface réfléchissante.*

Soit un miroir plan (*fig.* 123), A le rayon *incident*, ou qui tombe sur le miroir, sera réfléchi en AL. Au point d'incidence A on élève une perpendiculaire AK, appelée la *normale*, et l'on trouve que l'angle SAK, qui est l'angle d'incidence, est égal à l'angle KAL, qui est l'angle de réflexion. Pour s'en convaincre il suffit de recevoir sur un

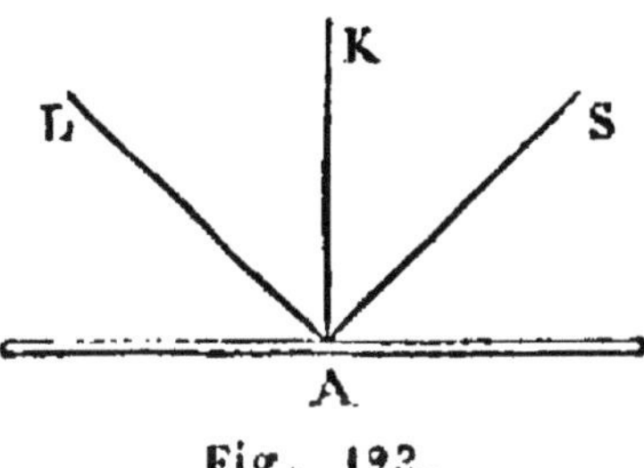

Fig. 123.

miroir plan un rayon de lumière dans une chambre obscure. On verra parfaitement, à la trace lumineuse de la poussière en suspension dans l'air, la direction du rayon incident et du rayon réfléchi. En plaçant au point de l'incidence le centre d'un demi-cercle gradué, on verra que le demi-cercle est perpendiculaire au plan du miroir, et que l'angle de réflexion et l'angle d'incidence sont égaux; ce qui établit les deux lois que nous venons d'expliquer.

6. Miroirs. — La réflexion de la lumière est un phénomène qui se reproduit tous les jours au moyen des *miroirs*. On appelle ainsi des surfaces polies destinées à répéter les images des objets placés devant elles. On en distingue de deux sortes, en raison de la substance dont ils sont composés, les *miroirs métalliques* et les *miroirs de glace*.

Les miroirs métalliques sont d'acier poli, ou de cuivre, ou d'un alliage de différents métaux. Ils ne reproduisent qu'une image de l'objet qu'on leur présente, parce qu'ils n'ont qu'une seule surface réfléchissante.

Les miroirs de glace sont formés d'une plaque de verre qu'on enduit sur l'une de ses faces d'un amalgame d'étain qu'on nomme *tain*. Comme ces miroirs ont deux surfaces réfléchissantes, savoir, la surface supérieure du verre et la surface étamée, ils donnent deux images d'un même objet. C'est pour ce motif qu'en se regardant dans une glace on aperçoit, sur le bord de l'image brillante, le bord d'une autre image plus pâle qui déborde un peu, et d'autant plus que la glace est plus épaisse. La première image est produite par la surface inférieure étamée, la seconde par la face supérieure de la glace.

Au point de vue de la forme, on distingue les miroirs *plans*, les miroirs *sphériques concaves* et les miroirs *sphériques convexes*.

7. Miroirs plans. — Un miroir plan est un miroir dont la surface est plane, c'est-à-dire une surface sur laquelle une règle bien droite s'applique exactement dans toute son étendue et dans tous les sens.

Dans ces miroirs, les images réfléchies des objets sont de grandeur naturelle et paraissent être derrière le miroir à une distance égale à celle qui sépare le miroir de l'objet qu'il réfléchit. Pour comprendre ce phénomène, il faut se rappeler que notre œil rapporte toujours la position d'un objet à la direction du rayon lumineux qu'il en reçoit; c'est ce qui fait que dans les miroirs nous voyons l'image d'un objet alors même que l'objet est hors de notre vue. Cela posé, soient un miroir MN (*fig.* 124), et un objet *abcd*; le point *a* envoie au miroir un rayon *ao* qui, se réfléchissant, vient frapper l'œil de l'observateur. Celui-ci voit le point *a* dans la direction de ce rayon réfléchi oL, c'est-à-dire en *a'*; de même le point *b* est vu en *b'*, et ainsi des autres. L'objet *abcd* est donc vu derrière le miroir, en *a' b' c' d'* dans une position renversée par rapport à *abcd* et à égale distance du miroir. C'est ainsi que, quand on se regarde dans une eau limpide, on se voit les

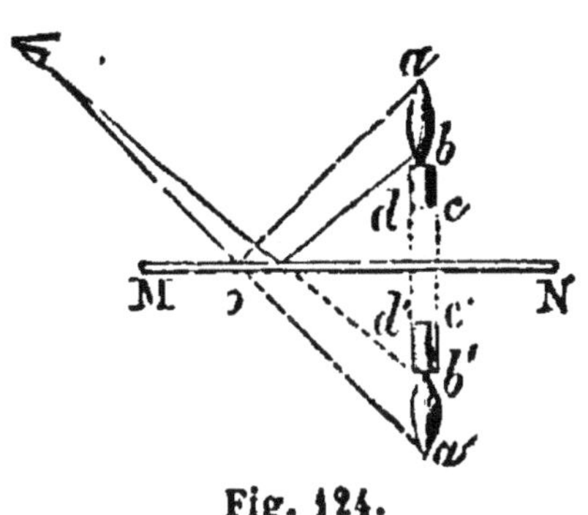

Fig. 124.

pieds en haut et la tête en bas, et que les arbres qui se trouvent sur le bord des rivières paraissent également projeter leur cime au-dessous de la surface de l'eau d'une distance égale à leur hauteur.

Si l'on mettait un objet lumineux entre deux miroirs parallèles, on obtiendrait une infinité d'images produites par la réflexion de ces deux miroirs. Ainsi, en entrant dans un appartement orné de glaces qui sont placées en face l'une de l'autre, on voit son image répétée simultanément plusieurs fois. Si deux miroirs, au lieu d'être perpendiculaires, étaient disposés de manière à former ensemble un angle droit, ils reproduiraient quatre fois le point lumineux, une fois directement et trois fois par réflexion. Si l'on changeait l'angle, le nombre des images varierait avec les différentes proportions qu'aurait l'angle lui-même.

8. Miroirs sphériques concaves. — Les miroirs sphériques concaves sont des calottes de sphère creuses et polies à l'intérieur. On les appelle aussi *miroirs grossissants*, parce qu'on voit les objets sous de plus grandes dimensions que leurs proportions naturelles quand on les regarde dans ces miroirs.

Dans tout miroir sphérique on distingue l'*axe principal* et l'*axe secondaire*. L'axe principal est la ligne droite menée par le milieu de la calotte et le centre de la sphère; l'axe secondaire est toute ligne droite menée par le centre de la sphère au miroir.

Soient MAN la surface d'un miroir sphérique concave (*fig.* 125), AX son axe principal, RK un rayon

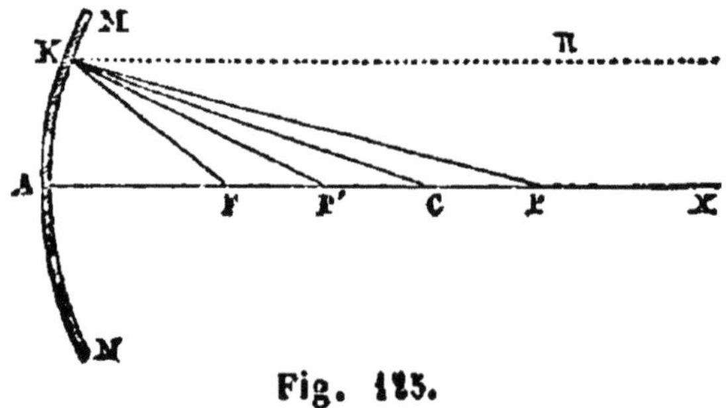

Fig. 125.

incident parallèle à l'axe. Menons par le centre C de la sphère le rayon CK qui remplace ici la normale. Le rayon incident sera réfléchi en KF, de manière que l'angle de réflexion FKC égale l'angle d'incidence RKC. Si l'on menait un autre rayon parallèle à l'axe, il se réfléchirait aussi en F. Le point F, où viennent se couper tous les rayons réfléchis provenant de rayons parallèles à l'axe, se nomme le *foyer principal* du miroir.

Si l'on place un objet devant un miroir concave à une distance convenable, on obtient une image en avant du miroir, une image *réelle*, c'est-à-dire une image qu'on peut recueillir sur un carton blanc ou sur un verre dépoli. Cette image est toujours renversée; sa grandeur par rapport à l'objet et sa distance du miroir dépendent de la distance qu'il y a entre le miroir et l'objet lumineux qui l'éclaire. Plus l'objet lumineux se rapproche du miroir, et plus l'image s'en éloigne et grandit en même temps. Cependant si l'objet était situé entre le miroir et le foyer, l'image ne serait plus réelle, elle serait apparente pour qui regarderait dans le miroir, paraîtrait plus grande et de même sens que l'objet. On nomme ces images, images *virtuelles*.

En présentant au soleil la surface d'un miroir concave, on peut en concentrer les rayons sur un même point, et obtenir une chaleur assez grande non-seulement pour enflammer le bois, mais même pour fondre les métaux. C'est ce qui a fait donner à ces miroirs le nom de *miroirs ardents*. Buffon en avait disposé un certain nombre sur le même point, et il obtenait à des distances considérables des effets prodigieux, qui rappelaient les merveilles d'Archimède incendiant par ce moyen la flotte romaine.

9. Miroirs sphériques convexes. — Les miroirs sphériques convexes sont des calottes de sphères polies sur la face extérieure. On leur donne aussi le nom de *miroirs divergents*, parce qu'ils ont la propriété de disperser les rayons qui se réfléchissent à leur surface, tandis qu'on appelle *miroirs convergents* les miroirs concaves, parce qu'ils produisent l'effet opposé.

Les images produites par les miroirs convexes sont

toujours virtuelles, comme dans les miroirs plans. Elles sont toujours droites, et paraissent situées derrière la surface du miroir, mais leurs dimensions sont moindres que celles des objets lumineux eux-mêmes. Aussi les artistes en font-ils usage pour réduire les paysages et tracer leurs dessins. C'est encore d'après le même principe qu'on place dans les jardins des vases en verre de forme sphérique et étamés intérieurement, pour réfléchir une partie du paysage et l'image des personnes qui passent devant ces miroirs.

Les formes des miroirs courbes varient beaucoup, mais elles ont toutes pour objet, les unes de concentrer la lumière et la chaleur dans un point donné, comme les miroirs ardents, les autres de la porter au loin comme dans les phares; enfin d'autres la concentrent sur un espace déterminé, comme font les réflecteurs de nos lampes et de nos réverbères.

QUESTIONNAIRE.

1. Qu'est-ce que la lumière ? Qu'appelle-t-on corps lumineux ? — diaphanes ? — translucides ? — opaques ? Quelles sont les hypothèses qu'on a faites sur la nature de la lumière? Quelle est l'hypothèse de Newton ? Quelle est celle de Descartes ? Quelle est l'hypothèse aujourd'hui admise ?

2. Comment se propage la lumière ? Traverse-t-elle le vide ? Quelle est sa rapidité ?

3. Qu'est-ce que l'ombre ? Qu'appelle-t-on pénombre ? Décrivez l'une et l'autre, et indiquez la cause qui les produit.

4. Quelle est la loi qui règle l'intensité de la lumière ? Par quel moyen l'apprécie-t-on ?

5. Qu'est-ce que la réflexion de la lumière ? Quelles sont les lois de la réflexion? Démontrez ces lois.

6. Qu'appelle-t-on miroirs? De combien de sortes en distingue-t-on ? Comment sont formés les miroirs métalliques? — les miroirs de glace?

7. Qu'appelle-t-on miroir plan ? Comment les images sont-elles répétées dans ces miroirs ? Quel est l'effet produit par des miroirs parallèles ? — par des miroirs perpendiculaires ?

8. Qu'appelle-t-on miroir sphérique concave ? quel est l'axe principal d'un miroir sphérique ? Quel est l'axe secondaire ? Qu'appelle-t-on le foyer d'un miroir concave ? Quelle image donnent les miroirs concaves ? Quel est l'effet des miroirs ardents ?

9. Qu'appelle-t-on miroir sphérique convexe ? Sous quel nom les désigne-t-on encore ? Quelles images donnent-ils ? Quels effets obtient-on au moyen des miroirs courbes ?

CHAPITRE II

RÉFRACTION ET DÉCOMPOSITION DE LA LUMIÈRE.

1. De la réfraction. — La réfraction de la lumière est le changement de direction qu'éprouve un rayon lumineux en passant d'un milieu diaphane dans un autre, par exemple de l'air dans l'eau, du vide dans l'air, ou de l'air dans le verre.

C'est ce changement de direction qui fait qu'un bâton plongé obliquement et en partie dans l'eau nous paraît rompu. Si l'on met une pièce de monnaie dans un vase, et qu'on le remplisse d'eau, la réfraction est cause que cette monnaie nous paraît plus élevée qu'elle n'est réellement, et que le fond du vase semble se soulever lui-même avec ce qu'il supporte. Le rayon envoyé à l'œil par le bout du bâton immergé, ou la pièce de monnaie, se brise en sortant de l'eau, et l'œil voyant toujours l'objet sur le prolongement du rayon qu'il reçoit, le bout du bâton paraît relevé et courbé en arrière, la pièce de monnaie paraît soulevée et reculée. Pour rendre

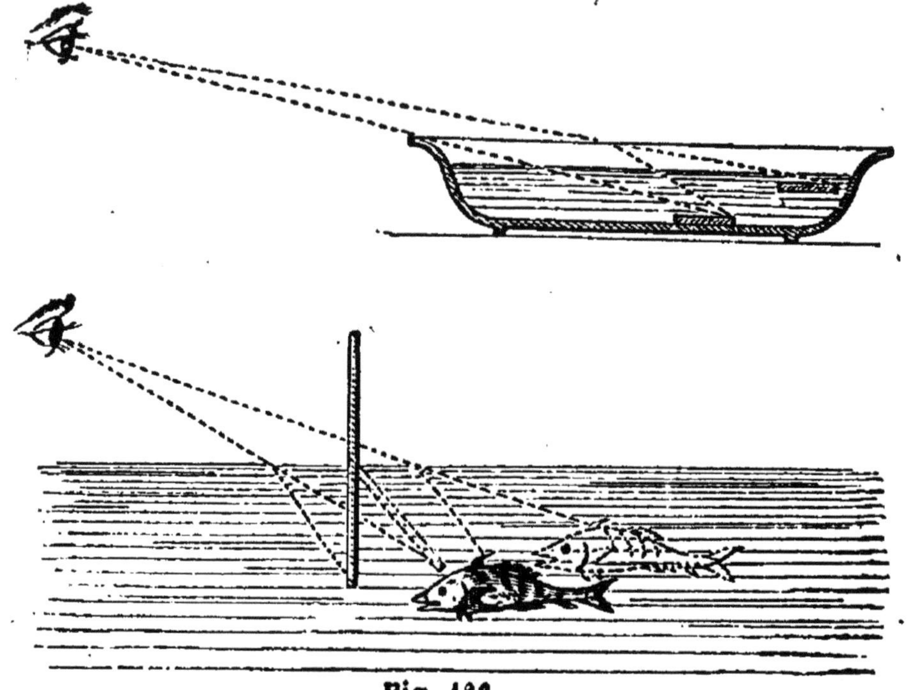

Fig. 126.

cette expérience sensible, on dispose un vase vide de manière qu'on n'aperçoive que sa partie supérieure sans voir ce qui est au fond. Si on vient à le remplir d'eau, on aperçoit aussitôt les objets qu'on y avait déposés ; ce qui prouve que la réfraction de la lumière nous les fait voir au-dessus de l'endroit où ils sont véritablement.

C'est pour ce motif que, si un chasseur tire obliquement un poisson dans l'eau, il est obligé de le supposer moins haut qu'il ne lui apparaît, sous peine d'être dupe de cette illusion d'optique.

En passant du vide dans l'air, la lumière éprouve aussi une réfraction très-sensible ; aussi le soleil et les astres nous paraissent plus élevés sur l'horizon qu'ils ne le sont : nous les voyons le matin avant leur lever réel et nous les voyons encore le soir après leur coucher. L'aurore et le crépuscule qui, chaque soir et chaque matin empêchent la brusque transition du jour à la nuit, sont aussi des effets dus à la même cause.

2. Lois de la réfraction. — Les milieux que la lumière traverse n'offrent pas tous les mêmes propriétés réfringentes. Leur réfrangibilité est plus ou moins grande, en général, suivant qu'ils ont plus ou moins de densité, quoique ce principe souffre quelques exceptions. Sans vouloir formuler ici dans toute leur rigueur scientifique les lois de la réfraction, nous dirons que, toutes les fois qu'un rayon lumineux passe d'un milieu moins dense dans un autre milieu plus dense, comme de l'air dans l'eau, il se brise et va en s'éloignant de la surface de séparation des deux milieux. Si, au contraire, il passe d'un milieu plus réfringent dans un autre milieu qui l'est moins, comme de l'eau dans l'air, il se rapproche de cette surface.

Pour des mêmes milieux, et quelle que soit l'obliquité des rayons, il existe un rapport constant, sinon entre les deux angles d'incidence et de réfraction, du moins entre leurs *sinus*, de sorte qu'un des angles étant connu, on peut connaître l'autre. L'explication de cette loi sortirait du cadre de cet ouvrage. Quand le rayon incident est perpendiculaire à la surface, la réfraction de ce rayon est nulle.

Mais il peut arriver que, le rayon incident étant très-oblique, la réfraction se change en réflexion totale, et c'est ce qui produit le phénomène connu sous le nom de mirage.

Lorsque ce phénomène a lieu, on voit les images des objets éloignés renversées, et au-dessous du sol, comme si la surface de la terre était un lac immense dont les eaux transparentes réfléchiraient des collines, des arbres, des villages et des villes avec leurs monuments.

Bernardin de Saint-Pierre raconte que le peintre Vernet, son ami, s'occupant en Italie à peindre des effets de lumière, fut un jour bien surpris d'apercevoir dans les cieux la forme d'une ville renversée dont il distinguait parfaitement les clochers, les tours, les maisons. S'étant hâté de dessiner ce phénomène, il fut tout étonné de trouver, sept lieues plus loin, la ville dont il avait vu le spectre, et dont il avait le dessin dans son portefeuille. Ici la réflexion totale s'était sans doute produite sur un nuage, ce qui explique pourquoi l'image apparaissait dans les cieux.

Dans l'expédition d'Égypte, l'armée française, épuisée de fatigue, aperçut tout à coup devant elle un lac immense qui lui paraissait entouré d'arbres et d'habitations, sur les bords duquel chacun espérait jouir du repos. Mais à mesure que l'on avançait, ce lac enchanté semblait s'éloigner. Monge donna aussitôt l'explication suivante de ce phénomène. Les couches inférieures de l'atmosphère, étant échauffées par le sable dans ces vastes plaines, prennent momentanément des densités qui vont en décroissant à mesure qu'elles sont plus voisines du sol. Les rayons lumineux, en pénétrant dans ces couches, passent sans cesse d'un milieu plus dense et plus réfringent dans un autre qui l'est moins. Leur obliquité aug-

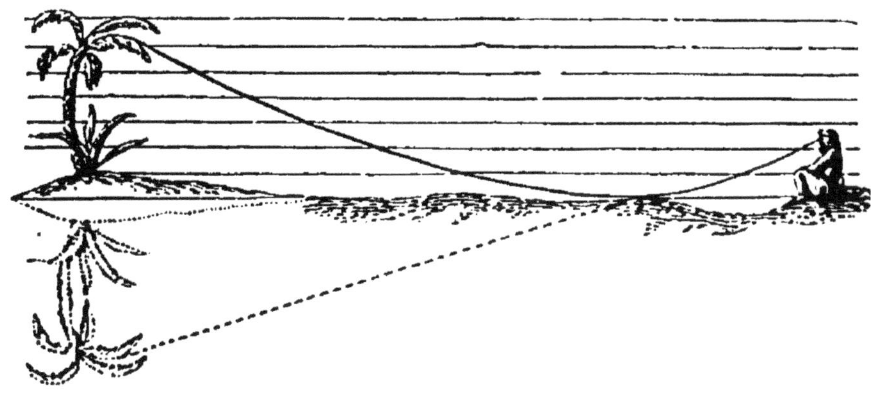

Fig. 127.

mentant dans la même proportion, il arrive un moment où ils rencontrent une couche à la surface de laquelle ils se réfléchissent totalement, et c'est cette réflexion qui produit le curieux phénomène dont nous venons de parler.

3. Application des lois de la réfraction; lentilles. — Une des belles applications auxquelles le phénomène de la réfraction a donné lieu, c'est l'invention des *lentilles* ou *verres lenticulaires*. On appelle ainsi, en optique, des verres terminés ordinairement par deux portions de surfaces sphériques, ou quelquefois par une surface sphérique combinée avec une surface plane. On en distingue de deux sortes, les lentilles *convergentes* et les lentilles *divergentes*.

Les lentilles convergentes sont celles qui ont la

propriété de réunir les rayons lumineux qui les traversent, et de les faire converger vers un même point. Ce point, comme dans les miroirs concaves, se nomme foyer. Ces lentilles comprennent : 1° les lentilles *bi-convexes* (*fig.* 128), qui sont formées de deux surfaces sphériques convexes ; 2° les lentilles *plan-convexes*, qui se composent d'une surface plane et d'une surface convexe (même figure) ; 3° les lentilles *concaves-convexes* ou *ménisques convergents* (même figure),

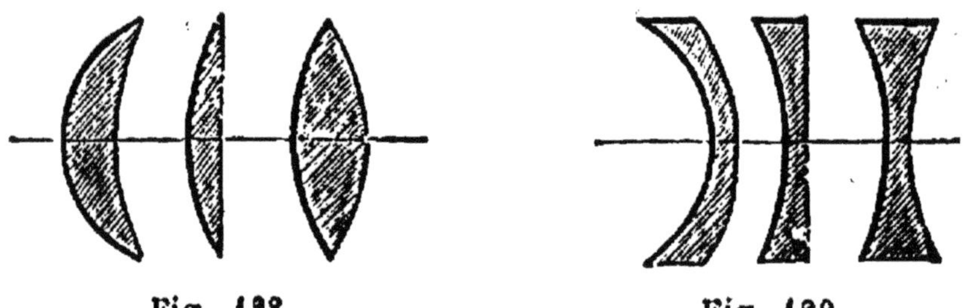

Fig. 128.   Fig. 129.

formées de deux surfaces sphériques, l'une convexe, l'autre concave, de manière que le rayon de la surface concave soit plus grand que celui de la surface convexe. Ces trois espèces de lentilles sont plus épaisses au milieu qu'aux bords.

Les lentilles divergentes sont celles qui ont la propriété de disperser et d'écarter les rayons qui les traversent. On en distingue aussi de trois sortes : 1° les lentilles *bi-concaves* qui sont formées de deux surfaces concaves (*fig.* 129) ; 2° les lentilles *plan-concaves* (*fig.* 120) qui se composent d'une surface concave et d'une surface plane ; 3° les *ménisques divergents* (même figure), qui ont une surface concave et une surface convexe, et qui sont construits de manière que le rayon de la surface concave soit plus petit que celui de la surface convexe. Ces lentilles sont plus épaisses à leurs bords qu'à leurs milieux.

C'est sur les propriétés de ces deux espèces de lentilles que se fonde la construction de la plupart des instruments d'optique.

4. Décomposition de la lumière. — La lumière du soleil n'est pas simple, comme on est porté à le croire au premier abord. Newton découvrit qu'elle est au contraire composée de lumières diversement colorées, et que c'est à sa décomposition que sont dus les effets de couleur si variés que nous admirons dans la nature.

Pour prouver par l'expérience que la lumière du soleil est composée, on introduit un pinceau de

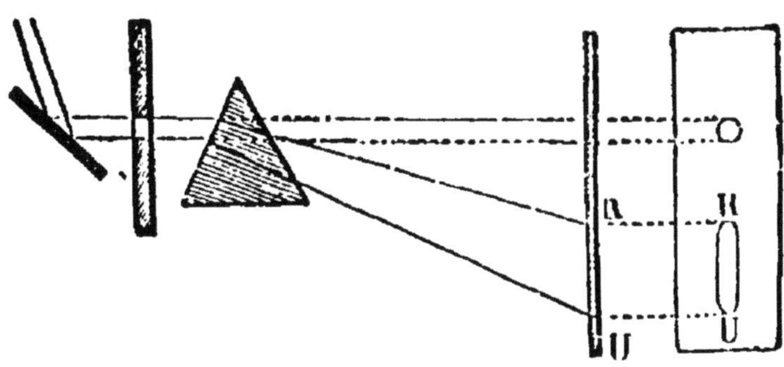

Fig. 130.

lumière dans une chambre obscure, par une petite ouverture pratiquée dans un volet, puis on place sur sa direction un prisme triangulaire en cristal (*fig.* 130), et on reçoit sur un écran la lumière qui passe à travers le prisme. L'image du soleil RU n'est plus ronde et blanche comme elle l'était avant l'interposition du prisme, mais elle est fortement déviée de sa direction primitive, allongée et colorée des couleurs les plus vives. L'image qui résulte de cette décomposition de la lumière est appelée le *spectre solaire*. Ce spectre représente sept couleurs, qui sont le *rouge*, l'*orangé*, le *jaune*, le *vert*, le *bleu*, l'*indigo* et le *violet*. Ces couleurs s'offrent toujours dans l'ordre que nous venons de suivre, en partant du sommet du prisme, de manière que le violet se trouve être la couleur la plus déviée, le rouge celle qui l'est le moins.

5. Recomposition de la lumière. — La couleur blanche résulte du mélange de toutes les couleurs du spectre solaire. C'est ce qu'on prouverait en recomposant la lumière que l'on aurait décomposée par une expérience précédente.

On peut y parvenir de différentes manières.

D'abord, pour recomposer la lumière blanche, on peut mettre derrière le prisme une lentille convergente qui réunisse en un même point tous les rayons du spectre. A l'endroit où ces rayons se réunissent on voit reparaître, sur un carton, l'image du soleil telle qu'elle était avant l'interposition du prisme.

On arrive au même résultat par un moyen mécanique très-simple. On trace un cercle sur un disque ou un carton quelconque. On divise ce cercle en sept parties, et on colore chacune de ces parties en reproduisant dans leur ordre toutes les couleurs du spectre solaire. Si l'on fait tourner rapidement le carton, de manière que toutes ces couleurs se confondent à l'œil et semblent n'en faire qu'une seule, la différence des couleurs s'efface, et il semble qu'il n'y ait sur le carton qu'une seule couleur, la couleur blanche.

L'arc-en-ciel est un effet de la décomposition de la lumière solaire. Ce phénomène provient de la réfraction des rayons solaires dans un nuage qui fait alors l'office d'un prisme. Mais, pour observer ce phénomène, il faut qu'étant placé entre le soleil et le nuage, on ait le visage tourné vers celui-ci. On observe un effet analogue lorsqu'on regarde un jet d'eau et qu'on a le soleil derrière soi. La lumière se décompose à travers les gouttes d'eau à une certaine hauteur, et produit des nuances variées comme celles de l'arc-en ciel ou du spectre solaire.

Dans la Nature, la différence des couleurs que les corps reflètent provient aussi de la décomposition de la lumière blanche qu'ils reçoivent. Ils absorbent ou éteignent une partie des rayons et réfléchissent irrégulièrement l'autre partie. Ce sont ces rayons réfléchis qui nous les font voir de telle ou telle couleur. Ainsi un corps nous paraît jaune quand il éteint ou absorbe toutes les nuances du spectre solaire, à l'exception de la couleur jaune ; il nous paraît vert, quand il éteint tous les autres rayons, à l'exception de la couleur verte. Les corps blancs sont ceux qui ne font subir à la lumière aucune décomposition, ou qui n'en éteignent qu'une faible partie ; les corps gris ne font subir à la lumière aucune décomposition, mais ils en éteignent une partie assez considérable. Les corps noirs ne réfléchissent aucune partie de la lumière, ils absorbent ou éteignent toutes ces parties.

1. Qu'est-ce que la réfraction de la lumière ? Quels sont les faits qui prouvent la réfraction de la lumière en passant de l'air dans l'eau ? Quel effet produit la réfraction de la lumière dans l'atmosphère par rapport aux astres ?

2. Quelles sont les lois générales de la réfraction ? Qu'est-ce que le mirage ? Citez des effets dus à ce phénomène. Quelle est l'explication qu'on en donne ?

3. Qu'appelle-t-on lentilles ? Qu'est-ce qu'une lentille convergente ? De combien de sortes en distingue-t-on ? Qu'est-ce qu'une lentille divergente ? Indiquez les différentes espèces de lentilles divergentes.

4. Par qui la composition de la lumière solaire a-t-elle été reconnue pour la première fois ? Comment parvient-on à décomposer la lumière blanche du soleil ? Qu'est-ce que le spectre solaire ? De quelles nuances se compose-t-il ?

5. Comment recompose-t-on la lumière solaire ? Qu'est-ce qui produit l'arc-en-ciel ? D'où proviennent les couleurs ?

CHAPITRE III

DE QUELQUES INSTRUMENTS D'OPTIQUE.

1. **Microscopes.** — Les verres lenticulaires servent, comme nous l'avons dit, à composer les instruments d'optique. Le plus simple de ces instruments est la *loupe* ou le *microscope simple*. Cet appareil se compose uniquement d'une lentille convergente à foyer très-court, c'est-à-dire telle que la distance du foyer principal à la lentille soit très-faible. Cet instrument sert aux graveurs, aux hor-

logers, aux botanistes, et, en général, à toutes les
personnes qui veulent observer des objets qui par
leur petitesse échappent à l'œil nu. Il est monté de
différentes manières, suivant la diversité des usages
auxquels on le destine. Il suffit de regarder l'objet
au travers de la lentille, et, en cherchant un peu, on
arrive à trouver un point où on l'aperçoit très-am-
plifié.

Avec deux lentilles convergentes on peut obtenir
une image beaucoup plus amplifiée qu'avec une
seule. C'est ainsi que l'on forme un autre appareil
qui a un pouvoir grossissant beaucoup plus considérable que la loupe, et qu'on nomme *microscope com-*

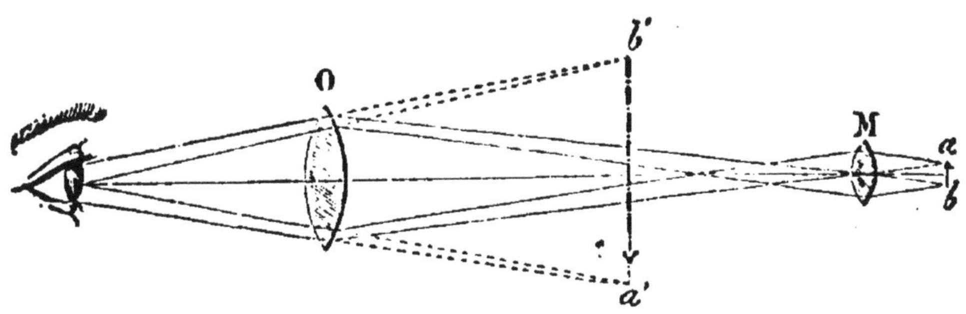

Fig. 131.

posé. Dans ce microscope (*fig.* 131), la lentille M, devant laquelle on place l'objet *ab* que l'on veut considérer, s'appelle l'*objectif;* elle est d'une faible ouverture, et donne de l'objet une image réelle et agrandie,
mais renversée. La seconde lentille O, qui est d'une
ouverture plus grande, se nomme l'*oculaire*, parce
que c'est derrière elle qu'est placé l'œil de l'observateur. Cette lentille fait, par rapport à l'image donnée par l'objectif, l'effet d'une loupe, c'est-à-dire

qu'elle grossit cette image, et en donne une image *a'b'* très-amplifiée. Le grossissement produit par un microscope composé est égal au produit des deux grossissements dus aux deux lentilles convergentes qui le constituent. Ainsi, en supposant que l'objectif représente l'objet 15 fois plus grand qu'il n'est en réalité et l'oculaire 10 fois, on verra l'objet 150 fois plus gros qu'il n'est réellement.

Le microscope a servi à découvrir tout un monde au-dessous de celui que nous considérons avec les organes que la nature nous a donnés. Les savants ont reconnu l'existence d'une foule d'êtres vivants, là où l'on croyait qu'il n'y avait qu'une goutte d'eau ou qu'un grain de poussière, et, selon la remarque de Fénelon, les richesses de la création se sont ainsi multipliées à l'infini à mesure que l'on a poussé plus loin ce genre d'étude.

2. Lunettes. — Les lunettes simples sont destinées à corriger les défauts de l'organe de la vue. Cet organe peut pécher de deux manières, suivant que la partie antérieure de l'œil (le cristallin) est trop ronde ou trop aplatie. Chez les vieillards, où l'âge dessèche les organes, le cristallin s'aplatit ordinairement, et recule derrière la rétine les images des objets. C'est pour ce motif qu'ils ne peuvent voir distinctement les choses qu'autant qu'il y a entre elles et l'œil une distance assez considérable. Ces vues, qu'on appelle *presbytes*, sont corrigées par des verres convexes, qui atténuent la divergence des rayons avant leur entrée dans l'œil.

Le *myopisme* est l'opposé du presbytisme. Chez les

myopes le cristallin est trop arrondi, et l'œil a un pouvoir réfringent trop considérable. Pour qu'ils voient les objets, il faut qu'ils soient très-rapprochés afin que les rayons lumineux se rencontrent sur la rétine. Ils ont besoin, pour remédier à cet inconvénient, de verres concaves divergents, qui forcent les rayons à se séparer davantage avant de pénétrer dans l'organe.

Quand on veut considérer des objets qui se trouvent à une certaine distance, on se sert de lunettes composées. La plus simple de toutes les lunettes composées est celle de Galilée, qu'on nomme aussi *lunette*

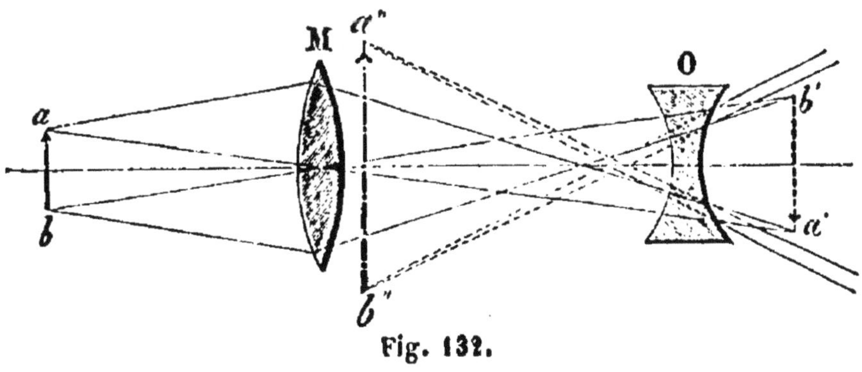

Fig. 132.

de spectacle. On distingue dans cette lunette, comme dans les microscopes composés, l'objectif et l'oculaire (*fig.* 132). Dans les lunettes de spectacle l'objectif est un verre convergent M, qui, s'il était seul, donnerait à l'œil une image *a'b'* renversée de l'objet. Mais l'oculaire est un verre divergent O, qui redresse l'image et la représente amplifiée en *a"b"*. Cette lunette a l'inconvénient de n'avoir que très-peu de *champ*, et de n'embrasser pour ce motif qu'un espace peu étendu. C'est pour cela qu'on la double, en mettant l'une à côté de l'autre deux lunettes, qui donnent une image dans chaque œil : cette lunette s'appelle *jumelles*.

La lunette astronomique se compose essentiellement de deux lentilles convergentes : c'est la lunette de la figure 133, moins les deux verres intermédiaires, l'objectif et l'oculaire. L'objectif a un foyer très-long et donne une image renversée et déjà amplifiée de l'objet éloigné que l'on considère. L'oculaire a au contraire un foyer très-court, et il remplit le rôle d'une loupe, au moyen de laquelle on regarde l'image fournie par l'objectif. Le grossissement des objets est d'autant plus grand que l'objectif a un foyer plus long et l'oculaire un foyer plus

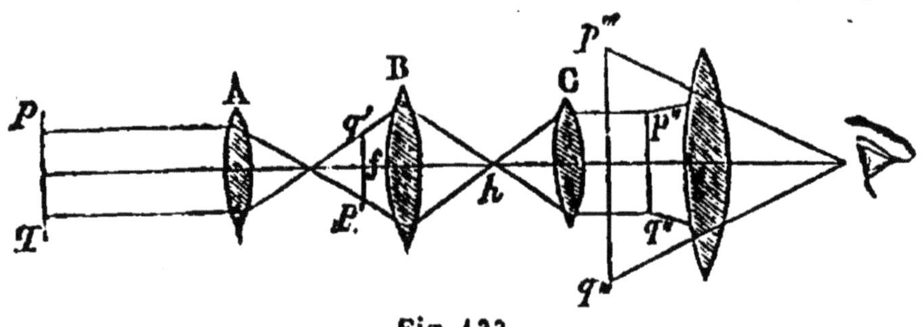

Fig. 123.

court. M. Lerebours a construit des objectifs qui donnent des images parfaitement nettes, avec un grossissement de 800 à 1000 ; ce dernier effet est le plus fort que l'on ait obtenu.

Les lunettes terrestres ou *longues-vues* (*fig.* 133) se composent de quatre lentilles convergentes. On en a ajouté deux de plus que dans la lunette astronomique pour redresser les images des objets. Ces lentilles sont disposées de manière que les deux premières,

A et B, aient leurs foyers au même point f; la troisième C doit avoir son foyer au point h, où se croisent les rayons après leur sortie de la seconde. La quatrième sert de loupe pour considérer l'image fournie par la troisième. Lorsque l'on considère un objet pq, il forme une première image renversée en $p'\,q'$; cette image, reproduite en $p''q''$ par les deux lentilles B et C, se trouve redressée, et on la regarde au moyen de l'oculaire qui l'amplifie.

3. Télescopes. — Les télescopes sont destinés, comme les lunettes astronomiques, à l'examen des objets placés à de grandes distances. Ces instruments sont composés de miroirs métalliques concaves disposés de manière à former, par la réflexion de la lumière, des images réelles, qu'on regarde au moyen d'une loupe.

Le grand télescope d'Herschell n'avait qu'un seul miroir courbe, dont la distance focale était de quarante pieds. Celui de Grégori, qui est le plus employé, se compose d'un miroir concave percé en son milieu d'une ouverture, et d'un petit miroir concave placé au delà du foyer principal du premier miroir, à une distance un peu plus grande que sa distance focale. Les objets éloignés donnent d'abord sur le premier miroir une image renversée ; cette image se réfléchit ensuite sur le petit miroir, qui la reproduit redressée et agrandie. C'est cette image que l'on regarde au moyen de l'oculaire, qui fait la fonction d'une loupe, et qui a la propriété de l'amplifier.

Les télescopes sont aujourd'hui presque généralement abandonnés, parce que leurs miroirs sont trop difficiles à construire, et qu'ils doivent avoir de très-grandes dimensions pour compenser la perte de lumière qui a toujours lieu dans la réflexion. C'est pour cela qu'on leur préfère les lunettes astronomiques. Néanmoins, une découverte récente permettant d'obtenir à peu de frais des miroirs en verre argenté de grande dimension, il y a tout lieu de croire que ces puissants instruments seront de nou-

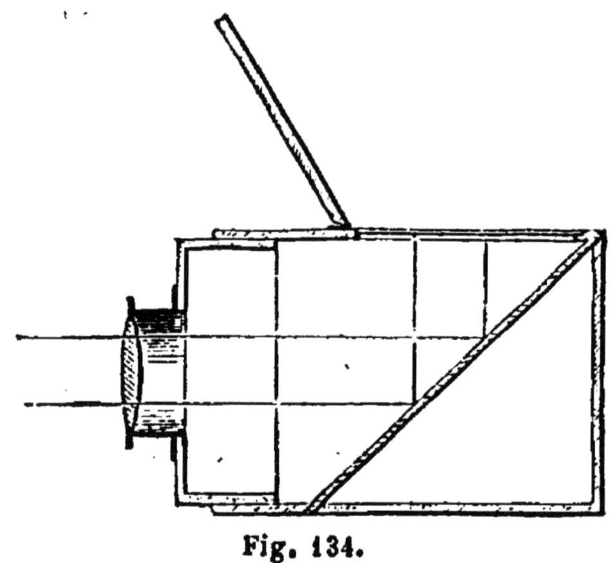

Fig. 134.

veau employés généralement dans l'étude de l'astronomie.

4. Chambre noire. — On appelle *chambre noire* ou *chambre obscure* un appareil portatif (*fig.* 134) destiné à reproduire sur un tableau l'image réduite d'un paysage, d'un édifice ou d'un objet quelconque. Cet appareil se compose ordinairement de deux caisses rectangulaires en bois, qui s'emboîtent l'une dans l'autre, et constituent une caisse qu'on peut allonger ou raccourcir à volonté. Le fond de la chambre est fermé par un verre dépoli, ses parois intérieures sont entièrement noires (pour empêcher la réflexion de la lumière), et la paroi antérieure est munie d'une lentille convergente. Les rayons lumineux qui partent d'un objet peignent au fond de la caisse, sur le verre dépoli, l'image renversée de cet objet. Si l'on veut redresser l'image, il suffit de recevoir les rayons réfractés sur un miroir plan incliné de 45°. Les images, au lieu de se reproduire sur le fond de la chambre noire, sont reçues sur un écran ou sur un verre dépoli formant la paroi qui fait face au miroir : elles s'y peignent redressées.

5. **Daguerréotype. — Photographie.** — On a longtemps cherché le moyen de fixer ces images représentées avec tant de netteté dans la chambre noire. On n'y est parvenu qu'en 1839, et c'est à Niepce, puis à Daguerre, qu'est due cette belle découverte. L'instrument qui sert à reproduire les images des objets au moyen de la lumière est le *daguerréotype*, ainsi appelé du nom de son inventeur. L'art de reproduire ces images a reçu le nom de *photographie*. On peut les fixer sur des plaques métalliques, sur du papier ou sur du verre.

Pour obtenir une image sur une plaque de cuivre argenté, il faut d'abord la polir avec beaucoup de soin, puis soumettre la face argentée à l'action de l'iode et du bromure d'iode. Ainsi recouverte d'un composé de brôme, d'iode et d'argent, on la place dans la chambre noire, qu'on a dû tourner préalablement vers l'objet dont on veut avoir l'image. On soumet ensuite la plaque à l'action des rayons lumineux qui viennent de l'objet qu'il s'agit de représenter, et, après deux ou trois secondes par un beau temps, et huit ou dix secondes par un temps couvert, l'opération est terminée.

Cependant aucune image n'apparaît encore, et si on laissait la plaque au jour, la lumière détruirait l'effet produit et ferait disparaître l'impression produite par la lumière. Pour développer et fixer l'image, on soumet la plaque à des vapeurs de mercure, qui se combinent avec l'argent dans tous les endroits où la lumière a détruit le composé de bromure d'argent et d'iode, et forment ainsi les blancs de l'image. On plonge ensuite la plaque dans une dissolution d'hyposulfite de soude, pour faire disparaître la teinte violette que lui a donnée l'iode, et enlever le corps sensible à la lumière qui la recouvre encore. On verse ensuite sur l'image une solution de chlorure d'or, que l'on chauffe légèrement, ce qui recouvre la plaque d'une mince couche d'or, et donne du ton et de la fixité à l'image.

Les images fixées sur des plaques métalliques ont l'inconvénient de produire un miroitement désagréable. Il n'en est pas de même des images sur papier. Pour photographier sur papier, on remplace, dans le daguerréotype, la plaque de métal par du papier enduit d'iodure d'argent et comprimé entre deux lames de verre. On expose à la lumière ce papier ainsi argenté, et lorsque la décomposition de l'iodure d'argent est complète (quoique l'image ne soit pas visible), on plonge le papier dans une dissolution d'acide gallique dont on élève la température. Cet acide forme avec l'iodure, un autre sel, le gallate d'argent, qui est noir, et on obtient ainsi une image *négative*, c'est-à-dire telle que les ombres sont remplacées par les clairs et réciproquement. Pour rendre cette image *positive*, en remettant les ombres et les clairs à leur place naturelle, il suffit d'imprégner de chlorure d'argent une nouvelle feuille de papier, que l'on place sur l'image négative, de les serrer toutes les deux entre deux lames de verre, et d'exposer l'image négative à l'action de la lumière. On fixe ensuite l'image positive en lavant le papier dans une solution d'hyposulfite de soude.

Dans la photographie sur verre l'image négative s'obtient d'abord sur une lame de verre que l'on a enduite d'une couche d'albumine (blanc d'œuf) ou de collodion (coton-poudre dissous dans l'éther) tenant en dissolution un pour cent d'iodure de potassium, et qu'on a ensuite plongée pendant une minute dans une solution d'azotate d'argent et d'acide acétique cristallisable. On obtient ensuite des images positives très-belles sur papier imprégné de chlorure de sodium et d'azotate d'argent.

6. Lanterne magique et fantasmagorie. — La lanterne magique, si connue des enfants, est un appareil destiné à donner de certains objets des images d'assez grande dimension. Il consiste dans une boîte de fer-blanc (*fig.* 135) dans laquelle sont enfermés une lampe et un miroir ou réflecteur. La lumière de la

lampe est réfléchie par ce miroir, et éclaire une plaque de verre sur laquelle divers sujets sont peints,
puis traverse une lentille convergente, qui concentre
tous les rayons lumineux, et va peindre sur un grand

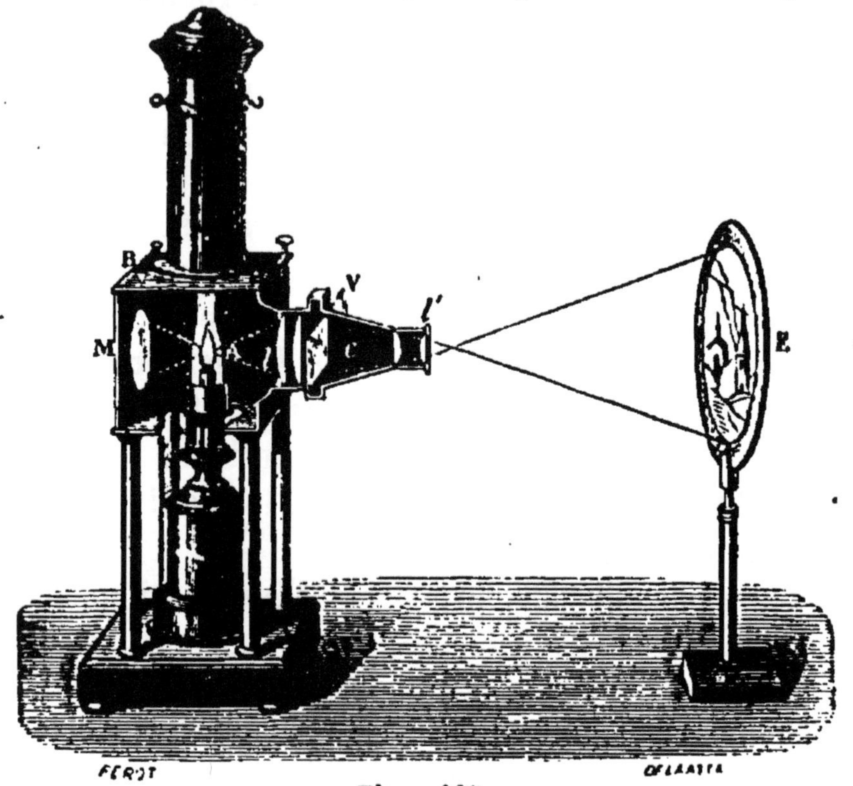

Fig. 135.

écran placé extérieurement et assez loin une image
amplifiée des dessins. Pour que l'expérience réussisse, il faut que les spectateurs soient dans une
chambre parfaitement obscure, et comme ces appareils donnent toujours une image renversée des
objets, il faut avoir soin de renverser les dessins pour
que les images paraissent droites et dans une attitude naturelle.

La fantasmagorie, dont on donne parfois de grands

spectacles, n'est pas autre chose que l'effet d'une lanterne magique portée par un petit chariot mobile destiné à faire varier les distances de l'objet à l'écran qui reçoit l'image ; celle-ci est très-petite quand l'objet est très-près de l'écran, et elle s'agrandit à mesure que le chariot s'en éloigne. L'écran étant une pièce de taffetas gommé ou de toile enduite de cire derrière laquelle l'appareil est caché, le spectateur placé devant, dans une obscurité complète, croit que l'objet s'avance ou s'éloigne, suivant que l'image grandit ou se rapetisse. L'illusion serait encore plus grande si l'on avait soin de varier la clarté de la lumière de façon à ce qu'elle fût plus faible à mesure que l'objet semble s'éloigner davantage.

QUESTIONNAIRE.

1. Qu'est-ce que la loupe ? Quel usage fait-on de cet instrument ? Qu'est-ce qui constitue le microscope composé ? Qu'est-ce que l'objectif ? — l'oculaire ? Quelle est la puissance de cet instrument ? Quelles découvertes a-t-il fait faire ?

2. A quoi servent les lunettes ? Qu'appelle-t-on vue presbyte ? — vue myope ? Comment corrige-t-on le défaut de ces deux sortes de vues ? Comment sont composées les lunettes de spectacle ? Quel est leur inconvénient ? Comment sont construites les lunettes astronomiques?—les longues-vues?

3. A quoi sont destinés les télescopes ? De quoi sont formés ces instruments ? Pourquoi sont-ils aujourd'hui généralement abandonnés ?

4. Qu'appelle-t-on chambre noire ? Quel usage en fait-on ? Comment les images s'y forment-elles ?

5. Qu'est-ce que le daguerréotype ? En quoi consiste la photographie ? Quelles sont les opérations nécessaires pour reproduire les images sur des plaques métalliques ? Par quel moyen fixe-t-on ces images ? Comment parvient-on à photographier sur papier ? — sur verre ?

6. De quoi se compose la lanterne magique ? Quels effets produit-elle ? Qu'est-ce que la fantasmagorie? D'où proviennent les illusions qu'elle produit ?

ÉLÉMENTS DE CHIMIE

CHAPITRE PREMIER.

DES CORPS EN GÉNÉRAL.

1. Objet de la chimie. — La chimie est la partie des sciences naturelles qui a pour but l'étude de la composition des corps, et des divers phénomènes auxquels ils donnent naissance par leur action les uns sur les autres.

2. Des corps. — Au point de vue chimique, tous les corps peuvent se partager en deux grandes classes, les *corps simples* et les *corps composés*.

Les *corps simples* sont ceux qui ne contiennent qu'une seule espèce de matière, tels sont le fer, l'or, le soufre ; quelque mode de décomposition qu'on leur fasse subir, on n'y reconnaît jamais que du fer, de l'or ou du soufre.

Les *corps composés* sont ceux qui renferment plusieurs espèces différentes de matière ; tel est le marbre, où l'on peut reconnaître la présence simultanée de l'oxygène, du carbone et du calcium.

3. Corps simples. On connaît aujourd'hui 65 corps simples qui, en s'unissant deux à deux, trois à trois, etc., donnent naissance à tous les corps que rencontre dans l'univers. On les divise eux-mêmes en deux groupes, les *métalloïdes* et les *métaux*.

Les *métalloïdes* sont ceux qui ne présentent point l'éclat métallique, c'est-à-dire cet aspect spécial et inimitable du fer, de l'or purs et polis.

Les *métaux* sont ceux d'entre les corps simples qui, offrant cet éclat, ressemblent plus ou moins à ce qu'en langage vulgaire on appelle un métal. Voici le tableau des 65 corps simples avec l'abrévation à l'aide de laquelle on les représente en chimie.

MÉTALLOIDES.

Arsenic	As	Chlore	Cl	Phosphore	Ph
Azote	Az	Fluor	Fl	Sélénium	Se
Bore	Bo	Hydrogène	H	Silicium	Si
Brôme	Br	Iode	I	Soufre	S
Carbone	C	Oxygène	O	Tellure	Te

MÉTAUX.

Aluminium	Al	Ilmenium	Il	Rhodium	Rh
Antimoine	Sb	Iridium	Ir	Rubidium	Rh
Argent	Ag	Lanthane	La	Ruthénium	Ru
Barium	Ba	Lithium	Li	Sodium	Na
Bismuth	Bi	Magnésium	Mg	Strontium	St
Cadmium	Cd	Manganèse	Mn	Tantale	Ta
Calcium	Ca	Mercure	Hg	Terbium	Te
Cerium	Ce	Molybdène	Mo	Thallium	Tl
Chrôme	Cr	Nickel	Ni	Thorium	Th
Cobalt	Co	Niobium	Nb	Titane	T
Casium	Cs	Or	Au	Tungstène	W
Cuivre	Cu	Osmium	Os	Uranium	U
Didyme	Di	Palladium	Pd	Vanadium	Vu
Erbium	Er	Pelopium	Pp	Yttrium	Y
Étain	Sn	Platine	Pt	Zinc	Zn
Fer	Fe	Plomb	Pb	Zirconium	Zr
Glucinium	Gl	Potassium	K		

4. Corps composés. — Les *corps composés* résultent de la combinaison des corps simples entre eux. Cette combinaison se fait sous l'influence de l'*affinité chimique*, que l'on peut définir « une force attractive qui fait que, deux atomes de nature différente étant mis en présence, ils se réunissent immédiatement pour ne plus former qu'un atome de corps composé. » Ainsi, si l'on fait fondre ensemble du soufre et du fer, chaque atome de l'un s'unit aussitôt à chaque atome de l'autre, et il en résulte un nouveau corps, nommé *sulfure de fer*, qui ne ressemble en rien ni au soufre ni au fer, et qui a des propriétés toutes différentes et toutes nouvelles.

Parmi les corps composés, en nombre infini, que la chimie étudie, nous limiterons notre examen aux principaux corps, à ceux que signalent surtout leur utilité et leur emploi journalier. On peut les ranger en cinq classes, qui sont :

1° Les *acides*. On désigne sous ce nom des composés de deux corps simples, dont un est toujours l'oxygène (seul, l'acide chlorhydrique, parmi ceux que nous étudions, fait exception à cette règle). On les reconnaît à leur saveur aigre et piquante, et à leur propriété de rendre rouge instantanément la teinture bleue connue sous le nom de *teinture de tournesol.*

2° Les *oxydes* ou *bases*. On désigne sous ce nom les composés de deux corps simples (dont un est toujours l'oxygène), qui n'ont pas la saveur acide, ne rougissent pas la teinture de tournesol, mais au contraire ramènent au bleu cette teinture, lorsqu'elle a été rougie par un acide.

3° Les *composés binaires* ou *corps neutres*. Ce sont les composés de deux corps simples quelconques. On dit qu'ils sont neutres lorsqu'ils n'ont sur la teinture de tournesol aucune des actions qui caractérisent les acides et les oxydes.

4° Les *sels*. On désigne sous ce nom tout corps composé résultant de la combinaison d'un acide et d'un oxyde. L'oxygène étant un élément commun à l'acide et à l'oxyde, on voit qu'un sel est composé de trois corps simples, dont un est toujours l'oxygène.

5° Les *substances organiques*. On désigne sous cette appellation vague les divers corps en général, acides, oxydes ou sels, que l'on trouve tout formés dans les végétaux et dans les animaux, ou qui en prennent naissance dans certaines circonstances.

Ces notions préliminaires bien comprises, nous allons passer à l'étude des principaux corps simples, en faisant connaître, pour chacun d'eux, ses usages, ses applications utiles, et les principaux corps composés auxquels il donne naissance.

QUESTIONNAIRE.

1. Qu'est-ce que la chimie?

2 et 3. Qu'entend-on par corps simple, par corps composé? Combien y a-t-il de corps simples? Qu'est-ce que les métalloïdes, les métaux? A quel caractère les reconnaît-on?

4. Qu'est-ce que l'affinité chimique? Qu'est-ce qu'un acide, un oxyde, un corps neutre? Quels sont leurs caractères distinctifs? Qu'est-ce qu'un sel? Qu'entend-on par le mot de substance organique?

CHAPITRE II.

DES MÉTALLOIDES.

1. Éléments constituants de l'air. 1° *Oxygène.* — De tous les corps simples c'est le plus répandu dans la nature, car il est un des éléments constituants de l'air et de l'eau. L'oxygène est un gaz, sans saveur, sans couleur et sans odeur ; c'est l'élément indispensable de la respiration et de la combustion. En effet, la combustion, c'est-à-dire le phénomène que l'on désigne vulgairement sous le nom de *feu*, n'est que la combinaison rapide d'un corps avec l'oxygène, combinaison qui s'effectue avec dégagement de chaleur et de lumière. Le phénomène de la respiration, acte indispensable à la vie des animaux, est analogue à la combustion, sauf qu'il est moins actif et ne donne pas de lumière ; mais il produit de la chaleur, car c'est lui qui entretient le corps d'un animal à sa température normale, et il consiste dans la combinaison de l'oxygène de l'air avec le carbone du sang.

L'oxygène se différencie aisément de tous les autres gaz en ce que, non-seulement il active vivement la combustion des corps enflammés que l'on y plonge, mais, en outre, en ce qu'il rallume subitement ceux qui sont prêts à s'éteindre. Ainsi, en plongeant dans un vase plein d'oxygène une allumette qui ne présente plus qu'une faible étincelle de feu, on la voit se rallumer aussitôt et brûler avec une vive lumière. Dans ce même vase on peut aussi faire brûler, aussi aisément que le bois à l'air, des corps considérés comme incombustibles, le fer, le cuivre, etc.

L'oxygène fut découvert en 1774 par Priestley. On le prépare en décomposant par divers procédés les corps qui en contiennent une grande quantité; tels sont le bioxyde de manganèse, qui, chauffé au rouge, laisse échapper une partie de l'oxygène qu'il contient; et le chlorate de potasse, qui par la chaleur donne aussi un dégagement abondant d'oxygène.

Nous donnons, dans la figure 136 la préparation de ce gaz.

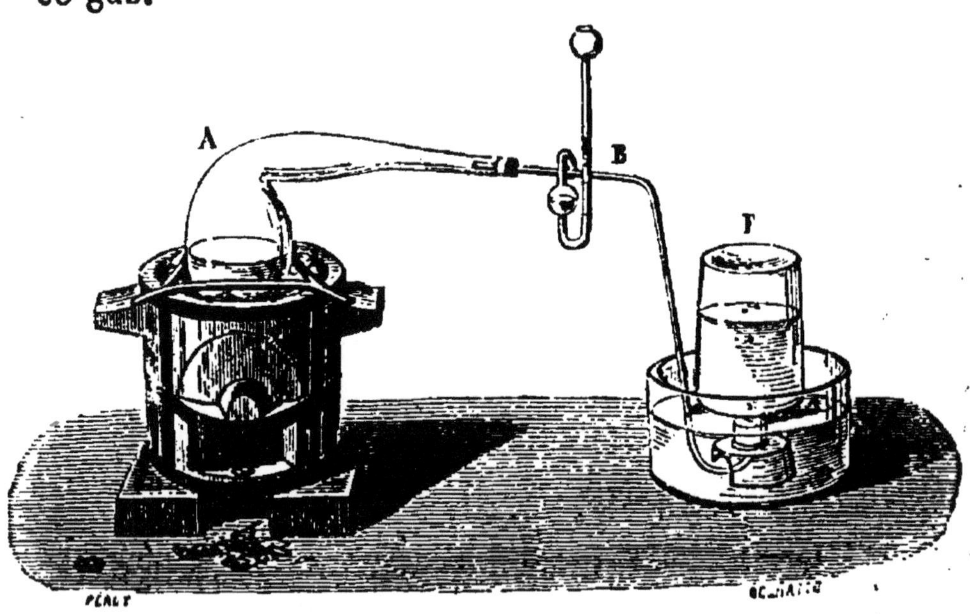

Fig. 136.

Chauffé dans la cornue A, le chlorate de potasse fond et se décompose en donnant de l'oxygène qui, par le tube B, se rend en F où il est recueilli sur une cuve à eau, dans le vase F.

Si l'on pouvait préparer l'oxygène économique-
ment et en grande quantité, ce gaz serait d'une immense utilité dans l'industrie; malheureusement
le procédé est encore à chercher, et, pour activer la
combustion dans les foyers, les fourneaux, etc., on
supplée à l'impossibilité de se procurer ce gaz à
l'état pur, en faisant passer une plus grande quantité d'air sur le combustible, car c'est à l'oxygène que
l'air doit sa propriété de faire brûler.

Si l'oxygène est utile, il est souvent nuisible; il est la
cause première de l'altération des métaux au contact
de l'air, de la putréfaction des matières organiques.
Aussi doit-on, pour conserver ces matières, les placer
dans des vases complétement remplis et hermétiquement bouchés.

2. Éléments constituants de l'air. 2° *Azote.* —
L'azote est un des éléments de l'air atmosphérique;
il n'a ni couleur, ni saveur, ni odeur; il est impropre
à la combustion et à la respiration; tout corps enflammé plongé dans l'azote s'y éteint aussitôt, et tout
animal qui ne respire que de l'azote pur est asphyxié.

Ce gaz fut découvert, en 1772, par Rutherford.
On le prépare en enlevant à l'air atmosphérique
l'oxygène qu'il contient, c'est-à-dire, en faisant brûler dans un vase plein d'air et complétement fermé
(*fig.* 137) un corps combustible quelconque, le phosphore par exemple; le gaz qui reste, quand le phosphore cesse de brûler, est de l'azote, mais très-impur.

**3. Air atmosphérique. Expérience de La-
voisier.** — L'air atmosphérique, au milieu duquel
nous vivons, est un mélange de 21 parties d'oxy-

gène et de 79 d'azote ; sa composition réelle, longtemps inconnue, fut démontrée par Lavoisier.

Fig. 137.

Lavoisier, ayant versé du mercure dans une cornue
chauffée, adapta le col de cette cornue à une cloche
graduée sur une cuve à mercure. Il avait préalablement mesuré l'air contenu dans cette cloche. Il
chauffa la cornue pendant plusieurs jours.

Le deuxième jour, il constata que la surface du
mercure se recouvrait de pellicules rougeâtres dont
la proportion augmenta peu à peu ; en même temps
que le mercure montait dans la cloche, et que dimi-
nuait le volume d'air soumis à l'expérience. Enfin,
le cinquième jour, Lavoisier, ne voyant plus de parcelles métalliques se former à la surface du mercure,

laissa l'appareil se refroidir. Ayant mesuré le volume d'air de la cloche, il trouva qu'il avait diminué d'un cinquième et que cet air était impropre à la combustion et à la respiration. Lavoisier recueillit ensuite toutes les pellicules mercurielles qui s'étaient formées, et, les ayant à leur tour chauffées dans une autre cornue, il recueillit sur la cuve à mercure un nouveau gaz. Il le mesura et constata que son volume représentait celui de l'air absorbé; quant à ses propriétés, elles différaient, il est vrai, de celles de l'air, mais ce gaz rallumait les corps en combustion.

De cette double expérience Lavoisier conclut que l'air est un mélange de deux gaz, l'azote et l'oxygène; le premier est impropre à la combustion et à la respiration, tandis que le second possède au contraire ces deux qualités. Depuis Lavoisier on a fait de nombreuses analyses de l'air, dans divers pays, à diverses hauteurs, et l'on a reconnu que l'air a partout la même composition, en tenant compte, bien entendu, des circonstances locales qui peuvent en modifier momentanément et dans une faible étendue la composition.

Outre les 21 parties d'oxygène et les 79 parties d'azote, l'air renferme encore quelques millièmes d'acide carbonique, et une quantité variable de vapeur d'eau.

4. Éléments constituants de l'eau. Hydrogène. — L'hydrogène est un gaz très-répandu dans la nature, mais non à l'état libre; il est un des éléments constituants de l'eau, ainsi que de toutes les matières organiques, animales et végétales. C'est un gaz incolore, sans saveur ni odeur lorsqu'il est pur ; c'est le plus léger de tous les corps connus, car il pèse 14 fois 1/2 moins que l'air ; sa densité, celle de l'air étant prise pour unité, est représentée par 0,069. L'hydrogène est impropre à la respiration et produit l'asphyxie. Il est également im-

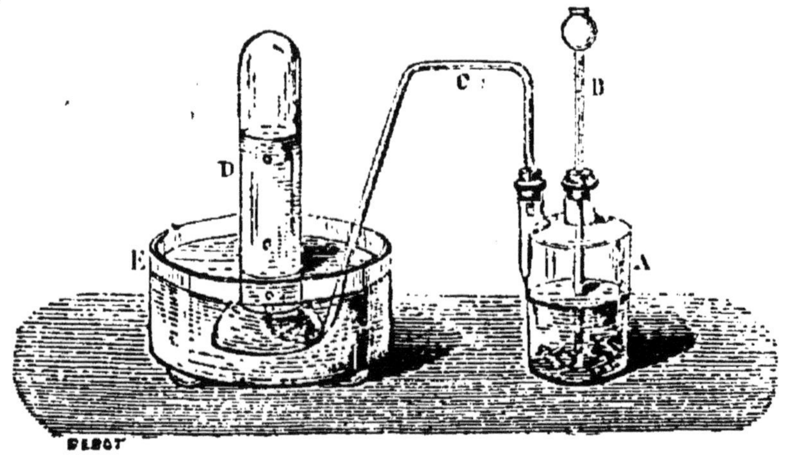

Fig. 138.

propre à la combustion ; tout corps enflammé que l'on plonge dans un vase plein d'hydrogène s'y éteint aussitôt. Si l'on fait cette expérience au contact de l'air, au moment où le corps enflammé pénètre dans l'hydrogène, celui-ci s'enflamme et brûle avec une flamme bleue très-pâle, mais très-chaude, et le résultat de la combustion de l'hydrogène, c'est-à-dire de sa combinaison avec l'oxygène de l'air, donne de l'eau, qui se dépose en gouttelettes sur les corps froids voisins de la flamme. Cette combinaison peut même se produire avec une explosion dangereuse, si l'on enflamme un mélange préalablement formé d'air et d'hydrogène ; c'est ce mélange explosif que l'on emploie dans l'expérience du pistolet de Volta. (Voy. *fig.* 94 page 231.)

On prépare l'hydrogène en l'extrayant de l'eau.

Pour cela, on introduit dans le vase A (*fig.* 138) muni de son entourage D, et d'un tube de dégagement C de petits morceaux de zinc, et l'on remplit ensuite à moitié ce vase en y versant de l'eau aiguisée d'acide sulfurique : il se produit alors une décomposition : l'oxygène de l'eau se porte sur le zinc, pour former avec l'acide sulfurique une certaine quantité de sulfate de zinc ; quant à l'hydrogène de l'eau, il se rend dans l'éprouvette où on le recueille. On peut également décomposer l'hydrogène en faisant passer de la vapeur d'eau dans un tube rempli de fils de fer chauffés au rouge ; l'eau est alors décomposée en ses deux éléments, oxygène et hydrogène : l'oxygène se fixe sur le fer, et l'hydrogène s'échappe seul et peut être recueilli.

La grande légèreté de l'hydrogène le fait employer avec avantage pour gonfler les ballons ; encore même n'emploie-t-on pas pour cet usage l'hydrogène pur, on se contente de l'hydrogène très-impur préparé pour l'éclairage, et qui s'extrait de la houille.

La houille, en effet, a une origine végétale ; elle se compose de débris de végétaux antédiluviens, dont la substance a subi une transformation qui les rapproche de la nature des minéraux, mais qui contiennent encore une grande quantité d'hydrogène, uni à du carbone et à d'autres substances. On enferme la houille dans de grandes caisses en fonte ou *cornues* bien fermées, et portant chacune un tuyau, qui se rend dans un grand cylindre nommé *barillet*. Ces cornues sont chauffées au rouge; la houille se décompose : le charbon et les autres matières minérales qu'elle renferme restent dans la cornue, et forment le combustible connu sous le

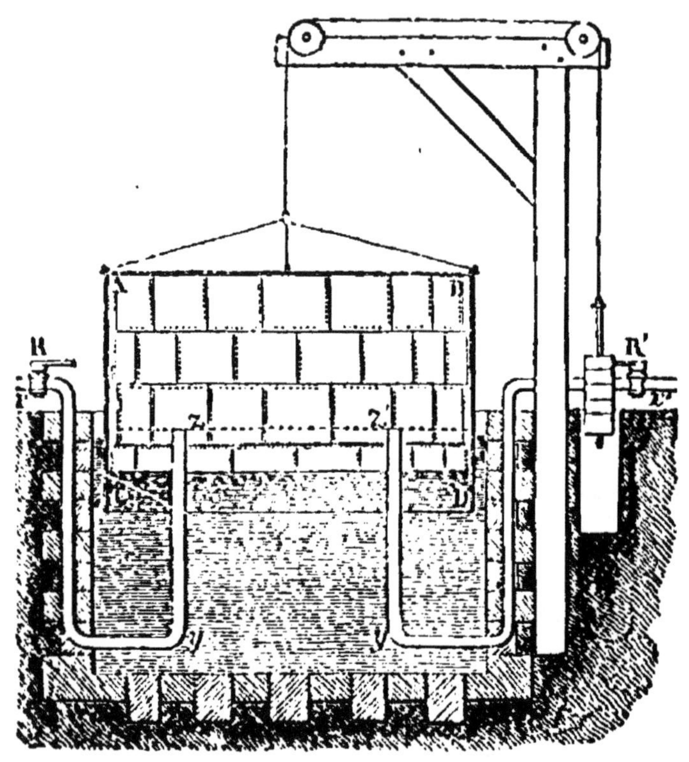

Fig. 139.

nom de *coke*; quant à l'hydrogène, il s'échappe très-impur, par le tuyau, va dans le barillet, où il subit un lavage à l'eau; de là dans des caisses où il passe sur des morceaux de chaux qui le purifient; enfin il est recueilli dans une vaste cloche en tôle nommée *gazomètre* (*fig.* 139), où il est emmagasiné pour la consommation.

Nous avons dit que la flamme produite par la combustion de l'hydrogène est très-chaude; elle suffit,
en effet, pour fondre
les corps les plus
réfractaires. On uti-
lise cette propriété
pour la construction
d'un appareil nom-
mé *chalumeau à gaz.*
Cet instrument con-
siste en deux réci-
pients contenant sé-
parément, l'un de
l'oxygène, l'autre de
l'hydrogène; deux tu-
yaux, qui en partent,
se réunissent seule-
ment à leur extré-
mité commune, gar-
nie d'un bec effilé
en métal, de sorte
qu'en chassant si-

Fig. 140.

multanément les deux gaz, ils ne se mélangent qu'à
leur sortie, ce qui évite tout danger d'explosion ; si
l'on enflamme alors le jet de gaz, on obtient une
flamme presque invisible, mais à la chaleur de laquelle aucun corps ne résiste. Cet appareil peut être
d'une grande utilité dans l'industrie; toutefois il faut
beaucoup de prudence dans son emploi.

5. De l'eau. Sa composition. — Nous avons dit
que l'oxygène et l'hydrogène sont les éléments cons-

tilutifs de l'eau. La composition de ce liquide, si abondant dans la nature, resta longtemps inconnue. Ce fut Priestley qui, en 1780, constata le premier que l'hydrogène, en brûlant, produisait de la vapeur d'eau. Depuis, de nombreuses expériences, fréquemment répétées, ont confirmé ce résultat, et il est reconnu aujourd'hui que l'eau se compose de deux volumes d'hydrogène et d'un volume d'oxygène ; ou, en poids, de huit parties d'oxygène et d'une d'hydrogène.

En 1800, les physiciens Carlisle et Nicholson décomposèrent l'eau au moyen de la pile. Pour cela, ils firent usage d'un appareil très-simple, qui a été nommé *voltamètre* (voy. page 251, *fig.* 106). Il se compose d'un verre ordinaire dans lequel on a soudé deux fils de platine indépendants l'un de l'autre et qui, à l'extérieur du vase, sont réunis à deux fils de cuivre ou électrodes communiquant aux réhophores d'une pile.

Si dans ce vase on verse de l'eau acidulée, et si l'on fait fonctionner la pile, on ne tarde pas à voir les bulles de gaz déplacer l'eau. Veut-on les recueillir ? Il ne reste qu'à placer au-dessus des fils deux tubes fermés à leur extrémité supérieure (*fig.* 106).

Ces gaz recueillis, on observe que celui qui s'est rendu au pôle positif de la pile est propre à la combustion, c'est l'oxygène. L'autre au contraire est un gaz inflammable, c'est l'hydrogène.

6. **Des eaux potables.** — L'eau, nous le savons, se présente dans la nature sous les trois états : *solide*, *liquide* et *gazeux* ; pure, elle est incolore, inodore et

a peu de saveur. L'eau que nous rencontrons dans la nature n'est jamais pure, elle tient toujours en dissolution diverses substances et, en premier lieu, une certaine quantité d'air, grâce auquel les animaux aquatiques peuvent y respirer. Si l'on fait chauffer de l'eau vers 75°, c'est-à-dire bien avant que la vapeur se forme, puisque l'eau ne bout que vers 100°, on voit se former et s'échapper de toutes parts des bulles de gaz qui, recueillies, sont aisément reconnues pour être de l'air. Si maintenant, dans cette eau privée d'air, on met un poisson, l'animal meurt promptement, faute de pouvoir respirer. L'air dissous dans l'eau est aussi nécessaire pour que l'eau soit bonne à boire; sans cela elle est lourde, indigeste, et peut donner lieu à de graves maladies. Il est donc bon de se méfier des eaux de source, et de n'en boire qu'après qu'elles ont fait un assez long séjour à l'air pour en avoir absorbé une suffisante quantité. On peut du reste activer cette absorption en battant l'eau pendant quelque temps, ou en la vidant à plusieurs reprises, et d'une certaine hauteur, d'un vase dans un autre.

L'eau que l'on trouve à la surface de la terre n'est jamais pure ; outre l'air, elle tient encore en dissolution diverses substances minérales et salines, dont on ne peut la débarrasser que par la distillation dans un alambic. Mais, bien loin d'être toutes nuisibles, certaines de ces substances étrangères sont au contraire nécessaires à la santé de l'homme et des animaux qui font usage de l'eau comme boisson. Au point de vue de l'hygiène, on doit donc diviser les eaux en eaux potables, et en eaux insalubres.

Une expérience très-simple suffit pour reconnaître de suite si une eau est potable ou insalubre. Il suffit d'avoir préparé à l'avance une dissolution de bois de campêche dans l'alcool, et une dissolution de savon dans l'alcool. En versant quelques gouttes de chaque dissolution dans l'eau à essayer, si elle est potable, la première dissolution donne une légère teinture bleu-améthyste, la seconde produit seulement un léger trouble blanchâtre. Si l'eau est insalubre, et ne doit point servir comme boisson, la première dissolution donne une couleur violette intense, la seconde donne des grumeaux blancs très-distincts.

Souvent aussi l'eau tient en suspension des matières organiques qui la rendent très-insalubre. On peut dans ce cas la purifier, à peu près suffisamment, en la filtrant sur du charbon animal, ou, à défaut de cette substance, au travers de braise de boulanger; le mieux est encore de s'abstenir de ces eaux autant que possible.

7. Combinaison de l'azote avec l'hydrogène. — *Ammoniaque.* Outre un acide, que nous étudierons plus tard, un des composés principaux de l'azote est l'ammoniaque, résultat de la combinaison de l'azote avec l'hydrogène. L'ammoniaque est un gaz sans couleur, d'une odeur piquante, qui suffoque et provoque les larmes; il a une saveur âcre et brûlante; il est si soluble dans l'eau, que 1 litre d'eau dissout 1000 litres d'ammoniaque; c'est cette solution que l'on vend dans le commerce sous le nom d'alcali volatil. Il est impropre à entretenir la combustion, et ne brûle pas lui-même; une bougie s'y éteint de suite sans l'enflammer. On le prépare en chauffant ensemble du chlorhydrate d'ammoniaque, ou de l'ammoniaque du commerce et de la chaux.

L'ammoniaque se produit aussi naturellement, par la putréfaction des substances organiques: c'est ainsi qu'elle se dégage des lieux d'aisances mal entretenus.

La solution d'ammoniaque ou alcali volatil, est très-employée dans l'industrie, et peut être utilisée pour enlever les taches de graisse, et surtout pour guérir les piqûres des animaux venimeux, tels que les serpents, les guêpes, etc. ; en en versant quelques gouttes dans la blessure, le virus vénéneux est détruit. Il est aussi très-bon d'en faire usage pour laver la morsure faite par un chien enragé, mais seulement pour aider à l'effet de la cautérisation, toujours indispensable en pareil cas. Enfin, deux ou trois gouttes versées dans un verre d'eau sucrée dissipent en peu de temps les effets de l'ivresse; toutefois il faut une grande prudence dans l'emploi de ce moyen.

8. Phosphore. — Le phosphore fut découvert en 1669 par Brandt. C'est un corps solide, jaunâtre, transparent lorsqu'il est pur, flexible, répandant une odeur forte, analogue à celle de l'ail; il fond à 44°. Il s'enflamme avec la plus grande facilité, et est très-difficile à éteindre, ce qui en rend le maniement dangereux; aussi doit-on toujours le conserver et le manier sous l'eau. Dans l'obscurité il répand des vapeurs lumineuses. Le phosphore est de plus un dangereux poison.

On extrait le phosphore des os des animaux, formés en majeure partie de phosphate de chaux. Pour cela, on réduit les os en bouillie, en les traitant par l'acide sulfurique, qui enlève déjà une grande partie de la chaux qu'ils contiennent ; on distille le résidu mélangé à du charbon dans des cornues de grès, et le phosphore s'échappe à l'état de vapeur, que l'on condense dans un réfrigérant.

Le phosphore est spécialement employé à la fabrication des allumettes chimiques. Pour les allumettes ordinaires, le bout soufré est trempé dans une pâte formée d'un mélange de phosphore, de sable et d'une matière colorante. Ces allumettes s'allument directement par le frottement. Aujourd'hui on en fabrique d'autres avec le phosphore dit rouge ou *amorphe*, bien moins inflammable et non vénéneux. Ces allumettes ne peuvent s'enflammer que sur un papier préparé à cet effet, et recouvert d'un mélange de sable et de matière colorante. C'est là une heureuse innovation qui, tout en laissant aux allumettes ordinaires leur grande commodité, évite les nombreux malheurs, incendies ou empoisonnements, dont elles ont souvent été la cause. On ne saurait donc trop propager l'usage des allumettes au phosphore rouge, partout surtout où il y a des enfants et où l'on garde des matières inflammables.

9. **Soufre.** — Le soufre, connu de toute antiquité, est solide, d'une couleur jaune-citron ; il devient électrique par le frottement, et acquiert alors une odeur qu'il n'a pas d'ordinaire ; chauffé à l'air, il brûle à 250° et produit une flamme bleu pâle, avec produc-

tion d'acide sulfureux; il est fusible, et peut servir dans cet état à prendre des empreintes, qu'il reproduit avec une grande exactitude. On le trouve en général dans le voisinage des volcans, simplement mélangé à des matières terreuses, dont on le sépare par la fusion. Pour obtenir du soufre pur, on le distille dans une cornue en fonte; la vapeur de soufre est reçue dans une grande chambre refroidie, où elle se condense, partie en poudre jaune impalpable, connue sous le nom de *fleur de soufre*, partie en liquide, que l'on coule dans des moules en bois, où il forme le *soufre en canons* que l'on vend dans le commerce.

Les usages du soufre sont nombreux et importants; il entre dans la composition de la poudre à canon, dans la fabrication des allumettes. On en fait, en médecine, un usage très-fréquent pour les maladies de la peau, tant pour l'homme que pour les animaux; il sert à sceller le fer dans la pierre, et à faire des moules. Enfin, dans ces dernières années, il a été employé des quantités énormes de soufre pour guérir la vigne du champignon parasite nommé *oïdium*, qui a fait tant de ravages en France.

10. Chlore. — Le chlore fut découvert par Scheele, en 1774. C'est un gaz d'une couleur jaune verdâtre, d'une odeur suffocante, qui provoque la toux; il est très-lourd; sa densité, relativement à l'air, est 2,44. Le chlore est très-soluble dans l'eau, un litre d'eau peut dissoudre jusqu'à 4 litres de chlore; c'est cette dissolution dont on fait surtout usage. Le chlore a une très-grande affinité pour l'hydrogène, il l'enlève à tous les corps qui en renferment, et, par suite, les décompose. Aussi a-t-il une action très-énergique sur toutes les couleurs et les teintures végétales, qu'il décolore rapidement ; une violette plongée dans le chlore en sort blanche au bout d'un instant. De l'affinité du chlore pour l'hydrogène résultent aussi les propriétés désinfectantes qui rendent ce gaz si utile dans une foule de circonstances ; car les émanations putrides, les miasmes insalubres sont en général des gaz très-hydrogénés, et le chlore les détruit presque instantanément. On ne saurait donc trop recommander de faire des fumigations de chlore à l'intérieur des habitations, dans les temps d'épidémie, de choléra ; alors qu'un grand nombre de personnes vivent enfermées dans la même chambre ; pour assainir les vêtements et le linge d'une personne atteinte d'une maladie contagieuse, etc. ; pour détruire la mauvaise odeur d'une chambre de malade, des lieux d'aisances, etc.

Le chlore s'extrait en général du sel marin, lequel est un chlorure de sodium, c'est-à-dire un composé de chlore et de sodium. Pour l'obtenir, on fait un mélange de sel marin, de bioxyde de manganèse en poudre, et d'acide sulfurique ; en chauffant ce mélange, le gaz se dégage aussitôt. Recueilli dans l'eau, il donne une solution de chlore, que l'on peut employer aux mêmes usages, et dont le maniement est plus commode. Cependant, pour utiliser les propriétés désinfectantes du chlore, il est préférable d'employer le chlorure de chaux, composé solide en poudre blanche, qui, mouillé d'un peu d'eau, laisse dégager du chlore assez lentement pour ne point incommoder, tout en produisant l'effet désiré. Ce composé est connu sous le nom de *chlorure de Labarraque*.

Comme décolorant, on emploie beaucoup le chlore et ses composés au blanchiment des toiles écrues, de la pâte à papier; dans la teinture des étoffes de coton il sert à enlever par places la teinture pour obtenir ainsi divers dessins sur la toile; on peut en faire usage pour enlever les taches d'encre, etc., mais il ne faut l'employer ni pour la laine ni pour la soie, qu'il détruirait inévitablement ces substances.

11. Carbone à l'état pur. *Diamant.* — Le carbone est un des corps les plus abondamment répandus. Il se rencontre sous une foule d'états tellement divers que l'on a peine à croire à l'identité de leur nature; nous étudierons donc le carbone sous les formes principales qu'il affecte, en commençant par celles où il se présente le plus pur, c'est-à-dire à l'état de *diamant*.

Le diamant est du carbone pur cristallisé, c'est-à-dire ayant naturellement une consistance vitreuse et une forme géométrique. On prouve aisément que le diamant est du carbone, en en faisant brûler un dans de l'oxygène, et en recueillant le gaz qui se produit; on reconnaît que ce gaz est le même que celui qu'aurait produit un même poids de charbon brûlant dans l'oxygène; si l'on décompose ce gaz, il se partage en oxygène et en une poudre noirâtre identique au carbone pur.

Le diamant est le plus dur de tous les corps, il les raye tous. Très-recherché pour son éclat, il doit, avant de pouvoir être employé dans la bijouterie, subir la *taille*, qui lui donne une forme régulière et y détermine ces facettes planes qui, réfléchissant la lumière en divers sens, produisent les *feux* du diamant. On taille le diamant par le frottement d'une meule d'acier recouverte d'une couche de pâte faite d'huile et de poussière de diamant, qu'on nomme *égrisée*. Le diamant se trouve surtout dans l'Inde, dans l'île de Bornéo et au Brésil; il est enfoui dans les sables des rivières, d'où on le retire par des lavages et des triages attentifs. Il sert aussi à couper le verre, à graver, et à faire quelques pièces d'horlogerie.

12. **Carbone impur.** 1° *Graphite* ou *plombagine.* — Cette variété de carbone, connue sous le nom vulgaire de *mine de plomb*, est du carbone presque pur. Le graphite sert dans la fabrication des crayons, pour le graissage des machines, pour métalliser les surfaces pour la galvanoplastie ; comme il est très-peu combustible, on en fait grand usage pour confectionner des creusets réfractaires.

2° *Anthracite, houille, lignite.* — Ces trois espèces de carbone sont fournies abondamment par la nature, et sont d'une importance de premier ordre dans l'industrie. Ce sont des mélanges et des combinaisons du carbone avec une grande variété de substances hydrogénées, provenant des matières végétales qui, dans les temps antédiluviens, leur ont donné naissance. Outre leur utilité comme combustibles, les charbons minéraux acquièrent de jour en jour une plus grande importance au point de vue industriel, par l'innombrable quantité de matières utiles que l'on en retire. Par la distillation dans des cornues de fer, la houille donne du *gaz d'éclairage*, et, comme résidu, du *coke*, combustible sans odeur ni fumée, presque seul employé sur les chemins de fer; du *charbon de cornue*, dépôt de matière charbonneuse grisâtre, à éclat métallique, très-dure, que l'on emploie pour la confection des piles voltaïques de Bunsen, et pour l'éclairage électrique; puis encore du *goudron* et des *huiles* diverses, d'où l'on extrait au moyen de distillations successives, des huiles pour l'éclairage, des essences volatiles pour le nettoyage, pour la peinture, des substances tinctoriales, et même, qui le croirait, des parfums. En un mot, il n'est pas de nos jours une seule branche d'industrie qui ne trouve dans la houille un auxiliaire non-seulement utile, mais même indispensable.

3° *Charbon de bois.* — Le bois est formé d'une grande quantité de carbone, combiné à des matières volatiles hydrogénées, et à une petite quantité de substances minérales. Si l'on chauffe le bois à l'abri du contact de l'air, de telle sorte qu'il ne puisse brûler, les matières hydrogénées volatiles se dégagent à l'état de vapeur, et le carbone reste seul, avec les quelques éléments minéraux fixes que le bois renfermait, et qui constituent la *cendre*, que le bois et le charbon laissent après leur combustion.

13. Applications industrielles. Préparation du charbon de bois. — Les divers procédés employés pour préparer le charbon de bois sont tous fondés sur l'idée théorique qui précède; on peut les ramener à deux principaux :

1° Le *procédé des meules*. C'est celui que les bûche-
rons emploient dans les forêts, pour transformer

Fig. 141.

sur place en charbon les arbres qu'ils abattent.
Sur une aire plane et dure, ils construisent, avec

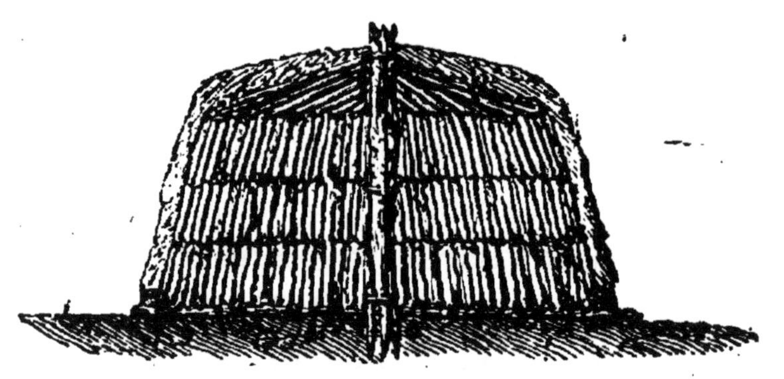

Fig. 142.

des bûchettes de 0ᵐ,30 environ, et en les plaçant

verticalement et bien serrées entre elles, des meules en forme de cône tronqué; au centre, ils ménagent une cavité remplie de bois sec, et un tuyau qui s'ouvre au dehors; puis ils garnissent la meule de mousse, de mottes de gazon bien battues, de manière à la recouvrir d'une croûte imperméable. Cela fait, on jette des bûches enflammées dans la cavité interne, et quand le feu est bien pris, on bouche la cheminée, puis on perce en haut quelques trous, ou évents, dans la croûte externe. A mesure que la carbonisation s'effectue, ce que l'on reconnaît à la couleur de plus en plus transparente et bleuâtre de la fumée qui s'échappe des évents, on perce de nouveaux trous un peu plus bas, et ainsi de suite jusqu'au bas de la meule. On bouche alors tous les trous, on laisse refroidir, puis on démolit la meule, et l'on trouve tout le bois transformé en charbon. Mais alors même, et quoique froid, il faut bien se garder de l'emmagasiner de suite, car il est susceptible de s'enflammer de lui-même, et exposerait à de graves incendies; ce n'est qu'après plusieurs jours d'exposition à l'air qu'on peut ne plus rien redouter.

2° *Distillation en vases clos.* — Dans ce procédé, le bois à carboniser est chauffé dans de grandes caisses en tôle fermées, et portant un tuyau par lequel s'échappent les produits volatils. Ce procédé offre l'avantage de ne laisser rien perdre, car les produits volatils peuvent être condensés et recueillis, et plusieurs sont utilement employés dans diverses industries.

14. Préparations industrielles. 1° *Noir animal.* — Les os des animaux sont formés d'un

mélange d'environ 30 pour 100 de matière organique très-riche en carbone, et d'une substance
minérale fixe, le phosphate de chaux. En calcinant
les os en vase clos, la matière organique se décompose, et laisse son carbone dans un état de division
extrême, mélangé au phosphate de chaux; ce résidu,
connu sous le nom de *noir animal*, *noir d'os*, est très-
employé, par suite d'une propriété, qui lui est commune du reste avec le charbon de bois, mais qu'il
possède à un plus haut degré, de décolorer et de
désinfecter les substances organiques.

Ainsi, en faisant filtrer du vin, de l'encre, du jus
de groseilles au travers d'une couche de noir animal, ces liquides passent incolores comme de l'eau
claire, sans avoir du reste subi d'autre altération.
En agitant du charbon animal, ou simplement du
charbon de bois, avec une eau tenant en suspension
des matières en décomposition, qui lui communiquent une odeur nauséabonde, une saveur repoussante, on s'éperçoit qu'au bout de quelques instants
l'eau est devenue inodore, insipide, et complétement
inoffensive. Aussi ne saurait-on trop recommander
de faire filtrer au travers du charbon de bois les
eaux stagnantes des marais, les eaux croupies, etc.,
lorsque l'on est obligé d'en user comme boisson, et de
jeter fréquemment du charbon de bois dans les abreuvoirs des bestiaux, si l'eau y séjourne longtemps,
surtout pendant les grandes chaleurs et les épizooties.

On fait, à cause de ses propriétés décolorantes,
un grand usage du noir animal pour la clarification
des sirops, du jus de betterave, etc.

2° *Noir de fumée.* — Ce charbon, le dernier dont nous traiterons ici, se trouve dans le commerce en poudre noire impalpable. C'est le même charbon que celui qui se dépose à la surface d'une assiette placée sur la flamme d'une chandelle ; il est très-pur et ne contient guère que quelques parcelles de matière grasse ; on le prépare en faisant arriver dans des chambres en toile la fumée noire produite par la combustion des graisses de rebut, de la résine, etc. Le noir se dépose sur ces toiles, et, quand elles en sont suffisamment chargées, on l'en fait tomber en les frappant avec un bâton. Ce noir sert dans la peinture, et il entre dans la fabrication de l'encre d'imprimerie.

QUESTIONNAIRE.

1. Qu'est-ce que l'oxygène ? — Quels sont ses caractères, — ses propriétés, — ses usages, — sa préparation ?

2 et 3. Qu'est-ce que l'azote ? — Quels sont ses caractères, — sa préparation ? Quelle expérience fit Lavoisier ?

4, 5, 6. Qu'est-ce que l'hydrogène ? — Quels sont ses caractères, — sa préparation, — ses usages ? — Comment prépare-t-on le gaz d'éclairage ? Décrivez le chalumeau à gaz. Quelle est la composition de l'eau ? Quelles sont ses propriétés ? Quelles sont les eaux potables, insalubres, etc. Comment les reconnaît-on ? Comment peut-on purifier l'eau ?

7. Qu'est-ce que l'ammoniaque, — sa composition, — ses caractères, — sa préparation, — ses usages ?

8. Qu'est-ce que le phosphore ? Quels sont ses propriétés, — ses usages ? D'où l'extrait-on ? A quoi sert le phosphore amorphe ou phosphore rouge ?

9. Qu'est-ce que le soufre ? — Quels sont ses caractères, — ses usages ? D'où l'extrait-on ?

10. Qu'est-ce que le chlore ? Quelles sont ses propriétés utiles ? Comment le prépare-t-on ?

11, 12, 13. Qu'est-ce que le carbone ? — Qu'est-ce que le diamant ? Où le trouve-t-on ? Comment le taille-t-on ? — Qu'est-ce que le graphite ou plombagine, — l'anthracite, — la houille ? Quels produits utiles en extrait-on ? Qu'est-ce que le charbon de bois ? — Quel est le procédé des meules. — celui de la distillation en vase clos ? Qu'est-ce que le noir animal ? Comment le prépare-t-on ? Quels sont ses usages et ses propriétés ? A quoi peut-on les utiliser ? Qu'est-ce que le noir de fumée ? Comment le prépare-t-on ?

CHAPITRE III.

DES PRINCIPAUX ACIDES.

1. Acide sulfurique. — L'acide sulfurique est un composé binaire, résultant de la combinaison du soufre avec l'oxygène. Parfaitement pur, et complétement privé d'eau, c'est un corps solide, blanc, floconneux, qui n'a point d'usages industriels, et que l'on prépare pour les collections de laboratoire. Mais dans l'industrie, on fait usage de deux espèces d'acide sulfurique, résultant de l'union du précédent avec plus ou moins d'eau. Nous allons les étudier successivement.

1° *Acide de Nordhausen.* — Cet acide s'obtient en distillant à la chaleur rouge le sulfate de fer préalablement desséché. Le sulfate de fer, qui résulte de la combinaison de l'acide sulfurique avec l'oxyde de fer, se décompose par la chaleur; l'acide sulfurique se dégage en vapeur, que l'on condense dans un récipient refroidi, et il reste dans la cornue une poudre rouge, qui est l'oxyde de fer connu dans le commerce sous le nom de *colcotar*. L'acide obtenu est huileux, noirâtre; il répand à l'air d'abondantes fumées blanches; mélangé à une petite quantité d'eau, il s'échauffe beaucoup; très-corrosif, il est dangereux à manier.

2° *Acide sulfurique ordinaire.*—Celui-ci se présente, lorsqu'il est suffisamment pur, sous l'aspect d'un liquide huileux, incolore et inodore ; dans le commerce on le désigne sous le nom d'*huile de vitriol.* C'est un acide très-énergique; la plus petite quantité suffit pour rougir la teinture de tournesol. Caustique très-violent, il charbonne en un instant le bois, le papier, etc., et désorganise tout ce qu'il touche ; c'est aussi un redoutable poison.

On le prépare en grand dans l'industrie, en mettant en présence dans de vastes chambres en plomb, que traverse un petit filet d'eau, des vapeurs d'acide sulfureux produites par la combustion du soufre, et un composé d'azote et d'oxygène, que l'on nomme acide hypoazotique. La réaction est trop compliquée pour que nous puissions l'expliquer ici; quoi qu'il en soit, l'eau qui sort des chambres de plomb contient alors de l'acide sulfurique. Il ne reste plus qu'à concentrer cette eau, c'est-à-dire à la faire évaporer par la distillation dans des cornues de plomb ou de platine, jusqu'à ce que le liquide restant dans la cornue marque au pèse-acide une densité d'environ 1,85.

Les usages industriels de l'acide sulfurique sont si nombreux, qu'il serait impossible de les énumérer tous. Il sert principalement à la préparation des sulfates de soude et de cuivre, des aluns : on l'utilise aussi dans la fabrication des autres acides, dans celle des bougies stéariques, et pour l'affinage de l'or et de l'argent. La France consomme annuellement 70 millions de kilog. de cet acide ; l'Angleterre en fait encore une plus grande consommation : une seule fabrique de Glasgow en produit 42,000 kilog. par jour.

2. Acide sulfureux. — Cet acide est aussi un composé de soufre et d'oxygène, mais contenant une moindre proportion d'oxygène que le précédent. Pur, c'est un gaz incolore, d'une odeur suffocante bien connue (c'est celle du soufre en combustion) ; il est très-soluble dans l'eau. On peut aussi le liquéfier par la pression, et il donne alors un liquide très-volatil, dont l'évaporation à l'air produit un froid intense, congelant aisément même le mercure. Dans l'industrie, on utilise ses propriétés décolorantes pour blanchir la laine, la soie, la paille. Pour cela on suspend les objets à blanchir, et préalablement mouillés, dans une chambre bien close, où l'on fait brûler du soufre. On les laisse quelque temps en contact avec l'acide gazeux qui s'est produit, et le blanchiment est opéré.

3. Acide azotique. — Cet acide, désigné également dans le commerce sous le nom d'acide *nitrique* ou *eau forte*, est un composé d'azote et d'oxygène. Parfaitement pur et privé d'eau, on ne le prépare que dans les laboratoires. Celui dont on fait usage dans l'industrie est une dissolution du précédent dans une quantité variable d'eau ; il se présente alors sous l'aspect d'un liquide incolore ou coloré en jaune, d'une odeur piquante, très-franchement acide ; il est très-corrosif, et ronge vivement la peau en la colorant en jaune ; il oxyde et dissout aisément tous les métaux, excepté l'or et le platine ; aussi la métallurgie en fait-elle un grand usage. On le prépare en faisant agir à chaud de l'acide sulfurique sur un sel nommé azotate de potasse ; ce sel, comme l'indique son nom, est un composé d'acide azotique et de potasse ; l'acide sulfurique s'empare de la potasse, et l'acide azotique libre se dégage en vapeurs, et est recueilli dans un réfrigérant. On peut ensuite le purifier par une nouvelle distillation.

Les usages de cet acide sont très-nombreux ; on en consomme annuellement en France 4 à 5 millions de kilog. Il sert dans la métallurgie, la gravure sur cuivre et sur acier, dans la teinture, pour colorer les soies en jaune, etc.

4. Acide chlorhydrique. -- Cet acide, dont la composition fait exception à celle des acides en général, est un composé de chlore et d'hydrogène, aussi sa composition fut-elle pendant longtemps un sujet de discussion entre les chimistes ; Gay-Lussac la démontra enfin d'une manière incontestable. A l'état pur, l'acide chlorhydrique est un gaz incolore, d'une odeur piquante et suffocante, fortement acide et très soluble dans l'eau ; un litre d'eau dissout 480 litres de ce gaz ; c'est cette dissolution que l'on emploie dans l'industrie.

On le prépare en grand en faisant réagir à chaud de l'acide sulfurique ordinaire sur du sel marin. Par l'action de l'acide sulfurique, le sel marin (qui est composé de chlore et de sodium), et l'eau de l'acide sont décomposés, et leurs éléments, chlore, sodium, hydrogène et oxygène, se groupent de manière à donner : le chlore et l'hydrogène, de l'acide chlorhydrique, qui se dégage et que l'on reçoit dans des cuves pleines d'eau où il se dissout; le sodium et l'oxygène, de l'oxyde de sodium ou soude, qui, s'unissant à son tour à l'acide sulfurique, donne du sulfate de soude, sel qui reste dans les cornues où se fait l'opération.

L'acide chlorhydrique sert à préparer le chlore et tous les chlorures; il sert pour nettoyer les métaux, pour fabriquer la gélatine, en dissolvant la matière calcaire qui constitue les os; c'est un des réactifs les plus employés par les chimistes; enfin il sert à fabriquer l'*eau régale*.

On nomme « eau régale » un mélange en proportions variables, suivant l'usage, d'acide chlorhydrique et d'acide azotique, mélange qui a la propriété de dissoudre aisément l'or, le platine, inattaquables par ces acides isolés ; c'est ce qui donne à ce mélange une très-grande importance dans une foule d'opérations métallurgiques.

5. **Acide carbonique.** — Cet acide est le résultat de la combinaison du carbone avec l'oxygène ; c'est le produit habituel de la combustion du bois ou du charbon au contact de l'air, et aussi le produit de la respiration de l'homme et des animaux. C'est un gaz incolore, d'une saveur aigrelette et d'une odeur légèrement vineuse; il est assez soluble dans l'eau ; c'est cette dissolution que l'on emploie de nos jours comme boisson, sous le nom d'*eau de Seltz*. Tous les corps en fermentation produisent aussi de l'acide

carbonique. Il se dégage abondamment des cuves où l'on met le raisin pour faire le vin ; il se produit dans la fabrication du pain, c'est lui qui fait lever la pâte, c'est-à-dire la gonfle et rend la mie spongieuse et légère.

Comme l'acide carbonique qui se forme prend naissance aux dépens de l'oxygène de l'air, on voit que celui-ci devrait en un certain temps être tout entier dénaturé ; et, comme l'acide carbonique est impropre à la respiration, il s'ensuivrait une asphyxie générale de tous les êtres vivants. Mais à côté des animaux, et par un admirable effet de la Providence, vivent les végétaux, qui, par leur respiration, rétablissent l'équilibre, en absorbant l'acide carbonique produit ; le carbone est absorbé, et l'oxygène pur est restitué à l'air. C'est ce qui explique pourquoi on ne trouve l'acide carbonique qu'en une très-minime proportion, dans l'air atmosphérique, bien qu'il se produise abondamment dans une foule de circonstances. A l'état de combinaison avec d'autres corps, il existe en grande quantité dans la nature ; une des substances minérales les plus répandues est le carbonate de chaux, formé d'acide carbonique et de chaux, qui constitue le marbre, la pierre à bâtir, la pierre à chaux, la craie, etc., et qui sert à préparer de l'acide carbonique. Pour cela il suffit de faire agir sur du carbonate de chaux (marbre ou craie), un acide quelconque, qui s'empare aussitôt de la chaux et chasse l'acide carbonique. C'est ainsi qu'on prépare tout l'acide carbonique employé de nos jours dans la fabrication des boissons gazeuses. L'acide carbonique produit est emmagasiné dans un gazomètre, d'où, à l'aide d'une pompe de compression, on le puise et on le comprime sur le liquide que l'on veut rendre gazeux.

Ce gaz, avons-nous dit, se forme abondamment par la combustion du charbon, ce qui explique l'asphyxie qui se produit sur les êtres qui respirent l'air d'une chambre où l'on brûle du charbon. Aussi rien n'est plus imprudent, ou au moins plus malsain, que de se chauffer avec une bassine pleine de charbon, de quelque espèce qu'il soit, ou de fermer la clef d'un poêle pour conserver la chaleur : dans ces deux cas, le gaz produit se répand dans l'appartement, et il peut donner lieu à l'asphyxie, ou, tout au moins, à une grave incommodité.

Lorsque, par l'absence d'issue, le courant d'air nécessaire à la bonne combustion du charbon est supprimé, le charbon en brûlant lentement donne naissance, outre l'acide carbonique, à un autre gaz, nommé *oxyde de carbone*, qui, lui aussi, est un poison violent, dont les effets sont difficilement curables. La production de l'acide carbonique dans l'acte respiratoire explique pourquoi il est dangereux de séjourner longtemps dans une salle fermée, où respirent plusieurs personnes, comme les salles de spectacle, les classes mal aérées ; l'air finit par se vicier, au point de produire des asphyxies partielles, qui, souvent répétées, peuvent engendrer de graves maladies.

QUESTIONNAIRE.

1. Qu'est-ce que l'acide sulfurique; l'acide de Nordhausen ? Quels sont les caractères de l'acide sulfurique ordinaire ? Comment le prépare-t-on ? Quels sont ses usages ?

2. Qu'est-ce que l'acide sulfureux ? Quels sont ses caractères, ses usages ?

3. Qu'est-ce que l'acide azotique ? Que's sont ses propriétés et ses caractères ? Comment le pré-pare-t-on ? Quels sont ses usages ?

4. Qu'est-ce que l'acide chlorhydrique ? Quels sont sa composition et ses caractères, sa préparation et ses usages ? — Qu'est-ce que l'eau régale ?

5. Qu'est-ce que l'acide carbonique ? — quels sont ses caractères ? — dans quels cas prend-il naissance ? D'où l'extrait-on et comment ? Quels sont ses usages et ses dangers ?

CHAPITRE IV.

DES PRINCIPAUX MÉTAUX.

1. Des métaux.—Les métaux sont ceux d'entre les corps simples qui sont caractérisés, nous l'avons déjà dit, par l'état métallique. Ils ont de plus, entre autres propriétés, celle d'être bons conducteurs de la chaleur et de l'électricité ; d'être tous solides, sauf un, le mercure, qui est liquide à la température ordinaire ; d'avoir une densité assez forte, qui varie de 7 à 9 en général, et va jusqu'à 23 pour le platine. Les métaux sont de plus malléables, ductiles, c'est-à-dire peuvent s'étendre en feuilles sous l'action du marteau, ou en fils par le passage à la filière ; ils sont aussi en général durs et tenaces. Combinés à l'oxygène, ils donnent le plus habituellement des oxydes ou bases puissantes, tandis que, s'ils produisent quelques acides, ceux-ci sont relativement très-faibles. Nous n'étudierons parmi les métaux que les plus importants, soit par eux-mêmes, soit par les composés auxquels ils donnent naissance.

2. Potassium. — Sodium. — Calcium. — Aluminium. — Ces métaux, que l'on désignait autrefois sous le nom de métaux *terreux*, sont peu utiles par eux-mêmes ; excepté pourtant l'aluminium, qui, dans ces derniers temps, a pris une place importante dans l'industrie. Mais ils sont d'une immense utilité par les usages nombreux de leurs oxydes, la potasse, la soude, la chaux et l'alumine, substances abondamment répandues dans la matière terrestre, surtout les deux dernières. Le potassium est blanc bleuâtre comme le plomb, mou comme la cire ; il s'oxyde si rapidement à l'air, qu'on ne peut le conserver que dans l'huile de naphte ; son avidité pour l'oxygène est si grande que, jeté dans l'eau, il la décompose, s'oxyde rapidement, en dégageant assez de chaleur pour enflammer l'hydrogène qui est mis en liberté. Le sodium a les mêmes caractères et les mêmes propriétés, mais à un degré un peu moindre.

Ces deux métaux s'extrayent de leurs oxydes, la potasse et la soude, soit en les décomposant par un fort courant galvanique, soit par une réaction chimique qui sort de notre cadre. Comme le sodium est employé aujourd'hui pour la préparation de l'aluminium sa fabrication, a pris de nos jours un grand développement.

Le calcium, analogue aux précédents, est un

métal d'un blanc jaunâtre, moins oxydable que le potassium; il peut se conserver dans l'air sec, mais il s'altère rapidement dans l'air humide; il s'extrait de la chaux, son oxyde, et n'a aucune utilité industrielle.

L'aluminium est peut-être le métal le plus abondamment répandu dans la nature, car son oxyde, l'alumine (terre de pipe, terre glaise, argile à poterie, etc.), se trouve un peu partout. Découvert par Wohler, en 1827, c'est à M. Sainte-Claire Deville que l'on doit d'en avoir fait un métal industriel. Il le prépare en décomposant par la chaleur, dans un four spécial, un chlorure double d'aluminium et de sodium, et obtient ainsi un métal blanc très-léger; sa densité est 2,56. Très-malléable et ductile, absolument inaltérable à l'air, plus même que l'argent, l'aluminium est appelé à rendre de grands services à l'industrie; il forme avec d'autres métaux de très-beaux alliages.

3. **Zinc.** — Le zinc est un métal blanc bleuâtre, un peu cassant à froid et difficile à travailler à la température ordinaire, mais aisé à façonner de toute manière à 150°. Il fond à 350°; chauffé davantage, il se vaporise, de sorte qu'on peut le distiller comme l'eau. Il est assez altérable au contact de l'air, mais dès que la couche superficielle est ternie, il s'y forme une sorte d'enduit préservateur, et l'altération s'arrête; c'est grâce à cette propriété qu'on emploie le zinc pour couvrir les maisons. Il a sur le plomb le grand avantage que son oxyde n'est point vénéneux. Ainsi l'eau qui aurait séjourné dans des vases ou des tuyaux de zinc, si toutefois ceux-ci ne

sont pas soudés au plomb, peut être bue sans danger; néanmoins, il ne faut pas faire usage de vases en zinc pour la cuisine, car avec certains acides il peut produire des composés vénéneux. Le zinc sert aussi, en s'alliant au cuivre, à former le *laiton*, à recouvrir le fer par les procédés galvanoplastiques, de manière à le préserver de l'oxydation. Son oxyde, blanc et inoffensif, est employé maintenant dans la peinture, au lieu du blanc de plomb, produit très-vénéneux.

On extrait le zinc d'un minerai appelé *blende*, sulfure de zinc, que l'on décompose par le charbon dans des fours, d'où le zinc produit s'échappe en vapeur. Après condensation, on purifie le zinc par une nouvelle distillation.

4. Étain. — Ce métal, connu dès la plus haute antiquité, est blanc, un peu odorant, peu élastique; il fait entendre, quand on le plie, un petit bruit nommé *cri de l'étain*; il est très-malléable et peut se réduire en feuilles très-minces; il fond à une faible température, 228°; il est peu altérable à l'air. Son oxyde, de même que la plupart de ses composés, n'est pas vénéneux, ce qui le fait employer à la confection de vases pour l'usage culinaire. Réduit en feuilles, il sert à envelopper le chocolat, le thé; on en fait des capsules pour boucher les bouteilles, etc.; enfin il sert surtout pour étamer les vases de cuivre. Son oxyde, connu sous le nom de *potée d'étain*, sert à polir le verre; certains sels d'étain servent beaucoup dans la teinture.

· On extrait l'étain de son oxyde, que l'on trouve tout formé dans la nature, et presque pur; on le chauffe, dans des fours à réverbère, avec une certaine quantité de charbon, et le métal en fusion s'écoule et est recueilli dans des réservoirs.

5. Plomb. — Le plomb est un métal gris bleuâtre, mou, facile à couper et à rayer; il tache le papier; il est assez lourd, sa densité est 11, 45; il fond vers 330°; il est assez malléable, mais peu tenace et peu ductile. On l'emploie en feuilles pour couvrir les toits, doubler les réservoirs, faire des tuyaux de conduite pour l'eau et le gaz. Sa grande flexibilité le rend très-propre à ces emplois, mais il faut bien se garder de faire usage des eaux qui ont séjourné dans des tuyaux ou des vases de plomb, car il s'y forme un oxyde très-vénéneux. Le plomb sert aussi pour souder le fer dans la pierre, pour fabriquer des balles et du plomb de chasse; en fils, il est très-utile dans le jardinage, pour attacher les plantes et les arbustes délicats. Parmi ses composés, on emploie beaucoup, dans la peinture, la *céruse*, ou carbonate de plomb. La céruse, qui est d'un très-beau blanc, a le double inconvénient d'être dangereuse pour les ouvriers, et de noircir rapidement à l'air, surtout par les émanations sulfureuses. On fait aussi un grand usage de ses deux oxydes, le *minium* et la *litharge*. Le minium, substance rouge, sert dans la peinture pour recouvrir le fer d'un enduit préservatif; la litharge sert dans la fabrication du verre, du cristal, et pour le vernissage des poteries. On extrait le plomb d'un sulfure de plomb nommé *galène*, très-répandu dans la nature.

6. Fer. — Ce métal, si anciennement connu, est

à coup sûr le plus précieux de tous par la multiplicité de ses usages et l'impossibilité de le remplacer par aucun autre. Il est aussi un des plus abondants. Pur, il est blanc, presque comme l'argent, sa densité est 7,7 ; il fond à 1600°, ou plutôt devient pâteux, et peut alors se souder à lui-même ; il est extrêmement tenace, très-ductile, malléable et élastique. Malheureusement il s'altère assez rapidement, surtout à l'air humide, et alors la rouille qui le recouvre, bien loin d'être pour lui un enduit préservateur, active au contraire son oxydation par une sorte d'effet électrique qui se produit ; aussi est-on obligé de recouvrir toujours le fer d'un enduit protecteur, soit peinture au minium, soit couche de zinc, déposé par la galvanoplastie.

On extrait le fer de plusieurs minéraux qui le renferment à l'état d'oxyde ou de carbonate. Cette préparation se fait d'une façon continue et par énormes quantités, dans des appareils nommés *hauts-fourneaux*.

Un haut fourneau est une haute tour, dont la cavité intérieure présente la forme de deux cônes accolés par leur base. Le sommet du cône inférieur forme un creuset, où se rend le fer produit ; là aboutit le tuyau d'une soufflerie, nommé *tuyère*, et sur une des parois est percée une ouverture par où le fer s'écoule. Le creuset étant rempli de charbon allumé, on verse par le haut du fourneau, qui porte le nom de *gueulard*, un mélange de minerai, de bois ou de charbon, et d'un *fondant* (argile ou pierre à chaux), destiné à activer la fusion du métal. Grâce au courant d'air produit par la soufflerie, toute la masse entre bientôt dans une active combustion, pendant laquelle l'oxyde de fer contenu dans le minerai est détruit; le fer coule et va se réunir dans le creuset. Mais pendant son passage au travers du combustible, le fer se combine avec une grande quantité de carbone, de sorte que, à la fin de l'opération, le métal obtenu n'est pas du fer pur, mais du carbure de fer, nommé *fonte*, substance employée à une foule d'usages, dans l'architecture, la chaudronnerie, l'ornementation, etc. Pour avoir le fer pur, il faut affiner la fonte, c'est-à-dire lui enlever le carbone qu'elle contient. On y parvient en soumettant la fonte à une nouvelle fusion, et en dirigeant sur sa surface, que l'on agite sans cesse, un courant d'air, dont l'oxygène brûle le carbone et ne laisse bientôt plus que le fer.

L'*acier*, dont les arts et l'industrie font un si grand usage, n'est pas non plus du fer pur, mais bien du fer combiné avec un peu de carbone. L'acier est plus fusible que le fer, et acquiert par la *trempe* une très-grande dureté, en même temps que beaucoup d'élasticité. On trempe l'acier en le faisant chauffer, puis en le plongeant brusquement dans de l'eau; plus la température a été élevée et le refroidissement considérable, plus l'acier est *trempé dur*, c'est-à-dire plus il est dur et élastique : souvent même il est cassant. On distingue aisément le fer de l'acier, en versant sur le métal à essayer une goutte d'acide azotique; au bout d'un instant, on voit sur l'acier apparaître une tache noire formée par le carbone mis en liberté, tandis qu'il ne se forme point de tache sur le fer.

7. Cuivre. — Le cuivre a une belle couleur rouge, une odeur et une saveur caractéristiques et désagréables; il est très-malléable, tenace et ductile. Il est altérable à l'air humide, et se recouvre d'une couche de carbonate de cuivre que l'on nomme *vert-de-gris*, qui est vénéneux. Le cuivre est facilement attaqué par les acides, même les plus faibles; aussi, pour préparer des aliments acides, il faut n'employer que des vases en cuivre étamé. On fait peu d'usage du cuivre rouge, mais beaucoup au contraire du cuivre jaune ou *laiton*, alliage en proportions assez variables de cuivre et de zinc. Cet alliage est plus fusible, plus facile à travailler et moins cher que le cuivre. Parmi les innombrables usages auxquels on l'emploie, nous citerons la fabrication des épingles, des instruments à vent, du fil d'archal, etc., etc.

On trouve dans la nature divers minéraux qui contiennent du cuivre, soit à l'état d'oxyde, de carbonate ou de sulfure; la préparation est trop compliquée pour trouver place ici.

8. Mercure. — Ce métal est le seul qui est liquide à la température ordinaire; il ne devient solide qu'à la température de 40° au-dessous de 0°; à 350° il bout et se réduit en vapeur, ce qui permet de le purifier par la distillation. Il se combine avec tous les métaux, et forme avec eux des composés que l'on désigne sous le nom spécial d'*amalgames*, et dont certains, ceux d'argent et d'or, sont d'un grand emploi pour l'argenture et la dorure.

On trouve quelquefois le mercure à l'état natif, c'est-à-dire pur, et simplement mélangé avec des substances terreuses; le plus souvent il s'extrait de son sulfure, nommé *cinabre*, qui, pulvérisé, donne la couleur rouge connue sous le nom de *vermillon*. Le mercure est très-utile dans diverses industries ; il sert pour construire les baromètres et les thermo-mètres, pour préparer une foule de sels très-em-ployés dans la teinture, la médecine, etc.; son amal-game avec l'étain sert à étamer les glaces; enfin il sert dans la métallurgie de l'argent et de l'or.

9. Argent. — L'argent est le plus blanc de tous les métaux ; après l'or, c'est le plus inaltérable, le plus malléable et le plus ductile ; avec 5 centigram-mes d'argent on peut faire un fil de 130 mètres de long. Il se dissout aisément dans l'acide azotique, et noircit rapidement par l'action des vapeurs de soufre. Naturellement assez mou quand il est pur, on ne l'emploie guère qu'à l'état d'alliage avec le cuivre. Les innombrables usages de l'argent dans la vie domestique sont assez connus pour qu'il ne soit pas nécessaire de les rappeler ici. L'argent se rencontre quelquefois presque pur, à l'état natif, mais le plus souvent on l'extrait de son chlorure, ou de son oxyde, d'où on le retire en utilisant sa grande affinité pour le mercure ; ensuite on le sé-pare de celui-ci par la distillation, et le mercure s'é-chappe en vapeur : l'argent reste dans la cornue.

10. Or. — Lorsqu'il est pur, l'or est d'une belle couleur jaune rougeâtre, il prend par le polissage un éclat remarquable; c'est de tous les métaux le plus inaltérable, le plus ductile, et le plus malléable; c'est aussi le plus lourd de tous les métaux usuels, sa densité est 19,5. Comme il est inattaquable par les acides les plus violents, on le dissout dans un *mélange* d'acides, appelé *eau régale*, ce qui donne un moyen précieux de le purifier et de l'employer dans la galvanoplastie. L'or pur est assez mou, aussi ne l'emploie-t-on guère qu'allié au cuivre ou à l'argent, ce qui fait varier sa couleur, et offre de nombreuses ressources dans l'industrie de la bijouterie.

La richesse d'un alliage d'or se reconnaît d'une façon précise par diverses méthodes d'essai assez compliquées; si l'on ne veut que l'apprécier sans trop de précision, on se sert de la *pierre de touche*. On nomme ainsi une pierre noire, très-dure, d'un grain fin, et inaltérable par les acides. Si l'on frotte sur cette pierre le métal à essayer, on verra qu'il y laisse une trace métallique brillante; sur cette trace on étend ensuite une goutte d'acide azotique. Si le métal est de l'or pur, la tache brillante n'éprouve aucune modification; s'il n'est pas de l'or, elle disparaît en totalité; enfin, si l'alliage est formé d'or et d'autres métaux, la tache pâlit, et d'autant plus que la proportion de métaux étrangers est plus considérable. L'or se trouve toujours à l'état natif et presque pur, soit en poudre, en grains, ou enchâssé dans des minéraux divers. On l'en extrait par le broyage, puis par des lavages successifs, qui entraînent les matières étrangères, tandis que l'or, par sa lourdeur, résiste au courant, et reste au fond du vase où se fait le lavage.

Outre ses nombreux usages dans la bijouterie et dans plusieurs autres industries pour lesquelles son inaltérabilité est d'une utilité sans égale, l'or sert encore dans la médecine, la photographie, etc.

11. Platine. — Ce métal a une couleur analogue à celle du fer, mais peu brillante; il est mou comme le cuivre, extrêmement malléable et tenace, et l'on en peut faire des fils de 1/1200 de millimètre de diamètre. Le platine ne fond qu'aux plus hautes températures, produites par le chalumeau à gaz (voy. p. 342); mais, grâce à la propriété qu'il possède de se souder à lui-même lorsqu'il est martelé à chaud, on peut industriellement le travailler sans trop de difficulté. Réduit par diverses préparations chimiques à l'état spongieux ou pulvérulent (mousse et noir de platine), ce métal a la singulière propriété de déterminer par le simple contact certaines combinaisons chimiques ; ainsi il enflamme un mélange d'hydrogène et d'oxygène, il fait brûler les vapeurs d'alcool, etc.

Comme l'or, le platine est inaltérable, et ne peut se dissoudre que dans l'eau régale ; aussi est-il devenu indispensable aux chimistes et à certaines industries. Là se limitent ses emplois, car son éclat peu brillant ne le fait pas rechercher de la bijouterie. Sa densité est 21,5. On le trouve, comme l'or, à l'état natif, à peu près partout où l'on trouve celui-ci.

12. Principaux alliages. — Bien qu'en parlant de chaque métal nous ayons dit quelques mots de ses alliages, l'importance réelle de certains d'entre eux mérite un exposé spécial. Voici les principaux :

1° Le *fer-blanc*. — Le fer-blanc n'est pas à vrai dire un alliage, il est formé d'une feuille de fer recouverte d'une couche d'étain; cependant, par le mode même de fabrication, il y a combinaison des deux métaux à leur point de contact. Le fer-blanc se fabrique en plongeant des feuilles de tôle bien décapées, c'est-à-dire frottées avec du sable et un acide jusqu'à ce que leur surface soit pure et nette, dans un bain d'étain fondu; l'étain adhère au fer d'une manière intime, et le recouvre d'un enduit brillant et protecteur. Il est inutile de détailler les innombrables usages du fer-blanc.

L'étain forme aussi avec le plomb un alliage plus fusible que chacun de ces deux métaux, et qui, à cause de cela, sert à les souder; c'est la *soudure des plombiers*.

2° Le *laiton* ou *cuivre jaune*. — Le laiton est un alliage de cuivre et de zinc; il est d'un beau jaune, assez fusible et malléable; il est formé environ de 65 de cuivre pour 35 de zinc. Les alliages dits *similor*, *chrysocale*, *tombac*, *maillechort*, ne sont que du laiton additionné de proportions diverses d'étain, d'arsenic ou de nickel.

3° Le *bronze*. — Le bronze est un alliage de cuivre et d'étain. Il est plus fusible, mais plus dur et plus sonore que le cuivre; il sert spécialement pour la statuaire et l'ornement, et pour la fabrication des canons et des cloches.

4° Les *alliages d'argent*. — L'argent s'allie avec le

cuivre pour ses différents usages, et ces alliages ne diffèrent que par la proportion relative des deux métaux; ce sont :

	Argent.	Cuivre.
Alliage monétaire.	900	100
Alliage de médailles.	950	50
Alliage de bijouterie.	800	200

Ces divers titres d'alliage sont les seuls autorisés, et les seuls sur lesquels le gouvernement appose son poinçon de garantie.

5° Les *alliages d'or*. — L'or ne s'allie qu'avec le cuivre, afin d'acquérir une dureté suffisante; les seuls alliages tolérés et contrôlés sont :

	Or.	Cuivre.
Alliage monétaire.	900	100
Alliage de médailles.	916	84
Bijoux.	920	80

Cependant, pour les bijoux, et pour en rendre possible la fabrication, on admet en outre deux autres alliages, au titre de $\frac{840}{1000}$ et $\frac{750}{1000}$; dans ce cas, les objets fabriqués à ces derniers titres sont marqués d'un poinçon particulier.

1. Quels sont les caractères des métaux ?

2. Faire connaître les propriétés du potassium, du sodium, du calcium, de l'aluminium. Quels sont leurs usages, et d'où les extrait-on ?

3. Quels sont les usages et les propriétés du zinc ? — d'où l'extrait-on ?

4. Quels sont les usages et les propriétés de l'étain ? — d'où l'extrait-on ?

5. Quels sont les usages et les propriétés du plomb ? dans quels cas doit-on éviter d'en faire usage ? — d'où l'extrait-on ?

6. Quelles sont les propriétés du fer ? — comment le rend-on inaltérable à l'air ? Qu'est-ce qu'un

haut-fourneau ? Décrire la préparation de la fonte, son affinage. Qu'est-ce que l'acier ? Quels sont les effets de la trempe? comment se fait-elle ? Comment distingue-t-on le fer de l'acier?

7. Quelles sont les propriétés du cuivre? Faire connaître ses usages, — sa préparation.

8. Quelles sont les propriétés du mercure? D'où l'extrait-on? quels sont ses usages?

9. Quelles sont les propriétés de l'argent? Quels sont ses usages? Comment le trouve-t-on dans la nature?

10. Quelles sont les propriétés de l'or? Comment reconnaît-on le titre d'un alliage d'or à l'aide de la pierre de touche? Comment trouve-t-on l'or dans la nature?

11. Quèlles sont les propriétés du platine? Quels sont ses usages? — Comment le trouve-t-on dans la nature?

12. Qu'est-ce que le fer-blanc? Comment le fabrique t-on? Qu'est-ce que la soudure des plombiers? qu'est-ce que le laiton, le similor ? etc. Qu'est-ce que le bronze ? à quoi sert-il? Quels sont les principaux alliages d'argent et d'or ?

CHAPITRE V.

OXYDES ET SELS PRINCIPAUX.

1. Potasse. — La potasse est le nom vulgaire sous lequel on désigne l'oxyde de potassium. Parfaitement, pure elle ne s'emploie guère que dans les laboratoires. C'est alors un corps solide, blanc, d'une saveur chaude, brûlante, qui désorganise rapidement la peau, et absorbe vivement l'humidité de l'air. La potasse du commerce est du carbonate de potasse, c'est-à-dire une *combinaison* du corps précédent avec l'acide carbonique. On extrait la potasse des cendres des végétaux.

Les usages de la potasse sont nombreux. Sans

énumérer ses emplois fréquents dans la chimie, la pharmacie, la médecine, etc., nous dirons qu'elle sert au blanchiment du linge, au dégraissage des étoffes, à la fabrication de certains savons, etc.

2. Azotate de potasse. — L'azotate de potasse, sel de nitre ou *salpêtre*, est un sel formé par la combinaison de l'acide azotique et de la potasse. C'est un sel blanc, cristallisé en forme de petits prismes, d'une saveur fraîche et salée ; il est aisé à reconnaître, en ce que, projeté sur des charbons ardents, il en active la combustion, fond et se décompose avec une vive lumière. Il est abondant dans la nature. Dans certains pays, en Égypte, au Bengale, à Ceylan, pendant la saison sèche, il apparaît à la surface du sol sous la forme d'une mousse blanche. C'est lui qui forme ces efflorescences blanches qui tapissent les vieux murs, les voûtes des caves ; il naît en abondance dans les vieux plâtres, d'où on l'extrait par le lessivage à l'eau ; on concentre ensuite cette eau, à laquelle on a ajouté un peu de potasse. Utile en médecine, le salpêtre est surtout d'une immense importance, comme l'un des éléments indispensables de la poudre à canon.

3. Poudre. — La poudre à canon est un mélange intime de salpêtre, de soufre et de charbon, dans les proportions suivantes :

Salpêtre.	75
Soufre.	11
Charbon.	14
	100

Ces proportions varient néanmoins un peu, suivant que l'on veut fabriquer de la poudre de guerre, de chasse ou de mine. Lorsque la poudre brûle, par suite des combinaisons chimiques auxquelles son inflammation donne lieu, elle se transforme presque tout entière en gaz. Or 1000 grammes de poudre, en brûlant, produisent environ 130 litres de gaz. Ce gaz étant à ce moment extrêmement comprimé dans le petit espace occupé primitivement par la poudre, il est aisé de comprendre l'énorme force de projection qu'il possède, à raison de cette compression extrême, et la force avec laquelle il chasse la balle ou le boulet qui lui fait obstacle.

Pour fabriquer la poudre, on emploie du salpêtre très-pur, du soufre pulvérisé, et un charbon roux, provenant de la torréfaction d'un bois léger, nommé *bois de bourdaine*. Ces trois substances, humectées avec de l'eau et réduites à l'état de pâte, sont pulvérisées ensemble pendant de longues heures. Cette pâte, desséchée, est brisée en petits grains, de grosseur variable suivant les usages ; parce qu'on a remarqué que la poudre grenée est plus inflammable que la poudre pulvérisée.

4. **Soude.** — La soude est l'oxyde de sodium ; elle ressemble beaucoup à la potasse, dont elle a toutes les propriétés, quoique peut-être à un degré moins violent ; aussi l'emploie-t-on en remplacement de celle-ci, dont le prix est plus élevé. La soude du commerce est du carbonate de soude. On l'extrait des cendres des plantes marines, fucus, varechs, etc., ou encore du sel marin, comme on fait en France. Le sel marin est un composé de chlore et de sodium :

en faisant agir sur lui de l'acide sulfurique, on le transforme en acide chlorhydrique et en sulfate de soude. Ce dernier corps est mélangé avec du charbon et fondu à une haute température dans un fourneau spécial; en remuant constamment la masse fondue, le sulfate de soude est décomposé, et il se forme du carbonate de soude, qui reste mélangé à l'excès de charbon. On le purifie par des dissolutions et des cristallisations successives, et l'on obtient le carbonate de soude du commerce, dont la fabrication des savons absorbe d'énormes quantités.

5. Chaux. — La chaux ou *oxyde de calcium* existe en grande quantité dans la nature, combinée aux acides sulfurique, phosphorique, carbonique, etc. C'est ordinairement de cette dernière combinaison ou du carbonate de chaux (craie, pierre à bâtir, marbre, etc.) qu'on l'extrait. Pure, c'est une matière blanche, assez caustique, absorbant l'eau si avidement qu'elle l'échauffe au point de la faire bouillir; elle se gonfle rapidement, se réduit en poussière, et donne alors la *chaux éteinte*. Elle est du reste soluble dans l'eau, mais en petite quantité. Cette solution, nommée *eau de chaux*, abandonnée à l'air, en absorbe l'acide carbonique et se transforme en carbonate de chaux, corps insoluble et solide, qui forme à la surface du liquide une petite croûte blanche résistante.

La chaux est utilisée dans plusieurs réactions chimiques. Les tanneurs l'emploient pour gonfler les peaux; on l'utilise pour la préparation du sucre, dans l'opération dite « défécation, » ainsi que dans la fabrication des *mortiers*. Ce dernier usage est le plus important.

On prépare la chaux en décomposant par la chaleur le carbonate de chaux naturel nommé pierre à chaux. Dans des fours spéciaux, espèces de tours ouvertes en haut, et ayant en bas une porte et un fourneau, on jette par le haut un mélange de pierre à chaux et de charbon ; on allume la masse, et on retire par en bas de la chaux préparée.

6. Carbonate de chaux. — Ce sel constitue une grande partie de la croûte terrestre ; pur et cristallisé, il forme les diverses variétés de spath, d'aragonite. En masse informe, il constitue les divers marbres, l'albâtre, les divers calcaires, la craie, la pierre à bâtir. On le reconnaît aisément à ce que, au contact d'un acide, même faible, il donne une effervescence avec dégagement abondant d'un gaz piquant, qui n'est autre que l'acide carbonique.

Dans certaines circonstances, les eaux souterraines dissolvent une certaine quantité de carbonate de chaux, qu'elles rencontrent dans leurs bassins naturels. Au contact de l'air, elles abandonnent cet acide carbonique, recouvrant ainsi d'une couche pierreuse les objets qu'elles mouillent ; de là l'effet curieux de certaines sources pétrifiantes, comme celle de Sainte-Allyre, en Auvergne, qui recouvre en quelques heures d'une couche de pierre dure et brillante les objets qu'on y plonge. De là aussi ces pétrifications naturelles qui se forment à la voûte des grottes où l'eau suinte, et que l'on désigne sous le nom de *stalactites*.

7. Sulfate de chaux. — Ce sel, connu aussi sous le nom de *gypse* ou *pierre à plâtre*, est très-abondant dans la nature ; on le trouve quelquefois cristallisé sous la forme d'un fer de lance, le plus souvent en masses informes. Il contient à l'état naturel et en combinaison une grande quantité d'eau, qu'on peut lui faire perdre en le chauffant à 130°. Il devient alors pulvérulent ; si à cet état on le mouille, il reprend l'eau qu'il a perdue, et revient à l'état de pierre presque aussi dure et aussi compacte que la pierre primitive. C'est cette propriété qui rend le plâtre si utile pour la construction des maisons, pour le moulage, etc.

Pour préparer le plâtre ou sulfate de chaux, on construit avec la pierre à plâtre elle-même des espèces de fours à parois très-épaisses, dans lesquels on fait brûler des charges de fagots : la masse entière s'échauffe et perd son eau. Au bout de quelque temps on démolit les fours, on pulvérise la pierre, et le plâtre est prêt à employer.

Le sulfate de chaux est soluble dans l'eau, qu'il rend peu potable et malsaine ; de là vient que les eaux de puits et de sources sont souvent lourdes, indigestes et impropres à la cuisson des légumes et au lavage du linge. De là aussi les incrustations de matière calcaire qui se forment dans les chaudières à vapeur, et qui ont si souvent de fâcheux résultats, étant une cause fréquente d'explosion.

8. Mortiers. — Les mortiers et les ciments sont des mélanges employés pour la bâtisse ; ils ont tous pour base première la chaux. On peut les diviser en mortiers *aériens*, et mortiers *hydrauliques*.

Les mortiers *aériens* sont ceux qui ne durcissent qu'à l'air, et par suite ne peuvent être employés que pour les constructions aériennes. Ils se composent en général d'un mélange de chaux éteinte et de sable ou de matières pulvérulentes analogues (brique pilée, pouzzolane, etc.), mélange réduit en pâte avec de l'eau. Cette pâte sert à souder les pierres entre elles; elle durcit avec le temps, parce que la chaux absorbant peu à peu l'acide carbonique de l'air, se transforme à la longue en carbonate de chaux, ou en pierre analogue à celles qu'elle soude.

Les mortiers *hydrauliques* sont ceux qui ont la propriété de durcir au contact de l'eau, et sont par suite extrêmement utiles pour les constructions sous-marines. Ces mortiers se fabriquent avec la chaux dite *maigre*; c'est une chaux qui contient, soit par le fait d'un mélange au moment de la cuisson, soit par la nature même de la pierre employée pour la préparer, de 9 à 10 pour 100 d'argile. Ainsi, en calcinant ensemble un mélange de 90 parties de pierre à chaux pulvérisée et de 10 parties d'argile ou terre glaise, le résultat est de la chaux maigre. Cette chaux, gâchée avec du sable, donne un mortier qui, sous l'eau, devient en 24 heures aussi dur que la pierre. Les divers ciments (romain, hydraulique ou autres) ont une composition analogue.

9. Alumine. — Silice. — L'alumine est l'*oxyde*

d'aluminium; pure, c'est une poudre blanche, incedore, insipide, qui colle à la langue; elle est abondamment répandue dans la nature. Pure et cristallisée, elle constitue certaines pierres précieuses, le rubis, la topaze, l'améthyste, qui doivent leur celoration à certains oxydes métalliques. A l'état impur, l'alumine constitue la plus grande partie des argiles, des terres à poterie, à porcelaine, etc. Combinée à l'acide sulfurique, elle forme de. sels désignés sous le nom général d'*aluns,* d'un emploi fréquent dans plusieurs industries.

La *silice* est un composé de silicium et d'oxygène. Ses propriétés doivent la faire ranger dans la classe des acides, car elle agit à l'égard des oxydes ou bases, absolument comme agiraient les acides sulfurique, azotique, ou tout autre acide bien défini; cependant son insolubilité, et la nécessité d'une énorme chaleur pour la faire entrer en action, rendent difficile la constatation de ses propriétés acides. A l'état pur, la silice forme le cristal de roche, les cailloux transparents de certaines rivières; le sable blanc, la pierre à fusil sont de la silice presque pure; les pierres connues sous le nom d'agate, de grès, de granit, de porphyre sont constituées en grande partie par de la silice mélangée ou combinée à d'autres minéraux. On en fait peu usage à l'état pur dans l'industrie; mais, unie à l'alumine, elle forme l'élément indispensable des poteries, des porcelaines et du verre.

10. **Poteries et porcelaines.** — La base première des poteries de toute espèce est l'*argile plasti-*

que, que l'on peut considérer comme un mélange de silice, d'alumine et d'eau. Par la cuisson, le mélange devient combinaison, et la terre cuite est un silicate d'alumine. Pendant cette opération, l'argile subit un *retrait*, c'est-à-dire une contraction qui la ferait fendre ou déformerait les objets; pour y remédier, on ajoute du sable. Mais la poterie ainsi faite est poreuse, et l'eau filtrerait au travers; pour la rendre imperméable, on la vernit en la recouvrant, pendant la cuisson, d'une substance analogue au verre, que l'on nomme *couverte*, et qui est formée en général de litharge ou oxyde de plomb et d'argile. La terre de poterie est souvent colorée, soit en rouge par l'oxyde de fer que l'argile peut contenir naturellement, soit en noir si elle renferme des matières organiques. Pour dissimuler la couleur de la terre, on colore la couverte en blanc : c'est ainsi que l'on procède pour la faïence. Quant aux couleurs et aux dessins dont on les orne, ce sont des peintures faites au pinceau avant la cuisson, avec des couleurs qui ne sont autres que des verres en poudre; par l'action du feu ces poudres se fondent, s'incorporent à la couverte et deviennent inaltérables.

La porcelaine a pour base le *kaolin*, argile pure et blanche, que l'on mélange avec du sable blanc très-fin; on en fait une pâte que l'on façonne, soit par le moulage dans des moules en plâtre, soit au tour pour les objets ronds. Un bloc de pâte, grossièrement façonné à la main, est posé sur une table qui tourne rapidement, et avec des couteaux de formes variées, l'ouvrier le taille et le polit à son gré. Les objets sont alors séchés au four, puis plongés dans de l'eau qui tient en suspension le vernis ou couverte réduit en poudre impalpable. Une couche mince et égale de couverte se dépose sur toute la surface des objets qui, séchés de nouveau, sont cuits dans des fours spéciaux. Pour qu'ils ne soient pas en contact avec le feu, on les enferme dans des caisses en terre cuite nommées *cazettes*.

Quant aux diverses décorations dont on orne les objets en porcelaine, ce sont des peintures appliquées au pinceau sur l'objet cuit, et dont les couleurs sont des verres en poudre, que l'on vitrifie ensuite par un nouveau passage au four.

11. Verre et cristal. — Tous les verres, quels qu'ils soient, sont composés d'acide silicique ou silice et d'un ou plusieurs oxydes métalliques, potasse, soude, chaux et plomb. Seul le verre à bouteille contient de l'alumine. Le verre est à peu près inaltérable, aussi est-il d'une immense utilité pour les usages de la vie ; sans lui, bien des découvertes seraient encore à faire, et bien des sciences seraient restées dans le néant. Le verre fond par l'action du feu, et peut alors se travailler de mille façons, prendre toutes les formes, se teindre de toutes les couleurs, en un mot se prêter à tous les besoins ; ajoutons à cela que la modicité de son prix de revient, par suite de l'abondance des matières premières, le met à la portée de toutes les bourses.

On distingue diverses espèces de verre, qui sont :

1° Le *verre de Bohême.* — Composé seulement do silice, de potasse et de chaux; il est très-pur, léger, transparent et facilement fusible, bien que dur et inaltérable. Le *crown-glass*, verre employé pour les lentilles, a la même composition.

2° Le *verre à glaces et à vitres.* — Plus fusibles que le précédent, ces verres contiennent de la soude au lieu de potasse, ce qui leur donne une teinte verdâtre.

3° Le *verre à bouteilles.* — C'est un verre fabriqué avec des matières impures, comme le sable ordinaire, l'argile vaseuse, les cendres, les débris de verre. Il est aisément fusible, peu coûteux, et parfaitement approprié à l'usage que l'on en fait.

Le *cristal* est un silicate de potasse et de plomb; on choisit pour le préparer les substances les plus pures, sable blanc, potasse raffinée et minium. Il est extrêmement fusible, très-transparent et lourd; son éclat, lorsqu'il est taillé, rappelle celui du diamant, aussi sert-il aux imitations de pierres précieuses. Le *flint-glass*, employé en optique, le *strass*, l'*émail*, ne sont que du cristal dans lequel la quantité de plomb varie. Dans l'émail, on ajoute de l'oxyde d'étain qui, donnant au cristal une couleur blanche et opaque, le rend propre à recouvrir certains objets, et à servir de véhicule pour les couleurs employées dans la peinture vitrifiable.

QUESTIONNAIRE.

1. Qu'est-ce que la potasse, sa préparation et ses usages?

2. Qu'est-ce que l'azotate de potasse? — d'où l'extrait-on? — à quoi sert-il?

3. Quelle est la composition de la poudre? Expliquer le phénomène de l'explosion. Comment fabrique-t-on la poudre?

4. Qu'est-ce que la soude? — sa préparation, ses usages?

5. Qu'est-ce que la chaux? D'où l'extrait-on et comment?

6. Qu'est-ce que le carbonate de chaux? A quoi le reconnaît-on?

7. Qu'est-ce que le sulfate de chaux? Comment prépare-t-on le plâtre? Expliquer ses effets.

8. Qu'est-ce qu'un mortier aérien? Qu'est-ce qu'un mortier hydraulique? Comment le prépare-t-on?

9. Qu'est-ce que l'alumine, — la silice? Quels minéraux constituent-elles?

10. Quelles sont les bases des poteries, de la porcelaine? Qu'est-ce que la couverte? Comment fabrique-t-on la porcelaine?

11. Qu'est-ce que le verre? Quelles sont les diverses espèces de verre et leurs usages? Qu'est-ce que le cristal? — sa composition, — ses diverses espèces et leurs usages?

CHAPITRE VI.

SUBSTANCES ORGANIQUES.

1. Amidon. — L'amidon ou *fécule* est une des substances organiques les plus fréquentes dans les végétaux, et, par ses transformations infinies, elle est celle qui offre le plus d'intérêt et d'utilité. L'amidon, quel que soit le végétal qui l'ait fourni, se présente sous l'aspect de petits grains blancs microscopiques, cristallins, dont la fécule de pommes de terre donne une idée très-exacte. L'amidon s'extrait d'ordinaire du blé; on le concasse, on le délaye dans de l'eau, et on laisse aigrir le mélange en l'abandonnant à lui-même 20 ou 30 jours; tout ce qui, dans le blé, n'est pas amidon, se dissout dans l'eau, et l'amidon se précipite au fond de la cuve, d'où on le retire en lui faisant subir plusieurs lavages et la dessiccation.

L'amidon est insoluble dans l'eau : dans l'eau bouillante il se gonfle énormément, et forme alors l'empois et la colle ; chauffé à sec sur une plaque de métal, il subit une transformation complète et devient soluble dans l'eau, avec laquelle il fait un mucilage comme la gomme : ainsi transformé, il prend le nom de *dextrine*. La dextrine se produit aussi dans le commencement de la fermentation des grains et dans leur germination. Enfin, l'amidon traité à chaud pendant un certain temps, par un mélange d'acide sulfurique et d'eau, se transforme en une matière sucrée, analogue au sucre qui couvre les raisins et les pruneaux secs, et qui se nomme *glucose*, principe très-utile et très-important dans une foule d'opérations industrielles.

2. **Sucres.** — On comprend sous le nom général de sucres, un grand nombre de substances organiques produites par les végétaux, ou résultant de certaines réactions chimiques; ces substances, assez différentes comme saveur, aspect et propriétés, ont de commun une composition chimique identique et donnant naissance à des produits analogues. Les principaux sucres sont :

1° Le *sucre de canne*, naturellement formé dans le suc de la canne. On extrait le jus par la pression des

liges entre des cylindres de fonte ; on l'évapore de
suite, en y ajoutant un peu de chaux, ce qui produit
la *défécation*, c'est-à-dire clarifie le jus en précipitant
un grand nombre de substances étrangères au sucre.
Le jus est ainsi amené à consistance de sirop : il cristallise alors par le refroidissement et donne, en le
faisant égoutter, la cassonade et la mélasse. La cassonade, redissoute dans l'eau, décolorée avec le
charbon animal (voir p. 384), forme un sirop que
l'on concentre de nouveau et que l'on fait cristalli-
ser dans des vases, où le sucre prend la forme des
pains que nous connaissons.

2° Le *sucre de betterave*. — Ce sucre est identique
au précédent, et s'extrait du suc de la betterave
blanche, par une série d'opérations analogues aux
précédentes. C'est par suite d'un préjugé déraison-
nable que certaines personnes donnent la préférence au sucre de canne. Les deux sucres sont identiques, et le sucre de betterave a sur celui de canne
l'avantage d'être moins cher, d'offrir à l'agriculture
une fructueuse ressource, et de favoriser beaucoup
l'élève du bétail, une des richesses de nos campagnes ; car les feuilles de la betterave et les pulpes
retirées du pressoir sont un aliment sain, très-recherché des animaux.

3° Le *sucre de raisin*. — Ce sucre se développe dans
le jus de certains fruits : le raisin, la prune, la figue ;
il se trouve dans le miel, l'orge germée, et peut se
produire artificiellement, comme nous l'avons dit,
en traitant l'amidon par l'acide sulfurique. Il est
d'une grande importance, en ce qu'il fait la richesse

et la base de toutes les boissons alcooliques, comme nous le verrons plus tard.

Nous ne citerons que pour mémoire le *sucre de fruits*, que l'on trouve dans les fruits acides; et le *sucre de lait*, que l'on obtient en évaporant le petit-lait: ils n'ont de commun avec le sucre que la composition et les réactions chimiques.

3. **Fermentation.** — On désigne sous ce nom un phénomène extrêmement complexe, par lequel les éléments d'une matière organique, lorsqu'ils ne sont plus retenus par la force vitale, et sont soumis à l'influence de certains agents ou *ferments*, abandonnent leur mode primitif de combinaison pour en former de toutes différentes, et donner ainsi naissance à des produits nouveaux. En voici un exemple. Faisons dissoudre du sucre dans de l'eau : ajoutons-y un *ferment*, de la levûre de bière, par exemple, ou du levain de boulanger, et abandonnons la dissolution à elle-même au contact de l'air; au bout de quelques jours, ou de quelques heures, il s'y manifeste un mouvement particulier, un bouillonnement avec dégagement de gaz, et lorsqu'il aura cessé, il n'y aura plus trace de sucre, ce sera un mélange d'alcool et d'eau. Laissons ce mélange à l'air, au bout de quelque temps, une nouvelle transformation aura eu lieu ; et, au lieu d'alcool, l'eau ne contiendra plus que du vinaigre. Ces transformations, dont nous ne donnons ici qu'un exemple extrêmement restreint, car elles sont nombreuses et variées, sont dues à l'action de substances organiques d'une nature spéciale, désignées sous le nom générique

de *ferments*. Des découvertes récentes, dues en grande partie à M. Pasteur, ont démontré que les ferments sont formés par des corps vivants, microscopiques, animaux ou végétaux, qui ont la propriété, sans doute en exerçant leurs fonctions vitales, d'absorber l'oxygène de l'air, de séparer les éléments simples des liqueurs fermentescibles pour les combiner entre eux et avec cet oxygène d'une tout autre manière qu'ils ne l'étaient précédemment. Chaque ferment produit sa fermentation spéciale : l'un produit l'alcool, et ne produit que cela ; un autre, le vinaigre, etc. ; en plaçant l'un ou l'autre dans une liqueur, on peut y déterminer à volonté telle ou telle fermentation

Le contact de l'air est indispensable à toutes les fermentations ; elles exigent aussi une certaine température de 15° à 20° au-dessus de zéro. Aussi doit-on conserver à l'abri de l'air et dans des endroits frais, les liquides qui ne doivent pas fermenter. Ces quelques notions sur ce phénomène très-complexe étaient indispensables pour faire comprendre les opérations chimiques constituant la fabrication des boissons.

4. Vin. — Bière. — Cidre. — Ces trois liquides, qui sont les boissons les plus habituelles de l'Europe, ont toutes trois pour base primitive un jus sucré que la fermentation transforme en liquide alcoolisé.

On fabrique le vin en écrasant et en pressant, de manière à en extraire tout le jus, le raisin mûr ; ce jus est très-chargé de sucre de raisin. On le met dans de vastes cuves, où, au contact de l'air, il entre en fermentation, et le sucre se transforme en alcool. Cet alcool dissout la matière colorante des pellicules du raisin, retient les huiles essentielles, odorantes et parfumées que le fruit contenait, et qui varient de qualité et de finesse, suivant le terroir où la vigne a poussé, et suivant la nature des ceps ; quand la fermentation a cessé, le vin est fait. Il ne reste plus qu'à le mettre dans des tonneaux, où il se purifie et acquiert ses qualités définitives.

L'orge est la matière première de la bière. On fait germer de l'orge en mouillant le grain et en le mettant pendant quelques jours dans un lieu chauffé. Par la germination, la fécule du grain se transforme en glucose ou sucre de raisin. Cela fait, on dessèche le grain, on le pulvérise, puis on le fait macérer dans de l'eau chaude, qui dissout tout le sucre ; en y ajoutant de la *levûre*, c'est-à-dire du ferment provenant d'une précédente fabrication, on détermine dans cette eau sucrée une fermentation qui la transforme en eau alcoolisée. On ajoute alors une décoction de houblon pour lui donner l'amertume parfumée qui caractérise cette boisson, et la bière est faite. D'ordinaire, on la met en bouteille avant que la fermentation soit complétement terminée ; elle continue alors dans la bouteille, et comme il se produit beaucoup d'acide carbonique, ce gaz, ne pouvant s'échapper, se dissout dans le liquide, pour se dégager ensuite rapidement dès qu'on débouche la bouteille ; c'est ce qui fait mousser la bière.

Le cidre est une boisson dont la fabrication s'explique par les mêmes principes. Il se fait avec le suc des pommes, suc qui contient en abondance ce sucre que nous avons nommé sucre de fruits, et que la fermentation transforme en alcool.

5. **Pain.** — Le pain, qui est notre principal aliment, doit ses propriétés nutritives et hygiéniques au phénomène de la fermentation. Si, ayant pétri de la farine et de l'eau, on la faisait, sans autre préparation, cuire au four, on n'obtiendrait qu'une masse compacte, indigeste et répugnante. Au lieu de cela, on ajoute à la pâte un ferment, nommé *levain*, par l'action duquel une partie de la farine passe à l'état de sucre glucose, puis celui-ci à l'état d'alcool. Pendant la fermentation il se produit de l'acide carbonique qui, emprisonné dans la pâte, la fait gonfler et la crible de trous; après la cuisson, on obtient l'aliment spongieux, léger, sain et nourrissant qui fait la base de notre alimentation.

6. **Alcool.** — **Éther.** — **Acide acétique.** — Ces liquides étant des résultats de la fermentation, leur étude doit suivre nécessairement celle de ce phénomène. Toutes les liqueurs sucrées, après avoir subi la fermentation, contiennent de l'alcool; comme ce liquide est plus volatil que l'eau, et bout à une température inférieure, en distillant la liqueur on en sépare l'alcool, ou du moins on obtient des liquides de plus en plus riches en alcool, et de plus en plus pauvres en eau. Ainsi, en distillant une première fois le vin, on obtient un liquide très-chargé d'alcool, connu sous le nom d'eau-de-vie; en distil-

lant celle-ci, on obtient l'alcool du commerce, nommé esprit-de-vin, et enfin si l'on distille encore celui-ci avec de la chaux vive, qui retient toute l'eau, on obtient de l'alcool pur. Ainsi préparé, l'alcool est un liquide incolore, d'une odeur agréable, d'une saveur chaude et brûlante ; il bout à 78°, ne peut se congeler, et est très-inflammable ; il brûle avec une flamme pâle, très-chaude, sans laisser de résidu. Il est extrêmement utile dans la chimie et la pharmacie, où on l'emploie comme un dissolvant puissant · et pour la fabrication des boissons et des liqueurs 'objet d'un immense commerce. De même , vi i, toutes les liqueurs fermentées donnent de l'alcool par la distillation ; aussi en fait-on avec les grains, le riz, la betterave, la mélasse. Mais pendant la distillation, les vapeurs d'alcool entraînent avec elles des huiles très-odorantes, qui rendent ces alcools inférieurs à celui de vin, surtout pour les usages de la consommation comme boisson.

On désigne sous le nom général d'*éthers* certains liquides provenant de l'action des divers acides sur l'alcool ; par suite, autant il y a d'acides, autant d'éthers différents. Nous ne parlerons ici que du plus connu et du plus utile, l'*éther sulfurique*. On le prépare en distillant un mélange de deux parties d'alcool concentré et de trois parties d'acide sulfurique. On concentre le produit de la distillation en l'agitant avec du chlorure de calcium, qui absorbe l'eau, et en le distillant de nouveau. L'éther est un liquide incolore, d'une odeur suave et forte, d'une saveur brulante ; il est un peu soluble dans l'eau ; très-volatil, il bout à 35°, et très-inflammable, il brûle avec une flamme blanche en donnant beaucoup de fumée. Sa vapeur forme avec l'air des mélanges détonants ; aussi faut-il être prudent quand il s'agit de le manier et de le transvaser. C'est un dissolvant puissant, surtout pour les corps gras ; son action rapide sur le système nerveux le rend très-utile en médecine.

Acide acétique. — Lorsque, avons-nous dit, on laisse fermenter à nouveau un liquide alcoolique, l'alcool disparaît et la liqueur devient acide ; c'est que, par la fermentation, il s'est développé un nouveau produit, qui est l'*acide acétique*, l'acide du vinaigre, en un mot. Cet acide se prépare pur pour les besoins de la chimie, et on l'obtient en distillant un sel, l'acétate de soude, formé d'acide acétique et de soude. C'est alors un liquide incolore, d'une odeur pénétrante et agréable, d'une saveur très-acide, faisant des ampoules sur la peau ; sa vapeur brûle avec une flamme bleue ; il bout à 120°. Pour les besoins de la consommation, on n'emploie pas ce procédé, mais bien celui de la fermentation d'une liqueur alcoolique, soit le vin, procédé suivi à Orléans ; soit un mélange de 1 d'alcool et 5 d'eau, procédé allemand ; soit encore la distillation du bois. A Orléans, on verse du vin et du vinaigre dans des tonneaux ouverts : au bout de quelques jours le vinaigre est fait, on en soutire, et on le remplace par du vin ; la fabrication est ainsi continue. En Allemagne, on fait couler le liquide alcoolique au travers d'un tonneau plein de copeaux de hêtre, qui divisent le liquide, favorisent le contact de l'air et activent la fermentation. En distillant le bois dans des cornues de fonte, et recueillant dans un condensateur les vapeurs qui se produisent, on obtient un mélange d'huiles diverses, de goudron et d'acide acétique, que l'on sépare par une manipulation assez compliquée. L'acide acétique, très-utile dans la cuisine, sous le nom de vinaigre, forme aussi plusieurs sels dont l'industrie fait usage.

7. Corps gras. — Savons. — Les graisses, les huiles, en un mot, tous les corps gras, quelle que soit leur origine, ne sont point, comme on pourrait le supposer, des corps d'une composition simple comme ceux qui précèdent ; ils sont tous le résultat de la combinaison de divers acides, au nombre de trois, l'acide *stéarique*, l'acide *oléique* et l'acide *margarique*, avec une même substance qui joue le rôle de base, c'est la *glycérine*. Les divers corps gras ne diffèrent entre eux que par les proportions diverses de ces acides. Ainsi, tandis que l'acide stéarique domine dans le suif, l'acide oléique domine dans l'huile. Mais ces acides peuvent également s'isoler et aussi se combiner à d'autres bases. Ainsi, l'acide stéarique pur s'emploie de nos jours en grande quantité pour la fabrication des bougies, et ces divers acides, combinés à la potasse ou à la soude, donnent naissance aux savons. On obtient l'acide stéarique en combinant les graisses avec de la chaux, qui, s'emparant des acides gras, met la glycérine en liberté ; celle-ci reste dissoute dans l'eau bouillante qui sert à l'opération, et la chaux et l'acide forment un composé pâteux, insoluble, que l'on recueille. On le décompose ensuite par l'acide sulfurique, qui s'empare de la chaux, laissant ainsi seul l'acide stéarique. Si au lieu de chaux on eût employé de la soude, le même phénomène se serait produit, sauf que le savon formé serait resté dissous dans l'eau de l'opération ; pour le séparer de l'eau, il suffit d'y verser de l'eau salée : il se précipite alors en grumeaux, analogues au lait caillé; on les recueille, on les fait cuire dans une chaudière, puis on coule dans des moules cette préparation, et le savon est fait. Les divers usages des savons sont assez connus sans que nous les énumérions ici.

8. Caoutchouc. — Parmi les innombrables produits que les végétaux fournissent à l'industrie, il en est un dont les usages sont aujourd'hui si nombreux que nous ne pouvons le passer sous silence. Ce produit est le caoutchouc, vulgairement appelé *gomme élastique*. Le caoutchouc est produit par le suc desséché de certaines euphorbiacées tropicales, entre autres l'*hevea guianensis*. On pratique des incisions sur le tronc de l'arbre, on recueille le suc laiteux qui en découle, on l'étend sur des moules d'argile en forme de poire, et on le fait sécher à la fumée produite par un feu de bois vert; il devient bientôt solide, noir, élastique. On brise alors le moule d'argile, dont on fait sortir les fragments, et le caoutchouc brut nous arrive sous forme de bouteille. Tout le monde aujourd'hui connaît l'aspect, la consistance et l'élasticité du caoutchouc. Il est soluble dans certaines huiles volatiles et dans le sulfure de carbone, ce qui permet de le travailler de mille façons. Mélangé, puis chauffé avec du soufre, il acquiert la propriété, qu'il n'a pas étant pur, de ne plus coller par la chaleur, et de rester toujours aussi flexible : c'est cette transformation que l'on désigne sous le nom de *vulcanisation*. Il est inattaquable par les acides, peu altérable par la chaleur; aussi n'est-il pas une industrie aujourd'hui qui ne puisse en tirer un parti utile.

9. Acides oxalique, tartrique, citrique, tannique. — Les végétaux contiennent tout formés dans leurs sucs certains acides utiles, parmi lesquels les principaux sont :

1° *L'acide oxalique.* — Il se trouve dans le suc de la famille végétale dont l'oseille est le type; il est très-acide, soluble dans l'eau; c'est un poison violent à la dose de 15 à 20 grammes. Il est très-employé dans l'art de la teinture; il sert à nettoyer les ustensiles de cuivre, à enlever les taches d'encre.

2° *L'acide tartrique.* — Cet acide se trouve surtout dans le jus des raisins ; c'est lui qui forme presque entièrement le tartre ou lie que le vin laisse déposer dans les tonneaux : c'est de là qu'on l'extrait. Il a une saveur acide et agréable, est très-soluble dans l'eau, et forme avec la potasse certains sels employés dans la teinture, dans la médecine, etc.

3° *L'acide citrique.* — C'est l'acide particulier contenu dans le citron et les fruits de la même famille, d'où on l'extrait ; c'est un corps solide en cristaux blancs, d'une saveur très-acide mais agréable. Il est employé dans les fabriques de toiles peintes, dans la teinturerie, dans la pharmacie, pour la préparation des limonades, etc.

4° *L'acide tannique* ou *tannin*. — Cet acide est contenu dans tous les végétaux analogues au chêne, notamment dans les excroissances nommées *noix de galle*, que les piqûres de certains insectes produisent sur la feuille du chêne ; on l'en extrait en faisant filtrer un mélange d'eau et d'éther sur de la poudre de noix de galle. C'est une masse jaunâtre ou une poudre en paillettes, inodore, d'une saveur acerbe et très-soluble dans l'eau. Avec les sels de fer, cet acide a la propriété de donner un précipité noir, de là son emploi dans la teinture et dans la fabrication de l'encre ; il a aussi des vertus médicinales très-importantes, auxquelles participent toutes les plantes qui en contiennent. Ses usages dans l'industrie, en outre de la teinture et de la fabrication de l'encre, sont encore le tannage des peaux, et la conservation de certaines matières.

10. Putréfaction. — Conservation. — Tannage. — La putréfaction est l'altération spontanée des substances organiques avec dégagement de gaz infects. Comme la fermentation, ce phénomène est causé par l'action de certains ferments organisés, formés par la réunion d'animalcules microscopiques nommés *vibrions*, dont les germes sont contenus dans l'air. Par leur action, ces vibrions désagrégent les éléments de la substance qu'ils envahissent, les combinent entre eux et avec les gaz de l'atmosphère d'une façon toute nouvelle, donnant ainsi naissance à des gaz abondants, et ne laissant comme résidu que les matières minérales que la substance organique contenait.

De ce qui précède il suit que, pour conserver les matières organiques, c'est-à-dire en prévenir la putréfaction, il faut détruire, ou au moins empêcher de se développer, les germes des ferments qui la déterminent.

On y parvient : 1° par le *froid*. A la température de 0° les germes putréfiants ne se développent pas, et la substance reste sans altération.

2° Par la *dessiccation*. L'absence de liquide dans la matière organisée prévient aussi le développement des germes, et par suite la putréfaction. Dans les sables des tropiques on retrouve des cadavres desséchés qui sont dans un état parfait de conservation. De nos jours, on emploie ce moyen pour conserver les fruits et les légumes.

3° Par l'*absence de l'air* et la *destruction des germes*. En enfermant la matière organique, viande, fruit, légume, dans un vase métallique imperméable, qu'elle remplit entièrement, puis en fermant ce vase avec un couvercle soudé, la matière que l'on veut conserver est mise à l'abri de l'air, mais cela ne suffit pas. Pour détruire les germes, il faut ensuite porter le vase et ce qu'il contient à la température d'au moins 100°, en le tenant un certain temps dans l'eau bouillante. La conservation est alors assurée pour plusieurs années. Toutes les conserves alimentaires se font aujourd'hui par ce procédé, qui est celui d'Appert.

4° Par les *antiseptiques*. On désigne sous ce nom des

substances salines, minérales ou autres, qui ont la propriété de détruire les germes des ferments et d'empêcher la putréfaction. Le sel marin est le plus connu et le plus employé, surtout pour les comestibles. On se sert aussi de certaines substances renfermées dans la fumée du bois vert, qu'on utilise dans la préparation des poissons et des viandes fumées. Enfin viennent, pour la conservation des substances *non comestibles*, le bichlorure de mercure, l'arsenic, l'alun, l'alcool, l'éther et le tannin.

Ce mode de conservation est surtout usité pour les peaux d'animaux ; il prend alors le nom de tannage, et la peau acquiert par cette opération des propriétés de force et de souplesse qu'elle n'aurait point sans cela : elle devient alors du « cuir. » Pour tanner les peaux, on les fait d'abord tremper quelques jours dans l'eau, puis on les fait passer dans des cuves contenant un lait de chaux qui les gonfle et permet d'en enlever tous les poils ; c'est le *pelanage*. Les peaux étant nettoyées, raclées, égalisées, etc., on les met par couches dans de grandes fosses, en séparant chaque couche de peaux au moyen d'une couche de *tan*. Le tan n'est autre chose que de l'écorce de chêne pulvérisée, et son effet utile est dû uniquement au tannin qu'elle contient. Les peaux y séjournent de sept à huit mois pour les cuirs faibles, et jusqu'à deux ans pour les cuirs forts, après quoi le cuir est fait ; mais, avant de pouvoir l'employer, il doit subir encore le *martelage*, qui l'amincit et le rend plus fort, et le *corroyage*, qui l'imprègne de matières grasses propres à le rendre souple et imperméable.

QUESTIONNAIRE.

1. Qu'est-ce que l'amidon ou fécule ? D'où l'extrait-on ? A quoi sert-il ? Expliquez ses transformations en dextrine et glucose.

2. Qu'est-ce que le sucre ? — Comment prépare-t-on le sucre de canne, — de betterave, — le sucre de raisin ?

3. Qu'est-ce que la fermentation ? Expliquez ce phénomène.

4. Expliquez la préparation du vin, de la bière, du cidre.

5. Comment fait-on le pain ? Expliquez l'action de la levûre.

6. Qu'est-ce que l'alcool, l'éther, l'acide acétique ? Comment les prépare-t-on ? Quels sont leurs usages ?

7. Quelle est la composition des corps gras ? Quels sont les acides gras ? Qu'est-ce que le savon ? Comment le fait-on ?

8. Qu'est-ce que le caoutchouc ? Quels sont ses usages ?

9. Qu'est-ce que les acides tartrique, oxalique, citrique, tannique ?

10. Expliquez le phénomène de la putréfaction. Comment peut-on conserver les matières organiques ? Qu'est-ce que le tannage des peaux ? Comment se fait-il ?

FIN.

TABLE DES MATIÈRES.

TROISIÈME PARTIE.

DE L'ÉLECTRICITÉ ET DU MAGNÉTISME.

QUATRIÈME PARTIE.

DE L'ACOUSTIQUE.

CINQUIÈME PARTIE.

DE L'OPTIQUE.

ÉLÉMENTS DE CHIMIE.